Marco Spiga

Esercizi di Termodinamica Applicata

Società Editrice ESCULAPIO

ISBN 978-88-7488-452-0

Società Editrice Esculapio s.r.l.
Via Terracini, 30 – 40131 Bologna
www.editrice-esculapio.com – info@editrice-esculapio.it

Impaginazione: Gabriella Gatti, Giancarla Panigali e Carlotta Lenzi
Layout copertina: Gabriella Gatti, Giancarla Panigali e Carlotta Lenzi

Società Editrice
ESCULAPIO

INDICE

ESERCIZIO 1

Il calore specifico a pressione costante dell'acciaio austenitico AISI 304 dipende dalla temperatura (espressa in gradi Kelvin), come indicato dall'equazione:

$$c_p = A_0 + A_1 T \qquad \text{valida per } 293\ K < T < 1173\ K$$

dove le costanti A_0 e A_1 sono: $A_0 = 437\ J/kg\ K$, $A_1 = 0.2\ J/kg\ K^2$.

Un cubo con massa $M = 7.85\ kg$ e con lato di 10 cm di tale acciaio viene riscaldato alla pressione costante $p = 1\ bar$, da $T_1 = 25\ °C$ a $T_2 = 825\ °C$. Il coefficiente cubico di dilatazione termica é $\beta = 4x10^{-5}\ K^{-1}$.

Calcolare la quantità di calore Q che occorre fornire al cubo di acciaio, le variazioni di volume ΔV, di densità $\Delta\rho$, di energia interna ΔU, di entalpia ΔH ed entropia ΔS.

Soluzione

In base 1° principio della termodinamica in forma entalpica per sistemi chiusi, in una trasformazione isobara la variazione di entalpia é uguale al calore scambiato; ricorrendo alla definizione di calore specifico a pressione costante risulta quindi

$$Q = \Delta H = \int_{T_1}^{T_2} Mc_p dT = M\int_{T_1}^{T_2}(A_0 + A_1 T)dT = M\left[A_0 T + A_1\frac{T^2}{2}\right]_{298}^{1098} = 3.621 MJ$$

La definizione del coefficiente di dilatazione termica, a pressione costante, fornisce:

$$\frac{dV}{V} = \beta dT \qquad \text{che integrata fornisce} \qquad \frac{V_2}{V_1} = \exp[\beta(T_2 - T_1)] = 1.033$$

Il volume V_2 del cubo dilatato é $1.033x10^{-3}\ m^3$, cui corrisponde un lato di 10.11 cm.

La variazione percentuale di volume é del 3.3 %, l'aumento di volume dell'acciaio é:

$$\Delta V = V_2 - V_1 = 1.033x10^{-3} - 10^{-3}\ m^3 = 3.3x10^{-5}\ m^3$$

La variazione di densità dell'acciaio é:

$$\Delta\rho = \rho_2 - \rho_1 = M\left(\frac{1}{V_2} - \frac{1}{V_1}\right) = 7.85x10^3\left(\frac{1}{1.033} - 1\right) = -250.8\frac{kg}{m^3}$$

In seguito alla dilatazione termica, la densità dell'acciaio diminuisce del 3.2% (250.8/7850).

Dal 1° principio della termodinamica per sistemi chiusi é immediato calcolare la variazione di energia interna:

$$\Delta U = Q - \int_{V_1}^{V_2} pdV = Q - p(V_2 - V_1) = 3.621x10^6 - 10^5 x3.3x10^{-5} J = 3.621 MJ$$

Si osservi come il lavoro trasferito dal sistema verso l'esterno sia di entità trascurabile rispetto al calore scambiato, per cui risulta $Q = \Delta H \approx \Delta U$.

Infine, per calcolare la variazione di entropia, occorre individuare una qualsiasi trasformazione reversibile che conduca il sistema dallo stato fisico iniziale allo stato finale. Poiché la pressione dello stato fisico finale coincide con la pressione dello stato fisico iniziale, si considera una ipotetica trasformazione isobara reversibile per cui $\delta Q/T = dH/T$:

$$\Delta S = M\int_{T_1}^{T_2} c_p\frac{dT}{T} = M\int_{T_1}^{T_2}\left(\frac{A_0}{T} + A_1\right)dT = M\left(A_0 \ln\frac{T_2}{T_1} + A_1(T_2 - T_1)\right) = 5.73\frac{kJ}{K}$$

ESERCIZIO 2

Un sistema, costituito da 1 kg di acqua con volume di 1 litro, inizialmente alla pressione p_1 = 1 bar, viene compresso a temperatura costante T = 20 °C, fino alla pressione p_2= 200 bar (Δp = 199 bar). Assumendo costante la compressibilità isoterma (χ = $4.6x10^{-10}$ Pa^{-1}), calcolare: 1) la variazione di volume dell'acqua, 2) la variazione di densità $\Delta\rho$, 3) il lavoro L scambiato con l'esterno, 4) la variazione di energia interna e di entalpia dell'acqua.

Soluzione

1) Per definizione di compressibilità isoterma, la variazione infinitesima di volume risulta: $dV = -\chi\ V\ dp$, da cui si ottiene per integrazione:

$$\frac{V_2}{V_1} = \exp[-\chi(p_2 - p_1)] = \exp(-4.6x10^{-10}x199x10^5) = 0.991$$

La variazione percentuale di volume é appena dello 0.9 % e la variazione di volume é:

$$V_2 - V_1 = -0.009x10^{-3}\ m^3$$

2) La densità iniziale é $\rho_1 = M/V_1 = 10^3\ kg/m^3$, quindi la variazione di densità dell'acqua é:

$$\Delta\rho = \rho_2 - \rho_1 = M\left(\frac{1}{V_2} - \frac{1}{V_1}\right) = 10^3\left(\frac{1}{0.991} - 1\right) = 9.1\ \frac{kg}{m^3}$$

In seguito alla compressione, la densità dell'acqua aumenta soltanto dello 0.9%.

3) Per calcolare il lavoro compiuto dalle forze esterne di pressione per comprimere l'acqua occorre esprimere la pressione in funzione del volume. Dalla definizione di compressibilità isoterma risulta:

$$p = p_1 - \frac{1}{\chi}\ln\left(\frac{V}{V_1}\right)$$

Pertanto il lavoro di compressione é:

$$L = \int_{V_1}^{V_2} pdV = \int_{V_1}^{V_2} p_1\,dV - \frac{1}{\chi}\int_{V_1}^{V_2} \ln\frac{V}{V_1}dV = p_1(V_2 - V_1) - \frac{V_1}{\chi}\left[\frac{V}{V_1}\ln\frac{V}{V_1} - \frac{V}{V_1}\right]_{V_1}^{V_2} =$$

$$= p_1(V_2 - V_1) - \frac{1}{\chi}\left(V_1 - V_2 + V_2\ln\frac{V_2}{V_1}\right) = -89.2J$$

Per avere un termine di paragone per stimare tale quantità di energia, si rammenta che per variare di 1 °C la temperatura del sistema esaminato occorre una quantità di calore di circa 4190 J. Il lavoro di compressione risulta negativo (come previsto dalla convenzione termodinamica) in quanto rappresenta energia meccanica ricevuta dal sistema considerato.

4) Poiché la trasformazione è isoterma, il calore scambiato tra acqua e esterno è nulla ($\delta q = c_l$ dT). Quindi per il primo principio della termodinamica la variazione di energia è:

$$\Delta U = Q - L = 0 + 89.2 = 89.2\ J.$$

La variazione di entalpia, dal primo principio in forma entalpica ($dH = \delta Q + V\ dp$) è:

$$\Delta H = \int^2 V_1 \exp[-\chi(p - p_1)]dp = \frac{V_1}{\chi}[1 - \exp(-\chi\,\Delta p)] = \frac{10^{-3}}{4.6x10^{-10}}[1 - \exp(-915.4x10^{-5})] = 19.809\ kJ$$

ESERCIZIO 3

Il calore specifico dell'aria a pressione costante, ricavato da dati sperimentali, é dato dalla rappresentazione polinomiale, valida tra 0 e 250 °C: $c_p = \sum_{n=0}^{4} a_n T^n$ *, con* $a_0 = 1.048$*,* $a_1 = -3.828 \text{x} 10^{-4}$*,* $a_2 = 9.444 \text{x} 10^{-7}$*,* $a_3 = -5.482 \text{x} 10^{-10}$*,* $a_4 = 7.905 \text{x} 10^{-14}$*, con* c_p *in kJ/kgK, T in gradi Kelvin. Assumendo nullo il valore di entalpia dell'aria a 0 °C, considerando l'aria come un gas perfetto, calcolare l'entalpia specifica dell'aria in funzione della temperatura. Considerando una trasformazione isobara alla pressione p=1 bar, calcolare l'entropia specifica dell'aria in funzione della temperatura, assumendo nulla l'entropia a 0 °C ed 1 bar.*

Soluzione

Si considera una trasformazione dalla stato fisico iniziale a 0 °C ed 1 bar, ad uno stato finale a temperatura T; per gas perfetti l'entalpia dipende unicamente dalla temperatura, quindi:

$$h = \int_{273.15}^{T} c_p \, d\theta = \left[\sum_{n=0}^{4} \frac{a_n}{n+1} \theta^{n+1} \right]_{273.15}^{T}$$

L'entropia dell'aria alla temperatura T, per trasformazione isobara ad 1 bar, é:

$$s = \int \frac{dh}{\theta} - R\frac{dp}{p} = \int_{273.15}^{T} c_p \frac{d\theta}{\theta} - R \ln\frac{p}{p} = \left[a_0 \ln\theta + \sum_{n=1}^{4} \frac{a_n}{n} \theta^n \right]_{273.15}^{T}$$

Il calore specifico a pressione costante, l'entalpia e l'entropia sono mostrati nei diagrammi di Figura 1 in funzione della temperatura.

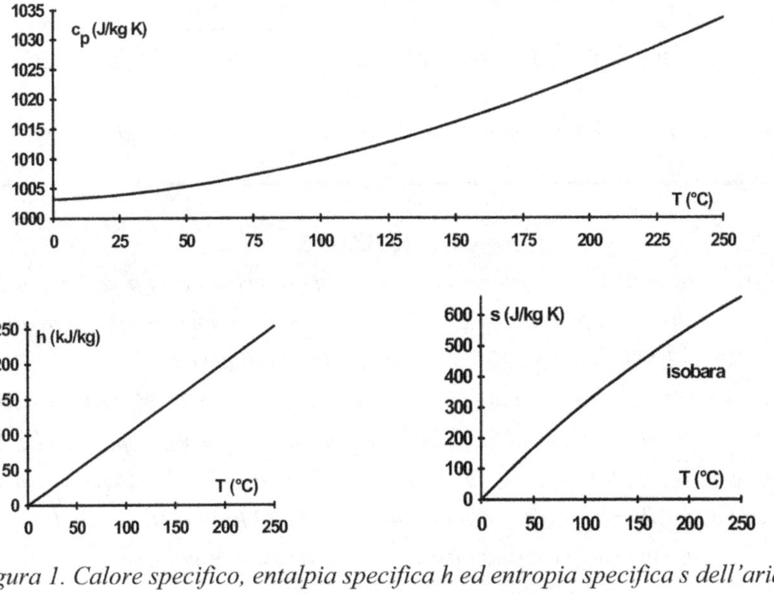

Figura 1. Calore specifico, entalpia specifica h ed entropia specifica s dell'aria (p = 1 bar), in funzione della temperatura.

ESERCIZIO 4

La velocità c del suono in un mezzo può essere definita come la radice quadrata della derivata della pressione p rispetto alla densità ρ, per una trasformazione isentropica $c = (\partial p/\partial \rho)^{1/2}$. *Considerando l'aria (R = 287 J/kgK, γ = 1.4), il diossido di carbonio (R =189 J/kgK, γ = 1.3) e l'idrogeno (R = 4120 J/kgK, γ = 1.4) come gas perfetti, calcolare e riportare in un grafico la velocità del suono in funzione della temperatura di tali gas.*

Soluzione

Per trasformazione isentropica, per gas perfetti, vale l'equazione caratteristica:

$$p\,\rho^{-\gamma} = \text{costante}$$

da cui (ricordando che $\rho = v^{-1}$, $R = c_p - c_v$, $\gamma = c_p/c_v$ e l'equazione di stato dei gas perfetti):

$$\frac{\partial p}{\partial \rho} = \gamma\,\rho^{\gamma-1}\,\text{costante} = \frac{\gamma\,p}{\rho} = \gamma\,p\,v = \gamma\,R\,T = c_p\,(\gamma - 1)\,T$$

La velocità del suono per gas perfetti é quindi:

$$c = \sqrt{\left(\frac{\partial p}{\partial \rho}\right)_s} = \sqrt{c_p(\gamma - 1)T}$$

e risulta direttamente proporzionale alla radice quadrata della temperatura assoluta. Per l'idrogeno e per l'aria la velocità del suono é riportata in Figura 2.

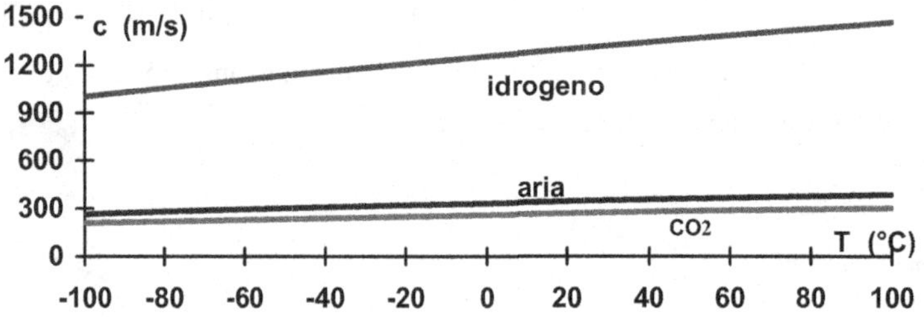

Figura 2. Velocità del suono al variare della temperatura, per idrogeno e aria.

ESERCIZIO 5

Il calore specifico dell'acqua, in funzione della temperatura ed alla pressione di 1,013 bar, può essere fornito, nell'intervallo 0 °C< T < 60 °C, dalla relazione (con c in J/kgK e T in °C): $c = 4205,4 - 1,6813\,T + 0,0241\,T^2$ *, come indicato in Figura 3.*

Un volume V_1 *= 60 litri di acqua a* T_1 *=15 °C viene riscaldato isobaricamente fino alla temperatura* T_2 *= 40 °C. Calcolare l'aumento di volume* V_2*-*V_1*, sapendo che la densità dell'acqua vale* ρ_1*= 998,5 kg/m*^{3} *a 15 °C e* ρ_2*= 992 kg/m*^{3} *a 40 °C. Calcolare il valore del calore specifico medio* c_m *nella trasformazione, il calore Q fornito all'acqua, la variazione di entalpia* ΔH*, la variazione di energia interna* ΔU*, il lavoro di espansione L.*

Soluzione

La massa di acqua corrisponde a:

$$M = \rho_1 V_1 = 998{,}5 x 60 x 10^{-3} = 59{,}91 \text{ kg.}$$

Il volume dell'acqua scaldata a 40 °C è:

$$V_2 = M/\rho_2 = 59{,}91/992 = 0{,}06039 \text{ m}^3 = 60{,}39 \text{ l}$$

L'aumento di volume è quindi 0,39 l (0,7 % del volume iniziale). Il calore specifico medio nella trasformazione è:

$$c_m = \frac{\int_{15}^{40} c\, dT}{\int_{15}^{40} dT} = \frac{\left[4205{,}4\, T - 0{,}8407\, T^2 + 0{,}008\, T^3\right]_{15}^{40}}{40-15} = \frac{104464}{25} = 4178{,}6\ \frac{J}{kg\,K}$$

Il calore fornito all'acqua è, per definizione di calore specifico per liquidi:

$$Q = M\, c\, (T_2 - T_1) = 59{,}91 \text{ x } 4178{,}6 \text{ x } (40-15) = 6258{,}44 \text{ kJ}$$

Dal primo principio della termodinamica in forma entalpica per sistemi chiusi, essendo $dp = 0$ per ipotesi, risulta:

$$\Delta H = Q + \int_{p_1}^{p_2} V\, dp = Q = 6258{,}44 \text{ kJ}$$

Dal primo principio della termodinamica in forma canonica per sistemi chiusi, risulta:

$$\Delta U = Q - \int_{V_1}^{V_2} p\, dV = Q - p(V_2 - V_1) = 6258{,}44 x 10^3 - 1{,}013 x 10^5 (60{,}39 - 60) x 10^{-3} =$$
$$= 6258{,}40 \text{ kJ}$$

Le variazioni di entalpia e di energia interna sono quasi coincidenti. Il lavoro di espansione è: $L = p\,(V_2 - V_1) = 39{,}5$ J, e risulta del tutto trascurabile rispetto al calore scambiato Q.

Si osservi che la massa di acqua considerata nell'esercizio approssima il consumo giornaliero individuale di acqua calda sanitaria, che viene riscaldata dalla temperatura di rete (tipicamente 15 °C) alla temperatura di utilizzazione (40 °C secondo la Norma UNI TS 11300/2).

ESERCIZIO 6

Un gas perfetto riceve calore nel corso di una trasformazione politropica con equazione caratteristica pv^n=costante. Siano c_v e c_p i calori specifici del gas, rispettivamente a volume ed a pressione costante; sia $\gamma = c_p/c_v$. Si determini il dominio del parametro n, in funzione di γ, nel caso in cui:

1) il gas aumenta la propria temperatura e si espande,

2) il gas aumenta la propria temperatura e diminuisce il proprio volume,

3) il gas diminuisce la propria temperatura e si espande,

4) il gas diminuisce la propria temperatura e diminuisce il proprio volume.

Soluzione

1) Il calore specifico per la trasformazione politropica, ricordando che $R = c_p - c_v$, é:

$$c_n = c_v + \frac{R}{1-n} = c_v \frac{n-\gamma}{n-1}$$

Il gas riceve calore (positivo per convenzione termodinamica), se aumenta la propria temperatura il calore specifico $c_n = \delta q/dT$ risulta positivo e l'esponente n deve soddisfare la diseguaglianza:

$$\frac{\gamma - n}{1-n} > 0$$

Se il gas si espande risulta $dV/dT>0$. L'equazione caratteristica della politropica per gas perfetti $T^{1/(n-1)}\, V = \text{Cost}$ consente di ottenere , quindi

$$\frac{dV}{dT} = \frac{\text{Cost}}{1-n} T^{\frac{1}{1-n}-1} = \frac{V}{T(1-n)}$$

Sia V sia T sono positivi, quindi per avere derivata positiva occorre che sia $n<1$.

Dal sistema di disequazioni:

$$\begin{cases} \dfrac{\gamma - n}{1-n} > 0 \\ n < 1 \end{cases}$$

essendo sempre $\gamma > 1$, risulta la soluzione $n < 1$.

2) Se il gas aumenta la sua temperatura e diminuisce il suo volume la derivata dV/dT risulta negativa. Pertanto, con analoghe considerazioni, occorre risolvere il sistema:

$$\begin{cases} \dfrac{\gamma - n}{1-n} > 0 \\ n > 1 \end{cases}$$

la cui soluzione é $n > \gamma$.

3) Se il gas diminuisce la sua temperatura ed aumenta il suo volume, c_n deve essere negativo e la derivata dV/dT deve essere negativa. Quindi occorre risolvere il sistema:

$$\begin{cases} \dfrac{\gamma - n}{1-n} < 0 \\ n > 1 \end{cases}$$

la cui soluzione é $1 < n < \gamma$.

4) Se il gas diminuisce la sua temperatura e diminuisce il suo volume, c_n deve essere negativo e la derivata dV/dT risulta positiva. Pertanto si ottiene il sistema:

$$\begin{cases} \dfrac{\gamma - n}{1-n} < 0 \\ n < 1 \end{cases}$$

Tale sistema non ammette soluzione, cioè é impossibile che si verifichi una trasformazione in cui il gas riceve calore, diminuendo sia la temperatura sia il volume. Il valore dell'esponente n di una politropica che rappresenta il riscaldamento di un gas perfetto consente quindi di stabilire se il gas aumenta o diminuisce la propria temperatura ed il proprio volume (Figura 4).

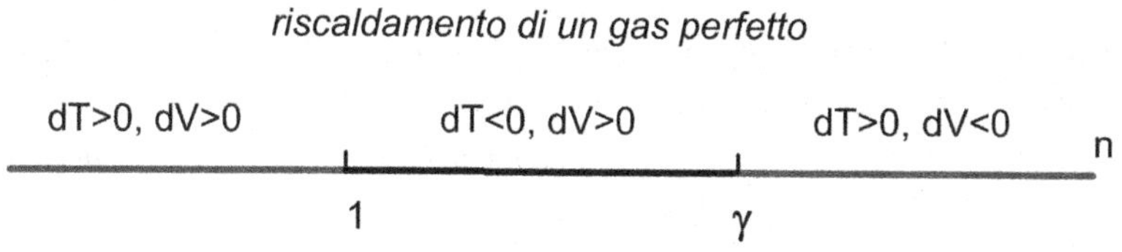

Figura 4.
Dominio dell'esponente della politropica per un gas perfetto che riceve calore.

Analogamente, per un gas perfetto che cede calore verso l'ambiente esterno, la rappresentazione delle trasformazioni é mostrata in Figura 5.

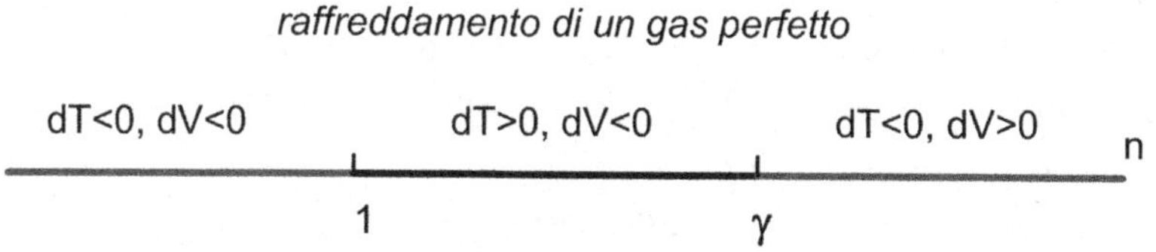

Figura 5.
Dominio dell'esponente della politropica per un gas perfetto che cede calore.

Nella Figura 6 sono mostrate due trasformazioni politropiche nel diagramma p-v, con $n<1$ e $n>\gamma$ (si rammenta che per gas perfetti monoatomici $\gamma = 1.67$ e per gas biatomici $\gamma = 1.4$).

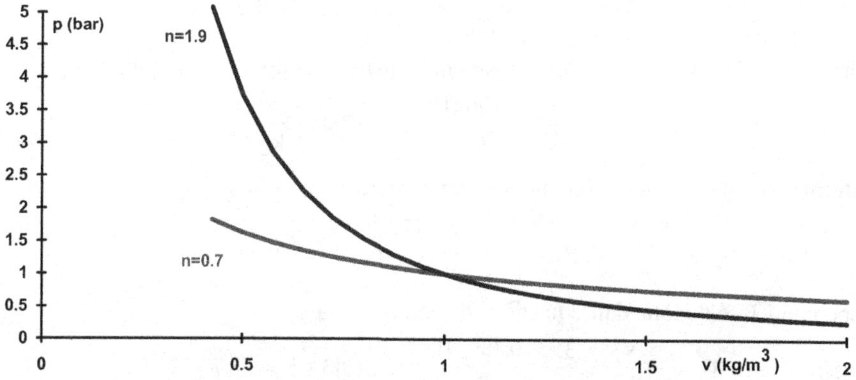

Figura 6. Trasformazioni politropiche nel diagramma p-v.

In base a quanto determinato, se il gas si riscalda, la politropica con $n < 1$ può rappresentare solo una espansione, la politropica con $n > \gamma$ può rappresentare solo una compressione.

ESERCIZIO 7

In una pompa per gonfiare copertoni di biciclette, una massa d'aria M_1 viene aspirata all'interno del cilindro della pompa, fino ad occupare il volume $V_1 = 300\ cm^3$ alla pressione $p_1 = 1$ bar ed alla temperatura $T_1 = 20$ °C, quindi subisce una compressione politropica $pv^n =$ costante, con $n = 1.1$, fino alla stato fisico 2, con volume $V_2 = 100\ cm^3$. A questo punto si apre la valvola di uscita dell'aria compressa e nel cilindro resta aria alla temperatura

$T_3 = T_2$, volume $V_3 = V_2$ e pressione $p_3 = 2$ bar. L'aria viene considerata un gas perfetto con costante $R = 287$ J/kgK e calore specifico a pressione costante $c_p = 1005$ J/kgK.

1) Calcolare la massa M_1 contenuta inizialmente nel cilindro, la pressione massima p_2 dell'aria nel cilindro e la corrispondente temperatura T_2.

2) Calcolare la massa M_3 di aria compressa che resta nel cilindro dopo l'apertura della valvola e la massa di aria compressa uscente dal cilindro M_1-M_3.

3) Indicare nel diagramma p-v gli stati fisici 1, 2 e 3.

4) Calcolare il lavoro L_{12} trasferito alla massa M_1 di aria nella compressione 1-2 ed il calore Q_{12} dissipato nella compressione politropica.

5) Calcolare la variazione di entropia ΔS_{12} dell'aria nella compressione 1-2, e la variazione di entropia dell'ambiente esterno ΔS_{amb} nella trasformazione 1-2, considerato come un serbatoio di calore alla temperatura T_1.

Soluzione

1) Nello stato fisico iniziale 1 il volume specifico v_1 é ricavabile dall'equazione di stato:

$$v_1 = \frac{RT_1}{p_1} = \frac{287 x 293.15}{10^5} = 0.841 \quad \frac{m^3}{kg}$$

La massa M_1 contenuta nel cilindro, per definizione di volume specifico, é:

$$M_1 = \frac{V_1}{v_1} = \frac{300 x 10^{-6}}{0.841} = 3.57 x 10^{-4} \quad kg$$

Nello stato fisico 2, il volume totale occupato dalla massa M_1 diviene V_2, quindi:

$$v_2 = \frac{V_2}{M_1} = \frac{100 x 10^{-6}}{3.57 x 10^{-4}} = 0.280 \quad \frac{m^3}{kg}$$

La trasformazione 1-2 é politropica, per cui la pressione p_2 é:

$$p_2 = p_1\left(\frac{v_1}{v_2}\right)^n = \left(\frac{0.841}{0.280}\right)^{1.1} = 3.35 \text{ bar}$$

La temperatura T_2 é dedotta dall'equazione di stato:

$$T_2 = \frac{p_2 v_2}{R} = \frac{3.35 x 0.280 x 10^5}{287} = 326.83 \quad K = 53.7 \quad °C$$

2) Nello stato fisico 3 il volume specifico v_3 é ricavata dall'equazione di stato:

$$v_3 = \frac{RT_3}{p_3} = \frac{287 x 326.83}{2 x 10^5} = 0.469 \quad \frac{m^3}{kg}$$

La massa M_3 che resta nel cilindro é dunque:

$$M_3 = \frac{V_3}{v_3} = \frac{100 x 10^{-6}}{0.469} = 2.13 x 10^{-4} \quad kg$$

La massa di aria compressa uscente dal cilindro é:

$$M_1 - M_3 = (3.57 - 2.13) x 10^{-4} = 1.44 x 10^{-4} \quad kg$$

3) Nel diagramma p-v gli stati fisici 1 e 2 si trovano sulla politropica $pv^{1.1}$ = costante, gli stati fisici 2-3 si trovano sulla isoterma a 53.7 °C, come mostrato in Figura 7.

4) Il lavoro l_{12} scambiato tra l'unità di massa di gas e l'esterno nella trasformazione politropica 1-2 é:

$$l_{12} = \frac{1}{n-1}(p_1 v_1 - p_2 v_2) = \frac{R(T_1 - T_2)}{n-1} = \frac{287(20-53.7)}{0.1} = -96719 \frac{J}{kg}$$

Il lavoro complessivamente ricevuto dalla massa M_1 di gas é:

$$L_{12} = M_1 l_{12} = -96719x3.57x10^{-4} = -34.53 \quad J$$

Tale lavoro é negativo (come previsto dalla convenzione termodinamica) in quanto ricevuto dal gas. Il calore q_{12} scambiato tra il gas e l'esterno nella trasformazione politropica 1-2 é $c_n(T_2-T_1)$, dove c_n é il calore specifico lungo la politropica:

$$c_n = c_v \frac{n-\gamma}{n-1} = 718 \frac{1.1-1.4}{1.1-1} = -2154 \quad \frac{J}{kgK}$$

Tale calore specifico ($\delta q/dT$) risulta negativo poiché, nella trasformazione, il gas cede calore ($\delta q<0$), aumentando la propria temperatura ($dT>0$). Pertanto il calore q_{12} diviene:

$$q_{12} = c_n(T_2 - T_1) = -2154(53.7-20) = -72590 \frac{J}{kg}$$

Il calore complessivamente ceduto dalla massa M_1 di gas é:

$$Q_{12} = M_1 q_{12} = -72590x3.57x10^{-4} = -25.91 \quad J$$

Nella compressione 1-2 il gas riceve il lavoro L_{12}, cede all'esterno il calore Q_{12}, aumentando la propria pressione e temperatura.

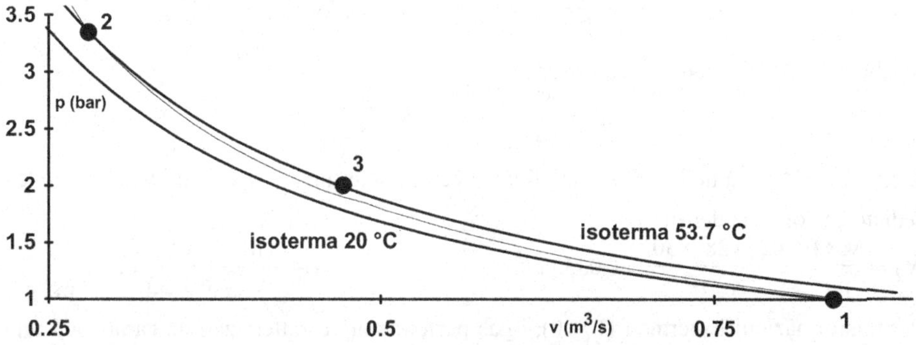

Figura 7. Stati fisici 1, 2, 3 nel diagramma p-v.

5) La variazione di entropia specifica é $ds = c_n \, dT/T$, quindi la variazione di entropia della massa M_1 nella trasformazione politropica 1-2 é:

$$\Delta S_{12} = M_1 \int_1^2 ds = M_1 c_n \ln\frac{T_2}{T_1} = -3.57x10^{-4}x2154x\ln\frac{326.83}{293.15} = -83.63x10^{-3}\frac{J}{K}$$

La variazione di entropia dell'ambiente esterno, che resta a temperatura costante T_1, é

$$\Delta S_{amb} = M_1 \int_1^2 \frac{\delta q}{T} = \frac{-Q_{12}}{T_1} = \frac{25.91}{293.15} = 88.38x10^{-3}\frac{J}{K}$$

La compressione politropica determina, oltre ad una dissipazione di calore, una aumento di entropia totale $\Delta S_{amb} + \Delta S_{12} = 4.75x10^{-3}$ J/K.

ESERCIZIO 8

Un contenitore rigido con volume V_1 = 100 l é racchiuso da un pistone mobile adiabatico e contiene aria in equilibrio termodinamico a pressione p_1 = 2 bar e temperatura T = 30 °C. L'aria ha calori specifici a pressione ed a volume costante rispettivamente c_p = 1007 J/kgK e c_v = 720 J/kgK.

Le pareti del contenitore sono adiabatiche, ad eccezione di una porzione in cui avviene uno scambio di calore con l'ambiente circostante, in modo tale che l'aria resti sempre alla temperatura di 30 °C.

Partendo dallo stato fisico iniziale il pistone viene spinto provocando la diminuzione del volume occupato dall'aria, che raggiunge uno stato fisico di equilibrio termodinamico con pressione p_2 = 6 bar e temperatura T = 30 °C.

Considerando l'aria come un gas perfetto, calcolare

1) la densità dell'aria nello stato fisico iniziale ρ_1 e nello stato fisico finale ρ_2,

2) le variazioni di energia interna U, di entalpia H e di entropia S dell'aria,

3) il lavoro L ed il calore Q scambiato tra l'aria e l'ambiente circostante.

Soluzione

1) La costante R per l'aria é R = c_p - c_v = 1007 - 720 = 287 J/kg K. Dall'equazione di stato si ricava la massa M del gas racchiuso nel contenitore:

$$M = \frac{p_1 V_1}{R T} = \frac{2x10^5 x0.1}{287x303} = 0.230 \text{ kg}$$

La densità del gas nello stato fisico iniziale é:

$$\rho_1 = \frac{M}{V_1} = \frac{0.23}{0.1} = 2.30 \frac{kg}{m^3}$$

Per calcolare la densità nello stato fisico finale occorre determinare il volume V_2:, dal quale é immediato calcolare la densità:

$$V_2 = \frac{MRT}{p_2} = \frac{0.23x287x303}{6x10^5} = 0.0333 \text{ m}^3 \qquad \rho_2 = \frac{M}{V_2} = \frac{0.23}{0.0333} = 6.91 \frac{kg}{m^3}$$

2) Per trasformazioni isoterme (dT = 0), i gas perfetti sono caratterizzati da variazioni nulle di energia interna ed entalpia (du = c_v dT, dh = c_p dT).

Ricorrendo alla sua definizione, al 1° principio della termodinamica ed alla equazione di stato dei gas perfetti, la variazione di entropia risulta:

$$\int_1^2 dS = \int_1^2 \left(\frac{\delta Q}{T}\right)_{rev} = \int_1^2 \frac{dH}{T} - \int_1^2 V\frac{dp}{T} = 0 - MR\int_1^2 \frac{dp}{p} = -0.23x287x\ln\frac{6}{2} = -72.5\frac{J}{K}$$

3) In base alla sua definizione ed alla equazione di stato dei gas perfetti, il lavoro scambiato tra l'aria nel contenitore e l'esterno é:

$$L = \int_1^2 pdV = MRT\int_1^2 \frac{dV}{V} = 0.23x287x303x\ln\frac{0.0333}{0.1} = -2.1993x10^4 \text{ J}$$

Il lavoro risulta negativo, cioè entrante nel sistema (infatti occorre una forza esterna per comprimere il gas). Dal 1° principio della termodinamica risulta immediato calcolare il calore scambiato nel corso della trasformazione: $Q = \Delta U + L = -2.1993 \times 10^4$ J.

Il calore scambiato é negativo, cioè uscente dal sistema (il gas contenuto dal pistone mobile); pertanto occorre raffreddare il sistema per ottenere la trasformazione isoterma 1→2.

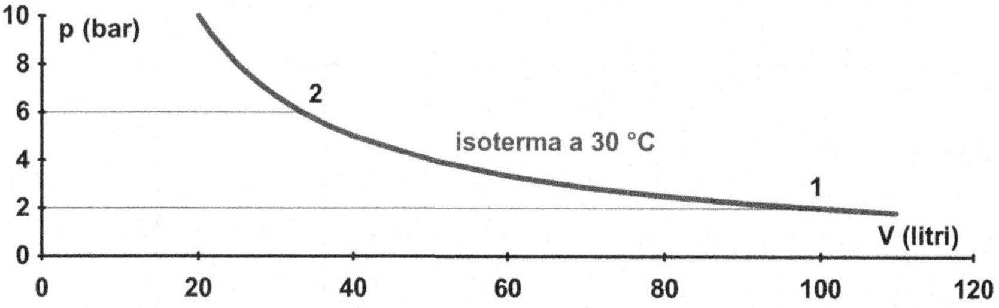

Figura 8. Trasformazione isoterma per il gas perfetto.

Per questo motivo la variazione di entropia, calcolata precedentemente, risulta negativa. La trasformazione isoterma 1→2 é mostrata in Figura 8.

ESERCIZIO 9

Si consideri un sistema chiuso costituito da due gas perfetti, aria secca e vapore acqueo. Sia x il titolo, cioè il rapporto tra la massa di vapore e la massa di aria secca. Ricorrendo alla legge dei gas perfetti, $pV = nR_oT$, con $R_o = 8.314$ J/mol K, calcolare, in funzione di x, la costante R del gas perfetto formata da aria secca (con massa molare $m_a = 28.97$ g/mol) e vapore acqueo (con massa molare $m_v = 18$ g/mol). Riportare in grafico il rapporto R/R_a in funzione di x, essendo $R_a = R_o/m_a$ la costante dell'aria secca.

Soluzione

Il sistema considerato (aria umida) é costituito da due componenti (aria secca e vapore acqueo). Il numero di moli dell'aria umida é la somma del numero di moli di aria secca e di vapore; così pure la massa totale M é la somma delle masse di aria secca e di vapore, a loro volta esprimibili come prodotto tra numero di moli e massa molare. L'equazione di stato dei gas perfetti, dividendo ogni membro per la massa totale, diviene:

$$pv = \frac{n}{M} R_o T = \frac{n}{M_a + M_v} R_o T = \frac{n}{M_a(1+x)} R_o T = \frac{n_a + n_v}{n_a m_a (1+x)} R_o T = \frac{R_o}{m_a} \frac{1 + \frac{n_v}{n_a}}{1+x} T$$

Da questa equazione, osservando che:

$$n_a = \frac{M_a}{m_a}, \qquad n_v = \frac{M_v}{m_v}, \qquad M_v = x M_a, \qquad R_a = \frac{R_0}{m_a},$$

si ricava:

$$pv = \frac{R_o}{m_a}\,\frac{1+x\,\frac{m_a}{m_v}}{1+x}\,T = RT\,,\ \text{cioè}\ R = \frac{R_o}{m_a}\,\frac{1+x\,\frac{m_a}{m_v}}{1+x} = R_a\,\frac{1+1.61\,x}{1+x} = 287.04\,\frac{1+1.61\,x}{1+x}\ \frac{J}{kg\,K}$$

La derivata prima di R(x) é sempre positiva, $0.61/(1+x)^2$; la derivata seconda sempre negativa, per cui R(x) é una funzione monotona crescente, con concavità verso il basso; nelle usuali applicazioni (x<<1) la pendenza della curva é approssimativamente costante (Figura 9).

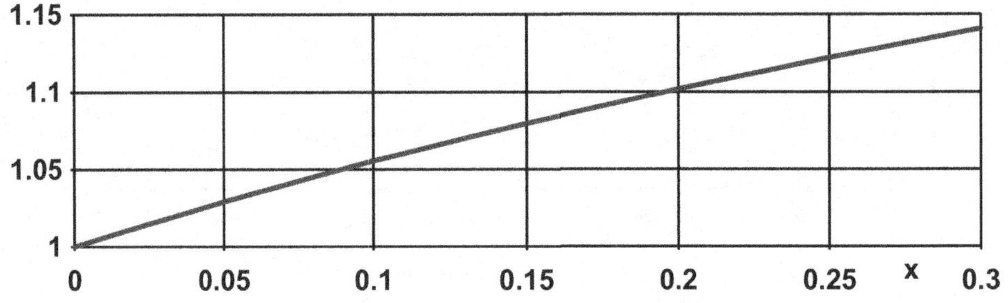

Figura 9. Rapporto R/R_a in funzione del titolo x per aria umida.

ESERCIZIO 10

Un gas perfetto a pressione p_1 = 10 bar si espande isobaricamente in un cilindro, racchiuso da un pistone mobile, dal volume iniziale $V_1 = 0.02\ m^3$ al volume $V_2 = 0.04\ m^3$, quindi viene raffreddato a volume costante fino alla pressione p_3 = 5 bar. Infine viene riportato allo stato fisico iniziale mediante una compressione isoterma. I calori specifici sono c_p = 1007 J/kgK e c_v = 720 J/kgK.

1) Tracciare la trasformazione ciclica 1-2-3-1 nel diagramma termodinamico p-V e calcolare la quantità di lavoro L e di calore Q scambiato tra il gas e l'ambiente circostante in ognuna delle tre trasformazioni,

2) per ognuna delle tre trasformazioni 1-2, 2-3, 3-1 calcolare le variazioni di entropia specifica s del gas; calcolare inoltre la somma di tali variazioni di entropia.

Soluzione

Il lavoro scambiato in ognuna delle tre trasformazioni é:

$$L_{1\to 2} = \int_{V_1}^{V_2} pdV = p_1(V_2 - V_1) = 10^6(0.04 - 0.02) = 20 \quad kJ \qquad\qquad L_{2\to 3} = \int_{V_2}^{V_3} pdV = 0$$

$$L_{3\to 1} = \int_{V_3}^{V_1} pdV = p_1V_1 \int_{V_3}^{V_1} \frac{dV}{V} = p_1V_1 \ln\frac{V_1}{V_3} = 10^6 x 0.02 x \ln\frac{0.02}{0.04} = -13.86kJ$$

Il lavoro complessivamente scambiato tra il gas e l'ambiente esterno nel ciclo 1→2→3 é la somma algebrica dei contributi di ogni trasformazione e risulta:

$$L = L_{1\to 2} + L_{2\to 3} + L_{3\to 1} = 20 - 13.86\ kJ = 6.14\ kJ$$

Il lavoro é positivo, cioè uscente dal sistema, come evidenziato dal verso orario del ciclo termodinamico.

Gli stati fisici 1,2,3 sono noti nel diagramma p-V, per cui é immediato tracciare il ciclo mostrato in Figura 10.

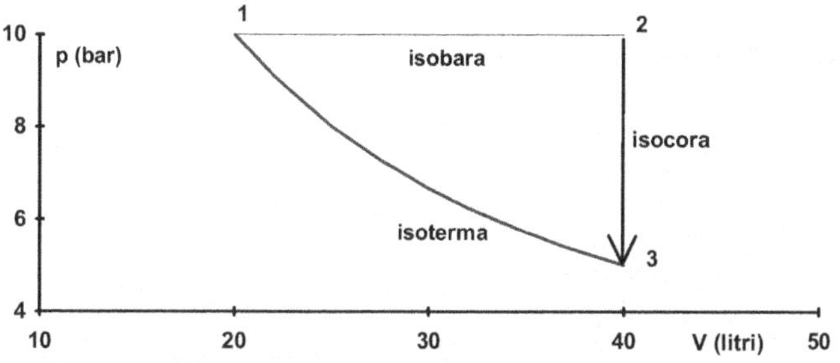

Figura 10. Ciclo termodinamico nel diagramma p-V.

Il calore scambiato tra gas ed esterno é deducibile da 1° principio per sistemi chiusi:

$$Q = \int_1^1 dU + L = L = 6.14\text{kJ}$$

Il calore é positivo, cioè entrante nel sistema (il gas viene scaldato).

Le variazioni di entropia specifica nelle singole trasformazioni si calcolano diversificando i termini δQ per ogni trasformazione (considerata reversibile) e ricordando l'equazione di stato per gas perfetti:

$$s_2 - s_1 = \int_{T_1}^{T_2} c_p \frac{dT}{T} = c_p \ln\frac{T_2}{T_1} = c_p \ln\frac{p_2V_2}{p_1V_1} = 1007\ln\frac{0.04}{0.02} = 698\text{J/kgK}$$

$$s_3 - s_2 = \int_{T_2}^{T_3} c_v \frac{dT}{T} = c_v \ln\frac{T_3}{T_2} = c_v \ln\frac{p_3V_3}{p_2V_2} = 720\ln\frac{5\text{x}10^5\text{x}0.04}{10\text{x}10^5\text{x}0.04} = -499\text{J/kgK}$$

$$s_1 - s_3 = \int_{T_3}^{T_1} c_p \frac{dT}{T} - \int_{p_3}^{p_1} v\frac{dp}{T} = 0 - R\int_{p_3}^{p_1} \frac{dp}{p} = -(c_p - c_v)\ln\frac{p_1}{p_3} = -287\ln\frac{10\text{x}10^5}{5\text{x}10^5} = -199\text{J/kgK}$$

La somma di tali tre variazioni di entropia rappresenta la variazione di entropia nel ciclo e risulta uguale a 0 (come ovvio essendo l'entropia una funzione di stato).

ESERCIZIO 11

Un gas si espande in un cilindro, provocando il movimento di un pistone; nel corso della trasformazione lo stato fisico del gas é rappresentato dalla politropica pV^m = costante (essendo m=1.3). Lo stato iniziale del gas é $V_1 = 1\ dm^3$, $p_1 = 2x10^6$ Pa; nello stato finale la pressione é $p_2 = 10^5$ Pa.

1) Calcolare l'energia trasferita come lavoro dal gas all'ambiente esterno.

2) Se il gas fosse argon e si comportasse come un gas perfetto, calcolare la temperatura nello stato finale, il volume specifico ed il calore scambiato nel corso della trasformazione.

I dati a disposizione sono: temperatura iniziale T_1 = 207.95 °C, massa molare dell'argon μ = 39.95 g/mol, costante universale dei gas perfetti R_0 = 8.3143 J/mol K, $\gamma = c_p/c_v = 1.67$.

Soluzione

1) Il volume del gas nello stato finale della trasformazione politropica é:

$$V_2 = V_1\left(\frac{p_1}{p_2}\right)^{\frac{1}{1.3}} = 0.010\text{m}^3$$

La trasformazione politropica é mostrata in Figura 11.

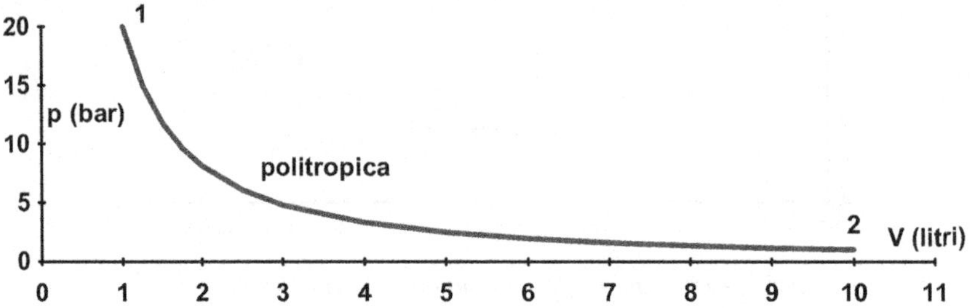

Figura 11. Trasformazione politropica dallo stato fisico 1 allo stato fisico 2.

Il lavoro trasferito dal sistema verso l'esterno nella trasformazione politropica é:

$$L = \int_{V_1}^{V_2} p\text{d}V = p_1 V_1^{1.3} \int_{V_1}^{V_2} V^{-1.3}\text{d}V = \frac{p_1 V_1^{1.3}}{-0.3}\left(V_2^{-0.3} - V_1^{-0.3}\right) = \frac{p_1 V_1 - p_2 V_2}{0.3} = 3.333\text{kJ}$$

2) Se il gas fosse perfetto, il numero di moli di gas sarebbe:

$$n = \frac{p_1 V_1}{R_0 T_1} = 0.5 \quad \text{moli}$$

quindi la massa di argon sarebbe: $M = n\,\mu = 0.5\text{x}39.95 = 19.975$ g. Il volume specifico nello stato finale é: $v_2 = V_2/M = 0.01/(19.975\text{x}10^{-3}) = 0.5\ \text{m}^3/\text{kg}$. La temperatura finale T_2 sarebbe:

$$T_2 = \frac{p_2 V_2}{n R_0} = 240.55 \quad \text{K} = -32.6 \quad °\text{C}$$

La costante R ed il calore specifico a volume costante c_v dell'argon sono rispettivamente:

$$R = \frac{R_0}{n} = \frac{8.3143}{39.95\text{x}10^{-3}} = 208.12\,\frac{\text{J}}{\text{kgK}} \qquad \text{e} \qquad c_v = \frac{R}{\gamma - 1} = \frac{208.12}{1.67 - 1} = 310.63\,\frac{\text{J}}{\text{kgK}}$$

Il calore specifico lungo la politropica c_m:

$$c_m = c_v\,\frac{m - \gamma}{m - 1} = 310.63\,\frac{1.3 - 1.67}{1.3 - 1} = -383.11 \quad \frac{\text{J}}{\text{kg°C}}$$

Il calore Q trasferito tra l'argon e l'ambiente esterno nella trasformazione politropica 1-2 é quindi:

$$Q = Mc_m(T_2 - T_1) = -19.975\text{x}10^{-3}\text{x}383.11\text{x}(-32.6 - 207.95) = 1841 \quad \text{J}$$

Lo stesso risultato può essere ottenuto applicando il 1° principio della termodinamica e ricordando che la variazione di energia interna é $U_2\text{-}U_1 = M\ c_v\ (T_2\text{-}T_1)$:

$$Q = U_2 - U_1 + L = Mc_v\left(T_2 - T_1\right) + L =$$

$$= 19.975\text{x}10^{-3}\text{x}310.63\text{x}(-32.6 - 207.95) + 3333 = 1841\ \text{J}$$

ESERCIZIO 12

Un cilindro con area di base $A=0.001\ m^2$ ed altezza $L_0 = 0.1\ m$ contiene un gas perfetto ed é racchiuso da un pistone mobile collegato ad una molla, la costante di deformazione della molla (cioè il rapporto tra il modulo della forza e lo spostamento) é $\psi=10^4\ N/m$. L'ambiente circostante é costituito da aria a pressione $p_1= 1\ bar$. Nello stato fisico iniziale il gas nel cilindro occupa un volume $V_1 = 10^{-4}\ m^3$, alla pressione $p_1= 1\ bar$ e temperatura $T_1= 20\ °C$; la molla é scarica (non deformata). Il gas perfetto ha costante $R = 287\ J/kgK$ e calore specifico a volume costante $c_v = 720\ J/kgK$; esso riceve una quantità di calore Q che provoca l'innalzamento del pistone $L=0.02\ m$ e la conseguente espansione del gas dal volume iniziale V_1 al volume finale V_2.

1) Calcolare la temperatura T_2 del gas nello stato fisico finale.

2) Calcolare il volume specifico v(x), la pressione p(x) e la temperatura T(x) del gas nel corso della trasformazione, supponendo che la trasformazione avvenga per stati di equilibrio.

3) Calcolare il calore Q che occorre trasferire al gas nel cilindro, nella trasformazione 1-2.

4) Calcolare l'entropia s(x) del gas nel corso della trasformazione, assumendo $s_1= 0\ J/kgK$; rappresentare graficamente le funzioni v(x), p(x), T(x) e s(x).

5) Calcolare l'esponente n della politropica passante per i punti 1 e 2 del diagramma termodinamico, stabilendo se essa rappresenta adeguatamente la trasformazione del gas nel cilindro.

Soluzione

1) Il volume specifico del gas nello stato fisico iniziale é:

$$v_1 = \frac{RT_1}{p_1} = \frac{287x293.15}{10^5} = 0.841\ \frac{m^3}{kg}$$

Poiché il volume occupato dal gas é $V_1 = 10^{-4}\ m^3$, la massa di gas nel sistema chiuso é:

$$M = \frac{V_1}{v_1} = \frac{10^{-4}}{0.841} = 1.189x10^{-4}\ kg$$

Il volume finale, dopo l'innalzamento del pistone, é $V_2= 10^{-3}x0.12=1,2x10^{-4}\ m^3$, ed il volume specifico del gas nello stato fisico finale é:

$$v_2 = \frac{V_2}{M} = \frac{1.2x10^{-4}}{1.189x10^{-4}} = 1.009\ \frac{m^3}{kg}$$

Poiché il pistone si solleva di L=0.02 m, la pressione nello stato fisico finale risulta:

$$p_2 = p_1 + \frac{\psi L}{A} = 10^5 + \frac{10^4 x0.02}{10^{-3}} = 3x10^5 \quad Pa$$

La temperatura finale del gas é ricavata dall'equazione di stato:

$$T_2 = \frac{p_2 v_2}{R} = \frac{3x10^5 x1.009}{287} = 1054.7\ K = 781.6\ °C$$

2) La pressione del gas deve equilibrare la forza esterna agente sul pistone (ambiente e molla); indicando con x lo spostamento del pistone, la forza della molla sul pistone risulta ψx, quindi

la pressione sul pistone (uguale alla pressione del gas per la condizione di equilibrio) ed il volume specifico del gas in funzione dello spostamento sono:

$$p = p_1 + \frac{\psi x}{A}$$

$$v = \frac{A\left(L_0 + x\right)}{M} = v_1 \frac{A\left(L_0 + x\right)}{V_1} = v_1 \frac{L_0 + x}{L_0}$$

Pressione e volume specifico sono quindi funzioni lineari dello spostamento, combinando le espressioni di p(x) e v(x) risulta che la trasformazione 1-2 nel diagramma p-v é un segmento di retta.

$$p = p_1 + \frac{\psi L_0}{A}\left(\frac{v}{v_1} - 1\right)$$

La temperatura del gas perfetto in funzione dello spostamento é quindi una funzione parabolica dello spostamento x:

$$T = \frac{pv}{R} = \frac{\left(p_1 + \frac{\psi x}{A}\right) A \left(L_0 + x\right)}{R\,M}$$

3) In seguito alla introduzione del calore δq, il gas perfetto varia la propria energia interna (du = c_v dT) e trasferisce all'esterno il lavoro p dv. Dal 1° principio della termodinamica risulta M c_v dT = δQ - p dV, che integrata tra lo stato iniziale e lo stato finale; fornisce:

$$Q = Mc_v\left(T_2 - T_1\right) + \int_0^L A\left(p_1 + \frac{\psi x}{A}\right)dx = Mc_v\left(T_2 - T_1\right) + ALp_1 + \frac{\psi}{2}L^2 = 69.2\,J$$

4)

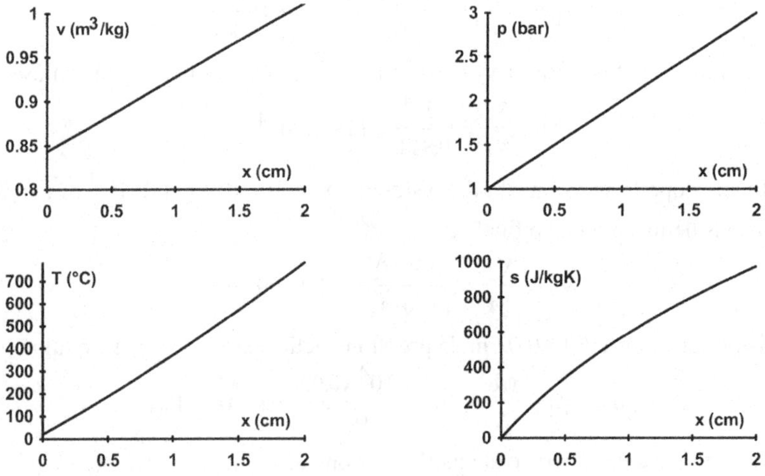

Figura 12. Volume specifico, pressione, temperatura e entropia specifica in funzione dello spostamento x del pistone.

Considerando una trasformazione reversibile dallo stato fisico 1 ad uno stato fisico generico, essendo s_1= 0, risulta (con x espresso in cm):

$$s = c_v \ln\frac{T}{T_1} + R\ln\frac{v}{v_1} = c_v \ln\left[(1+x)\left(1+\frac{x}{10}\right)\right] + R\ln\left(1+\frac{x}{10}\right)$$

I grafici di v, p, T e s in funzione di x sono riportati nella Figura 12.

5) L'esponente della politropica pv^n passante per i punti 1 e 2 é:

$$n = \frac{\log\frac{p_2}{p_1}}{\log\frac{v_1}{v_2}} = \frac{\log 3}{\log\frac{0.841}{1.009}} = \frac{1.0986}{-0.1821} = -6.03$$

Tale politropica rappresenta solo una trasformazione che approssima la trasformazione 1-2, che in realtà prevede un legame di linearità tra p e v.

ESERCIZIO 13

Una massa $M = 10^5$ kg di rocce calde secche con calore specifico $c_p = 890$ J/kgK cede calore isobaricamente ad una macchina termica, che rende disponibile il lavoro L ed a sua volta cede calore ad un serbatoio di calore a temperatura $T_o = 20$ °C.

La massa rocciosa cede calore alla macchina in una trasformazione in cui la propria temperatura varia dal valore iniziale $T_1 = 800$ °C fino a $T_o = 20$ °C.

1) Calcolare il lavoro massimo reso teoricamente disponibile dalla macchina termica ed il coefficiente economico medio (definito come rapporto tra la quantità di lavoro complessivamente scambiato e la quantità di calore complessivamente trasferita dalla massa rocciosa alla macchina termica);

2) calcolare la variazione di entropia S della massa rocciosa e del serbatoio freddo.

Soluzione

1) La massa di rocce calde cede calore Q_1 alla macchina termica diminuendo la propria temperatura T da T_1 a T_0, quindi:

$$Q_1 = Mc_p(T_0-T_1) = -10^5 x890x780 = -6.942x10^{10} \text{ J}$$

La quantità di calore Q_1 é negativa perché uscente dal serbatoio, diviene positiva per la macchina termica in quanto entrante nella macchina.

In una trasformazione infinitesima la macchina riceve quindi la quantità di calore $\delta Q_1 = Mc_p dT$, trasferisce all'esterno la quantità di lavoro $\delta L = \varepsilon\, \delta Q_1$.

Il lavoro massimo é fornito da una macchina di Carnot in cui $\varepsilon = (1-T_0/T)$, per cui risulta:

$$L = \int_{T_1}^{T_0}\left(1-\frac{T_0}{T}\right)|\delta Q_1| = Mc_p \int_{T_1}^{T_0}\left(1-\frac{T_0}{T}\right)|dT| = \left|Mc_p\left[(T_0-T_1)-T_0\ln\frac{T_0}{T_1}\right]\right| = 3.557x10^{10}\,\text{J}$$ Il

coefficiente economico medio risulta allora:

$$\varepsilon_{medio} = \frac{L}{|Q_1|} = \frac{3.557x10^{10}}{6.942x10^{10}} = 0.512$$

2) La variazione di entropia della massa rocciosa é:

$$\Delta S_{rocce} = \int_{T_1}^{T_0} Mc_p \frac{dT}{T} = Mc_p \ln\frac{T_0}{T_1} = 10^5 x890x \ln\frac{293}{1073} = -1.155x10^8 \frac{J}{K}$$

La variazione di entropia della macchina termica é nulla, poiché il fluido termovettore che in essa opera é sottoposto ad una trasformazione ciclica.

La variazione di entropia del serbatoio di calore a temperatura T_0 é:

$$\Delta S_{serbatoio} = \int_1^0 \frac{\delta Q_2}{T_0} = \frac{1}{T_0}\int_1^0 (|\delta Q_1| - \delta L) = \frac{Mc_p}{T_0}\int_{T_1}^{T_0} \left| dT - \left(1 - \frac{T_0}{T}\right) dT \right| =$$

$$= \frac{Mc_p}{T_0}\int_{T_1}^{T_0} -\frac{T_0}{T} dT = Mc_p \ln\frac{T_1}{T_0} = 10^5 x890x \ln\frac{1073}{293} = 1.155x10^8 \frac{J}{K}$$

La variazione totale di entropia del sistema costituito dalle rocce, dalla macchina e dal serbatoio é uguale a 0, come ovvio avendo considerato un ciclo reversibile di una macchina di Carnot.

ESERCIZIO 14

Una massa M = 80 kg di acqua ed una massa di M = 80 kg di terreno si trovano ad una temperatura iniziale T_0 = 10 °C quando cominciano a ricevere isobaricamente una quantità costante di calore per unità di tempo Q = 600 W, aumentando la propria temperatura T in funzione del tempo t. L'ambiente circostante si trova ad una temperatura costante T_0 = 10 °C e riceve dai due corpi una quantità di calore per unità di tempo K(T- T_0), essendo K = 20 W/°C.

1) Calcolare le temperature dell'acqua e del terreno in funzione del tempo, sapendo che il calore specifico a pressione costante per l'acqua é c_a = 4190 J/kg°C, mentre per il terreno é c_t = 850 J/kg°C.

2) Calcolare inoltre l'energia interna U(t) dei due corpi in funzione del tempo, assumendo per entrambi U = 0 all'istante t=0.

Soluzione

1) Nell'intervallo infinitesimo di tempo dt i due corpi ricevono complessivamente una quantità di calore [Q-K(T- T_0)]dt, ed essendo la trasformazione isobara, per definizione di calore specifico a pressione costante, risulta per i due corpi (acqua e terreno):

$$M\, c_a\, dT_a = [Q-K(T_a - T_0)]dt \qquad M\, c_t\, dT_t = [Q-K(T_t - T_0)]dt$$

Dividendo ogni membro delle equazioni per dt si ottengono due equazioni differenziali del primo ordine:

$$\frac{dT_a}{dt} + \frac{K}{Mc_a} T_a = \frac{Q + KT_0}{Mc_a} \qquad \frac{dT_t}{dt} + \frac{K}{Mc_t} T_t = \frac{Q + KT_0}{Mc_t}$$

la cui soluzione, con la condizione iniziale $T_a = T_t = T_0$ all'istante t = 0, é:

$$T_a(t) = \frac{Q}{K}\left[1 - \exp\left(-\frac{K}{Mc_a} t\right)\right] + T_0$$

$$T_t(t) = \frac{Q}{K}\left[1 - \exp\left(-\frac{K}{Mc_t}t\right)\right] + T_0$$

Il maggiore calore specifico dell'acqua, rispetto al terreno, comporta un più rapido riscaldamento del terreno, come evidenziato nel grafico di Figura 13, in cui si riporta la temperatura e l'energia interna dei due corpi in funzione del tempo.

2) La variazione di energia interna U dei due corpi viene dedotta dal 1° principio della termodinamica (ricordando che la trasformazione é isobara) e risulta molto maggiore per l'acqua:

$U_a(t) = M\ c_a\ [T_a(t) - T_0]$ $\qquad$ $U_t(t) = M\ c_t\ [T_t(t) - T_0]$

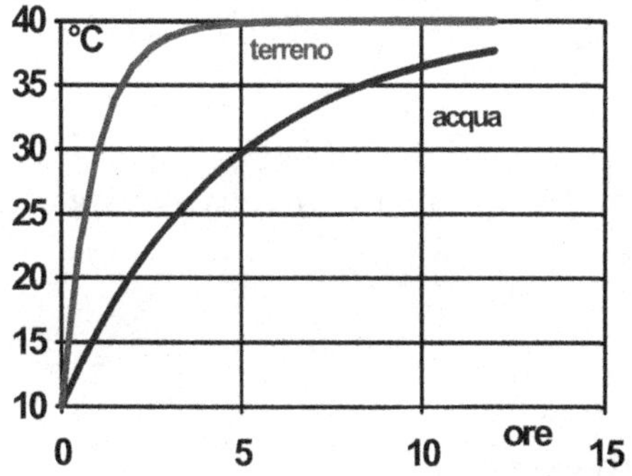

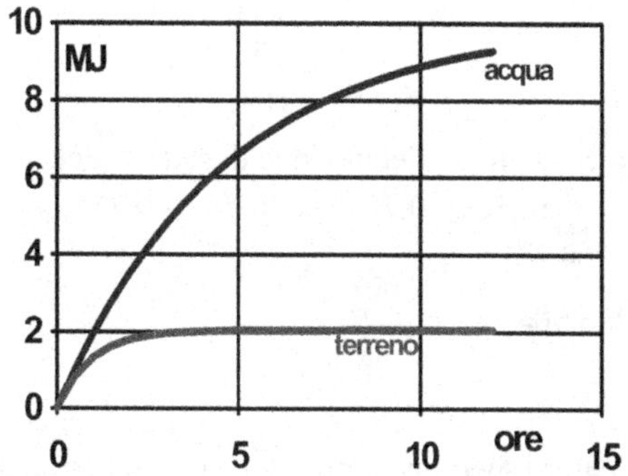

Figura 13

Temperatura in funzione del tempo $\qquad$ *Energia interna in funzione del tempo.*

ESERCIZIO 15

L'aria atmosferica é una miscela di gas perfetti, costituita da azoto, ossigeno, argon e diossido di carbonio (si trascurino le tracce di vapore acqueo, ossido di azoto e di zolfo, di metano, di idrogeno,...). Avendo escluso il vapore acqueo (condensabile), tale miscela è denominata aria secca. Le frazioni molari x_i dei gas componenti l'aria secca sono riportate nella sottostante tabella, insieme con la massa molare μ_i, la costante R_i dell'equazione di stato dei gas perfetti ed il calore specifico a pressione costante c_{pi}.

	x_i %	μ_i (g/mol)	R_i (J/kgK)	c_{pi} (J/kgK)
N_2	78.03	28.016	296.749	1040
O_2	20.99	32.000	259.778	914
Ar	0.94	39.944	208.195	523
CO_2	0.04	44.010	188.778	825

Calcolare, per questa miscela di gas perfetti,

1) la massa molare media μ dell'aria,

2) le frazioni in massa m_i dei singoli componenti,

3) la costante dell'equazione di stato R dell'aria,

4) il calore specifico a pressione costante c_p ed a volume costante c_v dell'aria.

Soluzione

1) La massa molare media dell'aria é:

$$\mu = \sum_i x_i \mu_i = 0.7803x28.016 + 0.2099x32 + 0.0094x39.944 + 0.0004x44.010 = 28.97 \frac{g}{mole}$$

2) La frazione in massa del componente i-esimo dell'aria é $m_i = x_i\ \mu_i/\mu$, pertanto:

$$m_{N_2} = x_{N_2}\frac{\mu_{N_2}}{\mu} = 75.46\% \qquad m_{O_2} = x_{O_2}\frac{\mu_{O_2}}{\mu} = 23.18\%$$

$$m_{Ar} = x_{Ar}\frac{\mu_{Ar}}{\mu} = 1.30\% \qquad m_{CO_2} = x_{CO_2}\frac{\mu_{CO_2}}{\mu} = 0.06\%$$

3) La costante dell'equazione di stato R dell'aria secca é:

$$R = \sum_i m_i R_i = 0.7546x296.749 + 0.2318x259.778 + 0.013x208.195 + 0.0006x188.778 =$$

$$= 286.964 \frac{J}{kgK}$$

4) Il calore specifico a pressione costante c_p dell'aria secca é:

$$c_p = \sum_i m_i c_{pi} = 0.7546x1040 + 0.2318x914 + 0.013x523 + 0.0006x825 = 1003.95 \frac{J}{kgK}$$

Il calore specifico a volume costante é $c_v = c_p - R = 1003.95 - 286.964 = 716.986$ J/kgK

ESERCIZIO 16

Una massa d'aria secca si trova alla quota z=0 ed alla temperatura iniziale T_0 = 30 °C. Un moto ascensionale provoca una salita Δz = 7 km dell'aria secca nella atmosfera; l'aria quindi varia la sua quota z e le sue coordinate termodinamiche, in una trasformazione adiabatica.

Calcolare la variazione di temperatura dell'aria secca, supponendo che si comporti come un gas perfetto e che sia valida l'equazione dell'idrostatica $dp=-\rho g\, dz$.

Si assuma l'accelerazione gravitazionale g = 9.81 m/s^2 ed il calore specifico dell'aria a pressione costante c_p = 995 J/kg K.

Soluzione

Per trasformazione adiabatica, il 1° principio della termodinamica in forma entalpica per gas perfetti fornisce l'equazione:

$$\delta q = dh - \frac{dp}{\rho} = c_p dT - \frac{dp}{\rho} = 0$$

Introducendo l'equazione della idrostatica in tale equazione si ottiene: $c_p\, dT = - g\, dz$, cioè:

$$\frac{dT}{dz} = -\frac{g}{c_p} = -9.86 \quad \frac{°C}{km}$$

La temperatura dell'aria decresce quindi linearmente con la quota, per z = 7 km risulta:

$$T(z) = T_0 - \frac{g}{c_p} z = 30 - 9.86x7 = -39 \quad °C$$

ESERCIZIO 17

Si consideri una massa d'aria nella troposfera (cioè nello strato di atmosfera più prossimo alla superficie terrestre, con spessore variabile da 7 km ai poli a 18 km sull'equatore), con profilo di temperatura verticale $T(z) = T_0 - \Gamma z$, essendo T_0 la temperatura dell'aria al suolo, Γ il gradiente verticale (variabile da 9.86 °C/km per aria secca, fino a 5 °C/km per aria umida). Naturalmente tale equazione ha senso, in accordo con i principi della termodinamica, solo se T>0 K. Assumendo $\Gamma = 6$ °C/km, considerando l'aria un gas perfetto (R = 287.041 J/kg K) in quiete, calcolare il profilo di pressione p(z) e di densità $\rho(z)$ dell'aria nella troposfera. Si considerino i seguenti valori numerici relativi alla superficie terrestre z = 0, $T_0 = 20$ °C, $p_0 = 10^5$ Pa.

Soluzione

Ricorrendo alla legge dell'idrostatica (dp=-ρgdz) ed alla equazione di stato dei gas perfetti (pv=RT) si ottiene l'equazione differenziale:

$$\frac{dp}{p} = -\frac{g}{RT} dz$$

che, integrata, diviene:

$$p(z) = p_o \exp\left(-\frac{g}{R} \int_0^z \frac{d\zeta}{T} \right)$$

dove p_0 è la pressione dell'aria al livello del suolo e T è espressa in gradi Kelvin (in quanto proviene dalla equazione di stato). Utilizzando l'espressione lineare assegnata per il profilo di temperatura verticale, la pressione risulta:

$$p(z) = p_o \exp\left(-\frac{g}{R} \int_0^z \frac{dz}{T_o - \Gamma z} \right) = p_o \exp\left(\frac{g}{R\Gamma} \ln \frac{T_o - \Gamma z}{T_o} \right) = p_o \left(1 - \frac{\Gamma z}{T_o} \right)^{\frac{g}{R\Gamma}} = p_o \left(\frac{T}{T_o} \right)^{\frac{g}{R\Gamma}}$$

Questa relazione ha validità generale, purché la temperatura sia funzione lineare della altitudine, e può essere utilizzata per calcolare la pressione ad una certa quota, conoscendo la temperatura in quota T, il suo gradiente Γ e le condizioni al suolo (p_0 e T_0).

Dalla equazione di stato, la densità risulta quindi:

$$\rho = \frac{p_o}{RT}\left(\frac{T}{T_o}\right)^{\frac{g}{R\Gamma}} = \frac{p_o}{RT_o}\left(\frac{T}{T_o}\right)^{\frac{g}{R\Gamma}-1} = \rho_o\left(\frac{T}{T_o}\right)^{\frac{g}{R\Gamma}-1}$$

La densità ρ_0 é ricavabile dall'equazione di stato:

$$\rho_0 = \frac{p}{RT} = \frac{10^5}{287x293} = 1.19 \quad \frac{kg}{m^3}$$

Introducendo i valori numerici nelle espressioni di p(z) e ρ(z) si ottiene infine:

$$p(z) = p_o\left(1 - \frac{\Gamma z}{T_o}\right)^{\frac{g}{R\Gamma}} = 10^5\left(1 - \frac{6z}{293}\right)^{5.7} \quad Pa \qquad \text{con z in km}$$

$$\rho(z) = \rho_o\left(1 - \frac{\Gamma z}{T_o}\right)^{\frac{g}{R\Gamma}-1} = 1.19\left(1 - \frac{6z}{293}\right)^{4.7} \quad \frac{kg}{m^3} \qquad \text{con z in km}$$

Da cui risulta una diminuzione di pressione e densità con la quota (mostrata in Figura 14); la variazione di pressione non é lineare in quanto l'aria non é isoterma.

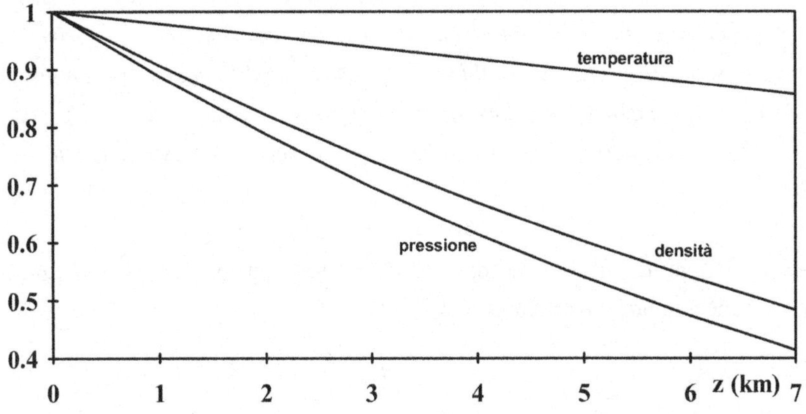

Figura 14. Profilo verticale di temperatura assoluta T/T_0, pressione p/p_0 e densità ρ/ρ_0.

ESERCIZIO 18

In una regione della superficie terrestre, a causa di una nebbia notturna, si verifica una inversione termica, per cui la temperatura dell'aria in quota, anziché diminuire come usuale, aumenta in accordo con la legge $T(z) = T_0 + \Gamma z$ (T in gradi Kelvin, z in km, $T_0 = 283$ K, $\Gamma = 4$ K/km). Al suolo la pressione dell'aria é $p_o = 1020$ hPa, la densità é $\rho_o = 1.25$ kg/m³.

L'aria può essere considerata un gas perfetto con costante R = 287.04 J/kgK, l'accelerazione di gravità é g = 9.806 m/s².

1) Calcolare la distribuzione di pressione p(z), riportando in grafico il rapporto $p(z)/p_o$ in funzione di z, con 0<z<5 km.

2) Calcolare la distribuzione di densità ρ(z), riportando in grafico il rapporto $\rho(z)/\rho_o$ in funzione di z, con 0<z<5 km.

Soluzione

1) Dalla legge dei gas perfetti, $\rho = p/RT$, e dalla legge della idrostatica, $dp = -\rho\, g\, dz$, risulta:

$$\frac{dp}{p} = -\frac{g}{RT}dz \qquad \text{che integrata diviene} \qquad p(z) = p_o \exp\left(-\frac{g}{R}\int_0^z \frac{d\zeta}{T(\zeta)}\right)$$

Inserendo il profilo di temperatura assegnato, $T(\zeta) = 283 + 4\,\zeta = T_o + \Gamma\,\zeta$ (necessariamente in gradi assoluti, in quanto proveniente dalla legge dei gas perfetti), si ottiene:

$$p(z) = p_o e^{-\frac{g}{R\Gamma}\ln\frac{T_o+\Gamma z}{T_o}} = p_o\left(\frac{T_o+\Gamma z}{T_o}\right)^{-\frac{g}{R\Gamma}} \qquad \frac{p}{p_o} = \left(\frac{283+4z}{283}\right)^{-8.54}$$

2) Infine la densità viene ricavata dalla equazione di stato:

$$\rho = \frac{p}{RT} = \frac{p_o}{R(T_o+\Gamma z)}\left(\frac{T_o+\Gamma z}{T_o}\right)^{-\frac{g}{R\Gamma}} = \frac{p_o}{RT_o}\left(\frac{T_o+\Gamma z}{T_o}\right)^{-\frac{g}{R\Gamma}-1} = \rho_o\left(\frac{283+4z}{283}\right)^{-9.54}$$

Il profilo verticale di pressione p/p_o, densità ρ/ρ_o e temperatura T/T_o é mostrato in Figura 15.

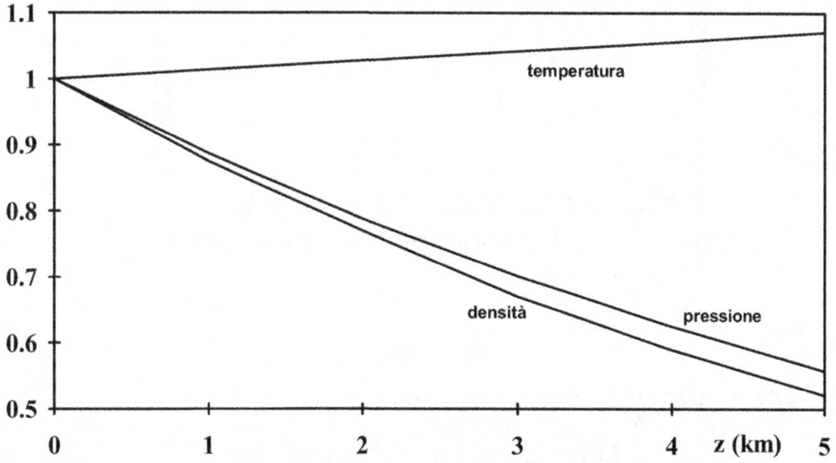

Figura 15. Profilo verticale di temperatura assoluta T/T_o, pressione p/p_o e densità ρ/ρ_o.

ESERCIZIO 19

Un sistema termodinamico é costituito da un locale chiuso contenente una massa M_A di aria atmosferica (che occupa un volume V_A = 29 m^3 alla temperatura T_A = 20 °C ed alla pressione p_A=1 bar) ed un serbatoio di aria compressa contenente una massa di aria M_B, con volume V_B = 1 m^3 alla temperatura T_B = 27 °C ed alla pressione p_B = 200 bar (Figura 16). Le pareti del locale chiuso sono rigide e adiabatiche, la massa e lo spessore delle pareti del serbatoio di aria compressa sono trascurabili.

Improvvisamente le pareti del serbatoio cedono e l'aria compressa si miscela perfettamente con l'aria del locale.

Considerando l'aria come un gas perfetto, con costante dell'equazione di stato R=287 J/kgK, massa molare 29 g/mol, calore specifico a pressione costante c_p=1005 J/kgK, calcolare:

1) le masse M_A e M_B, il numero di moli n_A e n_B, i volumi specifici v_A e v_B di aria nel serbatoio e nel locale all'inizio della trasformazione, il volume specifico v_F dell'aria al termine della trasformazione,

2) la temperatura T_F dell'aria nello stato fisico di equilibrio finale, dopo il mescolamento,

3) la pressione p_F dell'aria nello stato fisico finale (la costante universale dei gas perfetti é R_0 = 8.314 J/mol K),

4) la variazione di entropia ΔS del sistema costituito dalla massa $M_A + M_B$ di aria, nella trasformazione adiabatica di mescolamento.

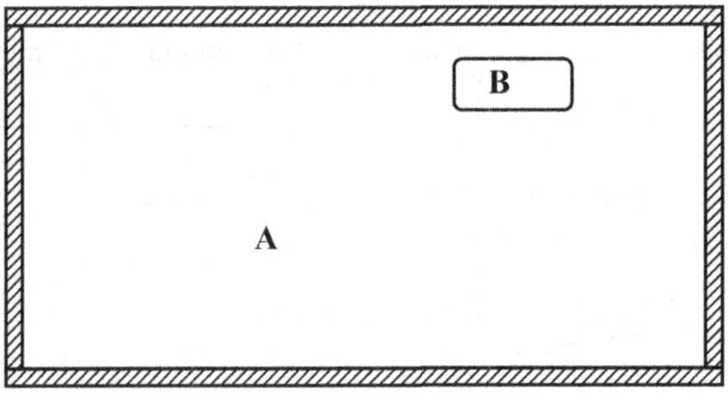

Figura 16. Sistema termodinamico costituito dai gas A e B.

Soluzione

1) Le masse dei gas perfetti A e B vengono determinate utilizzando l'equazione di stato:

$$M_A = \frac{p_A V_A}{RT_A} = \frac{10^5 x29}{287x293} = 34.49 \text{ kg}$$

$$M_B = \frac{p_B V_B}{RT_B} = \frac{200x10^5 x1}{287x300} = 232.29 \text{ kg}$$

Conoscendo la massa molare m dei due sistemi A e B é immediato calcolare il numero di moli:

$$n_A = \frac{M_A}{m} = \frac{34.49}{29x10^{-3}} = 1189.3 \text{ moli}$$

$$n_B = \frac{M_B}{m} = \frac{232.29}{29x10^{-3}} = 8010 \text{ moli}$$

I volumi specifici sono ottenuti come rapporto tra volume e massa:

$$v_A = \frac{V_A}{M_A} = \frac{29}{34.49} = 0.8408 \frac{m^3}{kg}$$

$$v_2^H = v_1^H \left(\frac{p_1^H}{p_2^H}\right)^{\frac{1}{\gamma}} = 6.1419\left(\frac{2}{10}\right)^{\frac{1}{1.4}} = 1.9455\,\frac{m^3}{kg}$$

Il volume totale per l'idrogeno nello stato finale é:

$$V_2^H = M^H\ v_2^H = 8.14x10^{-3}x1.9455 = 0.0158\ m^3$$

2) La temperatura finale per l'idrogeno viene determinata dalla equazione di stato:

$$T_2^H = \frac{p_2^H\ v_2^H}{R^H} = \frac{10x10^5x1.9455}{4120} = 472.21\ K = 199.06\ °C$$

Il lavoro trasferito all'idrogeno dal pistone metallico L^H é ricavato dal primo principio della termodinamica, ricordando che la trasformazione per l'idrogeno é adiabatica e che par gas perfetti du = c_v dT, si ottiene $dU^H = -\ \delta L^H$, che integrata dallo stato iniziale a quello finale fornisce:

$$L^H = -M^H\ c_v^H\ (T_2 - T_1) = -8.14x10^{-3}x10200x(199.06 - 25) = -14452\ J$$

Il lavoro L^H é negativo perché entrante nel sistema (il gas idrogeno).

Per l'azoto, il volume nello stato finale é calcolabile conoscendo il volume di idrogeno:

$$V_2^N = V_{tot} - V_2^H = 0.1 - 0.0158 = 0.0842\ m^3$$

Il volume specifico dell'azoto nello stato finale é pertanto:

$$v_2^N = \frac{V_2^H}{M^N} = \frac{0.0842}{111.81x10^{-3}} = 0.7531\ m^3$$

La temperatura finale dell'azoto può essere calcolata tramite l'equazione di stato:

$$T_2^N = \frac{p_2^N\ v_2^N}{R^N} = \frac{10x10^5x0.7531}{300} = 2510.33\ K = 2237.18\ °C$$

3) Il primo principio della termodinamica applicato all'azoto consente di determinare il calore Q ricevuto attraverso la parete del cilindro, infatti ΔU^N=Q-L^N. La variazione di energia interna é correlata alla variazione di temperatura, mentre il lavoro $|L^N|$ fornito dall'azoto al pistone é esattamente pari al lavoro $|L^H|$ fornito dal pistone all'idrogeno (infatti le altre pareti del contenitore sono rigide ed il pistone é privo di attrito). Pertanto si ottiene:

$$\Delta U^N = M^N c_v^N \left(T_2^N - T_1^N\right) = Q - L^N = Q + L^H$$

da cui si ricava il calore trasferito all'azoto:

$$Q = M^N c_v^N \left(T_2^N - T_1^N\right) - L^H = 111.8x10^{-3}x730x(2237.18 - 25) + 14452 = 195.013x10^3\ J$$

4) L'idrogeno subisce una trasformazione isentropica, con equazione caratteristica $pv^{1.40}$ = costante, l'azoto subisce una trasformazione approssimabile con una politropica di equazione pv^n = costante, con n dato da:

$$n = \frac{\ln\frac{p_2^N}{p_1^N}}{\ln\frac{v_1^N}{v_2^N}} = \frac{\ln\frac{10}{2}}{\ln\frac{0.4472}{0.7531}} = \frac{1.6094}{-0.5212} = -3.09$$

Tale curva é monotona crescente nel diagramma p-v.

ESERCIZIO 21

In un recipiente rigido e adiabatico vengono introdotti alla pressione di 1 bar:

- *una massa M_l = 500 g di latte a temperatura iniziale T_l = 90 °C (con calore specifico a pressione costante c_l = 3850 J/kgK),*
- *una massa M_a = 200 g di ghiaccio a temperatura iniziale T_g = -7 °C (con calore specifico a pressione costante in fase solida c_g = 2000 J/kgK, calore latente di fusione a 1 bar e T_o = 0 °C pari a r = 334.5 kJ/kg, con calore specifico a pressione costante in fase liquida c_a = 4225 J/kgK),*
- *una massa M_z = 50 g di zucchero a temperatura iniziale T_z = 20 °C (con calore specifico a pressione costante c_z = 1257 J/kg K).*

Dopo un determinato intervallo di tempo il ghiaccio é completamente liquefatto ed é avvenuta una trasformazione isobara, in conseguenza della quale il sistema latte-acqua-zucchero si trova in uno stato fisico di equilibrio termodinamico.

Calcolare la temperatura T di tale stato fisico, le variazioni di entropia del latte, dell'acqua e dello zucchero, la variazione di entropia totale del sistema latte-acqua-zucchero per la trasformazione adiabatica tra il sistema e l'ambiente circostante.

Soluzione

Ognuno dei tre componenti (latte, acqua, zucchero) é sottoposto ad una trasformazione isobara, con temperatura finale T incognita.

Il sistema subisce una trasformazione adiabatica (non scambia calore con l'ambiente esterno) per cui, dal primo principio della termodinamica in forma entalpica, risulta:

$$\Delta H_{tot} = Q + \int V\, dp = 0 \qquad \text{(essendo } Q = dp = 0\text{)}$$

Per la proprietà additiva dell'entalpia del sistema, risulta $\Delta H_{tot} = \Delta H_{latte} + \Delta H_{acqua} + \Delta H_{zucchero}$.

Ogni componente scambia isobaricamente con gli altri componenti interni al sistema una quantità di calore pari alla variazione di entalpia; dalla definizione di calore specifico a pressione costante risulta:

$$\Delta H_{latte} = M_l\, c_l\, (T - T_l) \qquad \Delta H_{zucchero} = M_z\, c_z\, (T - T_z)$$

Per l'acqua la variazione di entalpia va calcolata considerando che la fase solida deve prima raggiungere la temperatura di liquefazione, poi avviene la trasformazione isoterma fino alla fase liquida, infine la fase liquida aumenta la propria temperatura fino al valore finale T:

$$\Delta H_{acqua} = M_a\, [c_g\, (T_o - T_g) + r + c_a\, (T - T_o)]$$

La somma delle variazioni di entalpia dei 3 componenti deve essere nulla, si ottiene pertanto un'equazione nell'unica incognita T:

$$T = \frac{M_l c_l T_l + M_z c_z T_z + M_a c_a T_o - M_a c_g (T_o - T_g) - M_a r}{M_l c_l + M_a c_a + M_z c_z} = \frac{104807}{2833} = 37\ °C$$

Le variazioni di entropia per i 3 componenti sono determinabili osservando che per trasformazioni isobare risulta $\delta Q = dH$, quindi:

$$\Delta S_{latte} = \int_{T_l}^{T} M_l c_l \frac{dT'}{T'} = M_l c_l \ln\frac{T}{T_l} = 0.5x3850x\ln\frac{310}{363} = -303.8\frac{J}{K}$$

$$\Delta S_{acqua} = M_a\left(\int_{T_g}^{T_o} c_g \frac{dT'}{T'} + \frac{r}{T_o} + \int_{T_o}^{T} c_a \frac{dT'}{T'}\right) = 10.4 + 245 + 107.4 = 362.8\frac{J}{K}$$

$$\Delta S_{zucchero} = \int_{T_z}^{T} M_z c_z \frac{dT'}{T'} = M_z c_z \ln\frac{T}{T_z} = 0.05x1257x\ln\frac{310}{293} = 3.5\frac{J}{K}$$

La variazione di entropia del sistema é quindi:

$$\Delta S_{tot} = \Delta S_{latte} + \Delta S_{acqua} + \Delta S_{zucchero} = 62.5 \ \ J/K$$

La trasformazione di mescolamento é adiabatica irreversibile e determina un aumento di entropia.

ESERCIZIO 22

Per temperature comprese tra 363 e 373 K, la pressione di saturazione dell'acqua in funzione della temperatura termodinamica di vaporizzazione é fornita dalla relazione approssimata:

$$p(in\ bar) = AT^2 + BT + C \qquad\qquad 363 \le T \le 373\ K$$

essendo:

$$A = 4.88x10^{-4}\ bar/K^2, \qquad B = -0.328\ bar/K, \qquad C = 55.43\ bar.$$

Utilizzando questa relazione e sapendo che a 95 °C il volume specifico differenziale dell'acqua é $v_d = 1.981\ m^3/kg$, calcolare il calore latente di vaporizzazione r, a 95 °C.

Soluzione

Dall'equazione di Clapeyron risulta immediatamente:

$$r = v_d T\frac{dp}{dT} = (2AT + B)v_d T = (9.76x10^{-4}x368 - 0.328)x10^5 x1.981x368 = 2.2722 \ \ \frac{MJ}{kg}$$

Il valore indicato per r nelle tabelle termodinamiche, a 95 °C, é 2.2702 MJ/kg. Lo scostamento tra il valore ricavato dalla espressione approssimata ed il valore sperimentale riportato nelle tabelle é inferiore allo 0.09 %.

ESERCIZIO 23

Una massa M = 1 kg di acqua nello stato di liquido saturo alla temperatura T_1 = 100 °C e pressione p_1= 1013 hPa subisce una espansione in una valvola di strozzamento, che provoca una diminuzione di pressione fino alla pressione p_2= 250.1 hPa (Figura 18).

1) Calcolare le coordinate termodinamiche (T_2, v_2, s_2) dello stato fisico finale e la variazione di entropia specifica s_2- s_1.

2) Calcolare l'esponente n di una trasformazione politropica passante per i punti 1 e 2 ed il lavoro l_{pol} trasferito tra l'unità di massa di fluido e l'esterno in tale trasformazione.

3) Calcolare l'energia l_{12} dissipata dall'unità di massa di fluido nella espansione 1-2.

Dati

temperatura di vaporizzazione a 250.1 hPa	T_2= 65 °C
entalpia del liquido saturo a 100 °C	h_1=419.1 kJ/kg
entalpia del liquido saturo a 250.1 hPa	h_L= 272.1 kJ/kg
calore latente di vaporizzazione a 250.1 hPa	r = 2345 kJ/kg
volume specifico del liquido saturo a 100 °C	v_1= 0.001 m^3/kg
volume specifico del liquido saturo 250.1 hPa	v_L= 0.001 m^3/kg
volume specifico del vapore saturo secco a 250.1 hPa	v_V= 6.201 m^3/kg
entropia specifica del liquido saturo a 100 °C	s_1= 1307.1 J/kgK
entropia specifica del liquido saturo a 250.1 hPa	s_L= 893.4 J/kgK

Soluzione

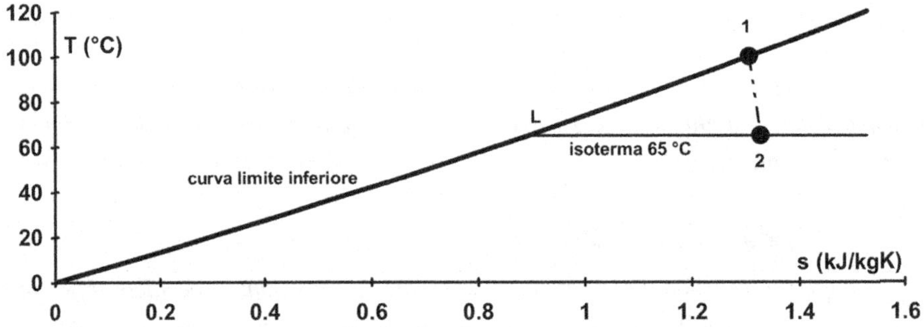

Figura 18. Curva limite inferiore e trasformazione 1-2.

1) La trasformazione irreversibile 1-2 avviene (trascurando variazioni di energia cinetica e potenziale del fluido) in modo tale che $h_1 = h_2$; poiché $h_2 = h_L + rx_2$ risulta:

$$x_2 = \frac{h_1 - h_L}{r} = \frac{419.1 - 272,1}{2345} = 0.0627$$

Conoscendo il titolo dello stato fisico finale, é immediato calcolare le coordinate termodinamiche volume e entropia:

$$v_2 = v_L + xv_d = 0.001 + 0.0627(6.201 - 0.001) = 0.390 \quad \frac{m^3}{kg}$$

$$s_2 = s_L + x\frac{r}{T} = 893.4 + 0.0627\,\frac{2345x10^3}{338} = 1328.4 \quad \frac{J}{kgK}$$

La variazione di entropia specifica s_1- s_2 é:

$$s_2 - s_1 = 1328.4 - 1307.1 = 21.3 \quad \frac{J}{kgK}$$

Si osserva quindi un aumento di entropia nella espansione del fluido nella valvola, alla quale corrisponderà una dissipazione di energia del fluido.

2) L'esponente n di una politropica pv^n = costante, passante per gli stati 1 e 2 é:

$$n = \frac{\ln (p_1 / p_2)}{\ln (v_2 / v_1)} = \frac{\ln (1013 / 250,1)}{\ln (0,39 / 0,001)} = 0.234$$

Il lavoro scambiato tra l'unità di massa di fluido e l'esterno nella trasformazione politropica é:

$$l_{pol} = \frac{1}{n-1}\left(p_1 v_1 - p_2 v_2\right) = \frac{\left(1.013x10^5 x0.001 - 0.2501x10^5 x0.390\right)}{-0.766} = \frac{9652.6}{0.766} = 12601.3 \quad \frac{J}{kg}$$

3) Il lavoro $l_{12} = \int pdv$ trasferito tra l'unità di massa di sistema aperto tra le sezioni 1-2 e l'esterno é la somma di tre contributi: il lavoro scambiato attraverso la sezione 1 (per l'introduzione del fluido nel sistema, $-p_1v_1$), il lavoro utile scambiato sulle pareti laterali del condotto con macchine esterne (uguale a zero perché non sono presenti macchine esterne) ed il lavoro scambiato sulla sezione di uscita 2 (per l'uscita del fluido dal sistema, $+p_2v_2$). Tale lavoro rappresenta l'energia dissipata dall'unità di massa di fluido tra le sezioni 1 e 2 e vale:

$$l_{12} = p_2v_2 - p_1v_1 = 0.2501x10^5x0.390 - 1.013x10^5x0.001 = 9652.6 \quad J/kg$$

Il lavoro l_{12} differisce sensibilmente dal lavoro l_{pol} trasferito nella politropica, per cui la politropica non rappresenta adeguatamente la trasformazione termodinamica del fluido tra le sezioni 1-2, avendone in comune soltanto lo stato iniziale 1 e lo stato finale 2.

ESERCIZIO 24

Un vapore saturo secco di ammoniaca subisce una trasformazione isentropica dallo stato fisico iniziale 1 a pressione p_1=0.38 bar, fino allo stato fisico finale 2 a pressione p_2= 2.1 bar. Assumendo costante il calore specifico a pressione costante c_p= 3.0 kJ/kgK, calcolare la temperatura T_2 e l'entalpia specifica h_2 dell'ammoniaca nello stato fisico finale; i dati sono:

temperatura di vaporizzazione a 0.38 bar	T_1= -51 °C
temperatura di vaporizzazione a 2.1 bar	T_V= -18 °C
entalpia specifica del vapore saturo secco a 0.38 bar	h_1=1371.4 kJ/kg
entropia specifica del vapore saturo secco a 0.38 bar	s_1=6.18 kJ/kgK
entalpia specifica del vapore saturo secco a 2.1 bar	h_V=1423.0 kJ/kg
entropia specifica del vapore saturo secco a 2.1 bar	s_V=5.59 kJ/kgK

Soluzione

In un diagramma termodinamico, lo stato fisico finale 2 si trova sull'isentropica passante per lo stato iniziale 1 (s_1= s_2) e sull'isobara passante per il punto V sulla curva limite superiore alla pressione p_2. Considerando l'isobara V-2, risulta $ds=\delta q/T=c_p dT/T$, per cui:

$$s_1 = s_2 = s_V + c_p \ln\frac{T_2}{T_V}, \text{ quindi } \quad T_2 = T_V e^{\frac{s_1 - s_V}{c_p}} = 255.15\, e^{\frac{0.59}{3}} = 310.60K = 37,45\ °C$$

L'entalpia specifica dell'ammoniaca nello stato fisico finale 2 é ottenuta considerando la trasformazione isobara V-2, nella quale $dh=c_p\, dT$:

$$h_2 = h_V + c_p (T_2 - T_V) = 1423 + 3\ (37.45+18) = 1589 \text{ kJ/kg}$$

ESERCIZIO 25

Una massa M = 1 kg di vapore saturo in equilibrio termodinamico a pressione $p_1 = 1013.3$ *hPa, temperatura* $T_1 = 100$ *°C e titolo* $x_1 = 0.2$*, subisce una trasformazione irreversibile in cui riceve una quantità di calore q = 1200 kJ/kg; lo stato fisico finale di equilibrio termodinamico ha le coordinate* $T_2 = 100$ *°C e* $x_2 = 0.8$*.*

I volumi specifici del liquido saturo e del vapore saturo secco sono rispettivamente $v_L = 0.001\ m^3/kg$ *e* $v_V = 1.673\ m^3/kg$*; il calore latente di vaporizzazione é r = 2.257 MJ/kg.*

1) Calcolare la densità ρ della miscela bifase nello stato fisico iniziale 1 e nello stato fisico finale 2;

2) calcolare la variazione di entropia del vapore nella trasformazione irreversibile 1-2.

Soluzione

I volumi specifici negli stati iniziale 1 e finale 2 sono rispettivamente:

$$v_1 = v_L + x_1 v_d = 0.001 + 0.2x(1.673 - 0.001) = 0.335 \quad \frac{m^3}{kg}$$

$$v_2 = v_L + x_2 v_d = 0.001 + 0.8x(1.673 - 0.001) = 1.339 \quad \frac{m^3}{kg}$$

Le densità sono pertanto:

$$\rho_1 = \frac{1}{v_1} = \frac{1}{0.335} = 2.985 \quad \frac{kg}{m^3} \qquad \rho_2 = \frac{1}{v_2} = \frac{1}{1.339} = 0.747 \quad \frac{kg}{m^3}$$

La trasformazione é irreversibile, quindi non é lecito considerare il calore realmente scambiato ai fini del calcolo della variazione di entropia; Δs dipende solo dagli stati fisici 1 e 2, quindi si può ipotizzare una trasformazione isobara reversibile che conduce il sistema dallo stato fisico 1 allo stato fisico 2, per cui risulta:

$$\Delta s = \int_1^2 \left(\frac{\delta q}{T}\right)_{rev} = \frac{r}{T}(x_2 - x_1) = \frac{2.257x10^6}{373} 0.6 \frac{J}{kgK} = 3.63x10^3 \frac{J}{kgK}$$

ESERCIZIO 26

Un getto di acqua, proveniente da un pozzo geotermico in cui la temperatura é $T_1 = 220$ *°C, giunge in condizioni di liquido saturo in superficie, dove subisce una espansione isentropica, raggiungendo la pressione* $p_2 = 1$ *bar.*

1) Calcolare il titolo x_2*, il volume specifico* v_2 *e l'energia interna specifica* u_2 *dell'acqua nello stato fisico finale 2 (al termine della espansione isentropica), tracciare la trasformazione 1-2 nei diagrammi p-v, T-s e h-s;*

2) calcolare il lavoro l trasferito dall'unità di massa di vapore verso l'ambiente esterno;

3) calcolare l'esponente n della equazione caratteristica di una trasformazione politropica relativa alla trasformazione 1-2 e calcolare il lavoro trasferito l_n*, confrontandolo con l'analogo termine l determinato precedentemente. I dati necessari per la soluzione sono: pressione di saturazione a 220 °C,* $p_1 = 23.2$ *bar,*

temperatura di vaporizzazione a 1 bar, $T_2 = 100$ °C,
volume specifico del liquido saturo a 220 °C, $v_1 = 0.0012$ m³/kg,
volume specifico del liquido saturo a 100 °C, $v_L = 0.0010$ m³/kg,
volume specifico del vapore saturo secco a 100 °C, $v_V = 1.673$ m³/kg,
energia interna specifica del liquido saturo a 220 °C, $u_1 = 0.941x10^6$ J/kg,
energia interna specifica del liquido saturo a 100 °C, $u_L = 0.417x10^6$ J/kg,
energia interna specifica del vapore saturo secco a 100 °C, $u_V = 2.506x10^6$ J/kg,
entropia specifica del liquido saturo a 220 °C, $s_1 = 2518$ J/kg K,
entropia specifica del liquido saturo a 100 °C, $s_L = 1307$ J/kg K,
entropia specifica del vapore saturo secco a 100 °C, $s_V = 7355$ J/kgK,

Soluzione

1) Lo stato fisico del liquido saturo é rappresentato da un punto sulla curva limite inferiore dei diagrammi termodinamici, a pressione $p_1 = 23.2$ bar e temperatura $T_1 = 220$ °C. Espandendosi il liquido si trasforma in vapore, quindi la trasformazione 1-2 avviene nel dominio del vapore saturo. La trasformazione é isentropica, quindi $s_1 = s_2$. L'entropia specifica s_1 é nota, s_2 é esprimibile in funzione del titolo x_2 dalla relazione $s_2 = s_L + x_2(s_V - s_L)$, da cui é possibile determinare il titolo:

$$x_2 = \frac{s_1 - s_L}{s_V - s_L} = \frac{2518 - 1307}{7355 - 1307} = 0.20$$

Il volume specifico del vapore saturo dopo l'espansione é:

$$v_2 = v_L + x_2\left(v_V - v_L\right) = 0.0010 + 0.2(1.673 - 0.0012) = 0.3354 \quad \frac{m^3}{kg}$$

Analogamente l'energia interna specifica u_2 del vapore saturo nello stato finale 2 é:

$$u_2 = u_L + x_2\left(u_V - u_L\right) = 0.419x10^6 + 0.2(2.506 - 0.419)x10^6 = 0.836x10^6 \quad \frac{J}{kg}$$

I diagrammi p-v, T-s e h-s (di Mollier) per l'acqua, con l'indicazione della trasformazione 1-2, sono mostrati nelle Figure 19, 20 e 21.

2) Il lavoro relativo alla trasformazione isentropica 1-2 é dedotto dal 1° principio della termodinamica per sistemi chiusi, osservando che il calore scambiato $\delta q = 0$ per ipotesi di isentropicità, quindi $du = -\delta l$ e conseguentemente:

$$l = u_1 - u_2 = (0.941 - 0.836)x10^6 \quad \frac{J}{kg} = 105 \quad \frac{kJ}{kg}$$

Il lavoro risulta positivo, in accordo con la convenzione termodinamica, in quanto rappresenta energia meccanica trasferita dall'acqua verso l'ambiente esterno.

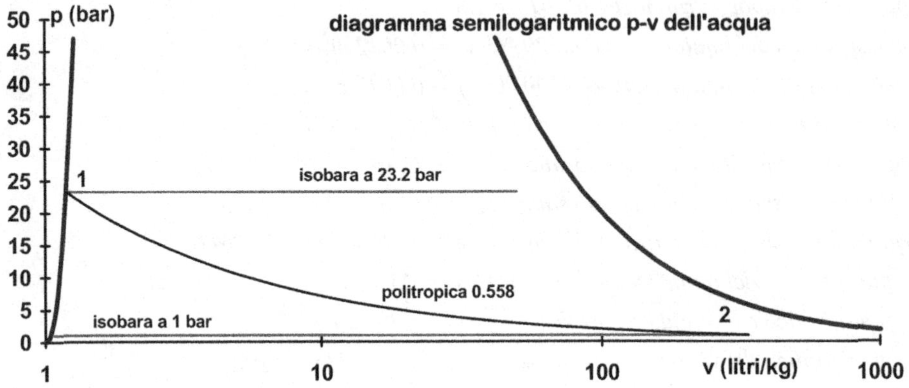

Figura 19. Diagramma semilogaritmico p-v, con l'indicazione della politropica 1-2.

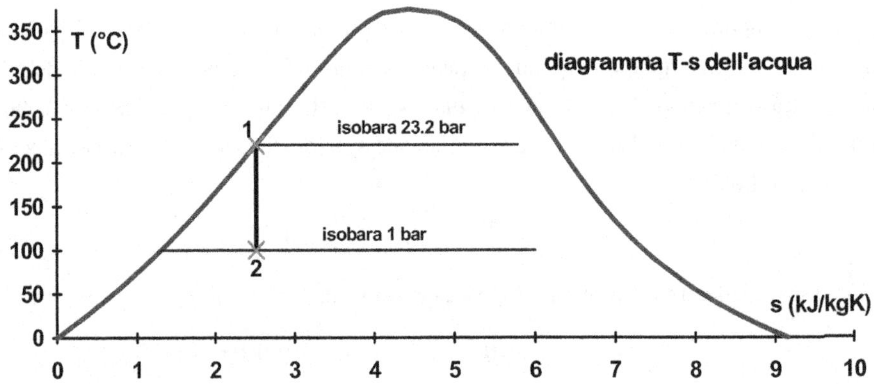

Figura 20. Diagramma T-s con l'indicazione della trasformazione isentropica 1-2.

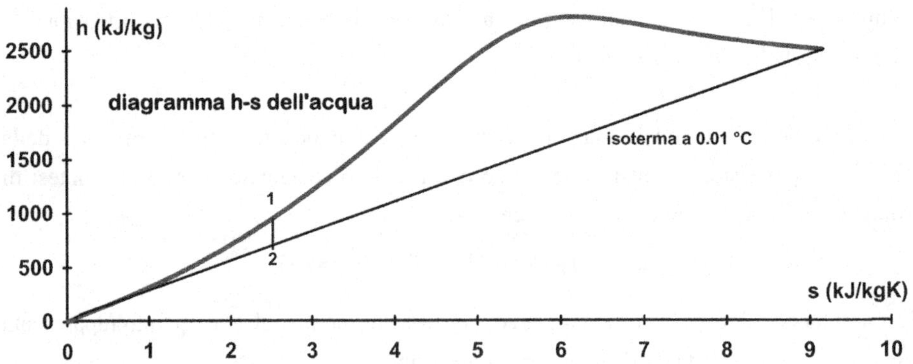

Figura 21. Diagramma di Mollier h-s per l'acqua, con l'isentropica 1-2.

3) Se fosse lecito rappresentare la trasformazione 1-2 con una politropica di esponente n, per tutti gli stati fisici della trasformazione sarebbe verificata l'equazione caratteristica pv^n = cost. In particolare si avrebbe:

$p_1 v_1^n = p_2 v_2^n$ da cui si ricava $n = \dfrac{\ln(p_1/p_2)}{\ln(v_2/v_1)} = \dfrac{\ln 23.2}{\ln 279.5} = \dfrac{3.144}{5.633} = 0.558$

Il lavoro trasferito lungo la politropica di esponente n é:

$$l_n = \frac{p_1 v_1 - p_2 v_2}{n-1} = \frac{0.3354 x 10^6 - 23.2 x 10^6 x 0.0012}{1 - 0.558} \frac{J}{kg} = 696 \frac{kJ}{kg}$$

Tale lavoro l_n risulta completamente diverso dal lavoro calcolato per la trasformazione 1-2, adottando rigorosamente il 1° principio della termodinamica. Quindi la trasformazione politropica di esponente 0.558 non può rappresentare la trasformazione isentropica 1-2, ma rappresenta soltanto una trasformazione diversa che interseca l'isentropica nei punti 1 e 2.

ESERCIZIO 27

Un vapore saturo secco di azoto subisce una trasformazione isentropica dallo stato fisico iniziale 1 alla temperatura T_1 = -203 °C fino allo stato fisico finale 2 a pressione p_2 = 1.37 bar (Figura 22). Dalle tabelle del vapore saturo per l'azoto si deduce:

pressione di saturazione a -203 °C, $p_1 = 0.39$ *bar,*
volume specifico del vapore saturo secco a 0.39 bar, $v_1 = 0.526\ m^3/kg$,
entalpia specifica del vapore saturo secco a 0.39 bar, $h_1 = 170.5$ *kJ/kg,*
entropia specifica del vapore saturo secco a 0.39 bar, $s_1 = 5.595$ *kJ/kgK,*
temperatura di vaporizzazione a 1.37 bar, $T_V = -193$ *°C,*
volume specifico del vapore saturo secco a 1.37 bar, $v_V = 0.164\ m^3/kg$,
entalpia specifica del vapore saturo secco a 1.37 bar, $h_V = 178.9$ *kJ/kg,*
entropia specifica del vapore saturo a 1.37 bar, $s_V = 5.345$ *kJ/kgK,*

Inoltre si assuma costante il calore specifico del vapore surriscaldato c_p = 1.005 kJ/kgK.

1) Calcolare la temperatura T_2, l'entalpia specifica h_2 dell'azoto nello stato fisico 2.

2) Calcolare il volume specifico dell'azoto v_2 nello stato fisico 2, sapendo che il fattore di compressibilità per gas reali dedotto dal diagramma di Nelson Obert é z = 0.98.

Calcolare il volume specifico $v_{2,perf}$ che avrebbe invece l'azoto se fosse considerato un gas perfetto, con costante R = 269 J/kgK.

3) Calcolare il lavoro l_{12} richiesto dall'unità di massa di azoto per essere compresso dallo stato 1 allo stato 2 (con volume specifico v_2), nell'ipotesi che la trasformazione sia rappresentabile da una politropica pv^n= costante.

4) Calcolare infine il lavoro $l_{12,perf}$ richiesto dall'unità di massa di azoto per essere compresso dallo stato 1 allo stato 2, nell'ipotesi che l'azoto si comporti come un gas perfetto.

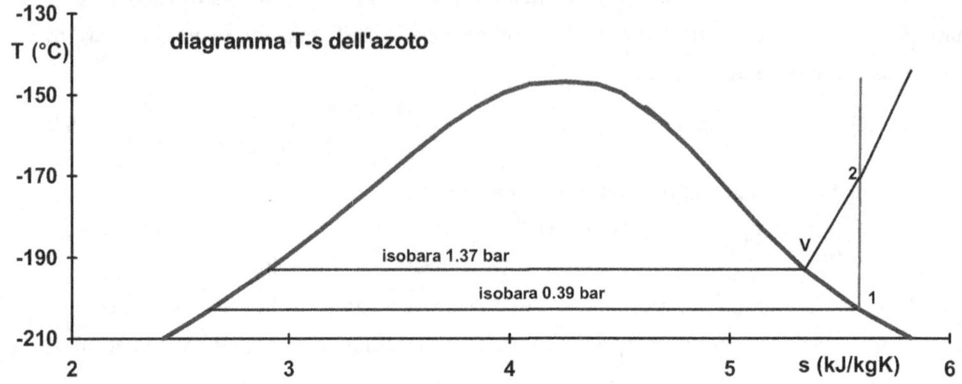

Figura 22. Trasformazione isentropica 1-2 nel diagramma T-s per l'azoto.

Soluzione

1) La trasformazione 1-2 é isentropica, quindi $s_1 = s_2$. Considerando la trasformazione isobara V-2 ($\delta q = c_p dT$), l'entropia specifica s_2 del vapore surriscaldato é $s_2 = s_V + c_p \ln(T_2/T_V)$. Pertanto:

$$c_p \ln \frac{T_2}{T_V} = s_1 - s_V \quad \text{da cui} \quad T_2 = T_V\, e^{\frac{s_1 - s_V}{c_p}} = 80\, e^{\frac{5.595-5.345}{1.005}} = 102.6\ \text{K} = -170.6\ °\text{C}$$

L'entalpia specifica nello stato fisico 2 é ricavata osservando che, per la trasformazione isobara V-2, risulta $dh = c_p\, dT$, quindi:

$$h_2 = h_V + c_p (T_2 - T_V) = 178.9 + 1.005(-170.6 + 193) = 201.4 \quad \frac{\text{kJ}}{\text{kg}}$$

La variazione di entalpia specifica dell'azoto nella trasformazione 1-2 é dunque:

$$h_2 - h_1 = 201.4 - 170.5 = 30.9 \quad \frac{\text{kJ}}{\text{kg}}$$

2) Il volume specifico. in base alla definizione del fattore di compressibilità z, é:

$$v_2 = \frac{zRT_2}{p_2} = \frac{0.98 x 269 x 102.6}{1.37 x 10^5} = 0.1974 \quad \frac{\text{m}^3}{\text{kg}}$$

Se l'azoto si comportasse come un gas perfetto si avrebbe:

$$v_{2,perf} = \frac{RT_2}{p_2} = \frac{269 x 102.6}{1.37 x 10^5} = 0.2015 \quad \frac{\text{m}^3}{\text{kg}}$$

3) L'esponente della politropica pv^n= costante passante per gli stati fisici 1 e 2 é:

$$n = \frac{\log \frac{p_2}{p_1}}{\log \frac{v_1}{v_2}} = \frac{1.2564}{0.9801} = 1.282$$

Il lavoro ricevuto dall'unità di massa di azoto lungo la trasformazione politropica 1-2 é:

$$l_{12} = \frac{1}{n-1}(p_1 v_1 - p_2 v_2) = \frac{1}{0.282}(0.39 x 0.526 - 1.37 x 0.197) x 10^5 = -23125 \quad \frac{\text{J}}{\text{kg}}$$

Il calore specifico a volume costante dell'azoto é $c_v = c_p - R = 1005 - 269 = 736$ J/kgK.

4) Se l'azoto fosse considerato un gas perfetto, il lavoro ricevuto nella trasformazione isentropica ($du=-\delta l$, essendo $du=c_v\,dT$ per gas perfetti) sarebbe:

$$l_{12,perf} = c_v\left(T_1 - T_2\right) = 736\,(-203+170.6) = -23846 \quad \frac{J}{kg}$$

Tale lavoro risulta negativo in quanto rappresenta energia meccanica ricevuta dal sistema.

I due diversi valori del lavoro ricevuto dal gas rappresentano approssimazioni della situazione reale, in quanto l_{12} é valutato lungo una politropica che approssima la trasformazione reale, $l_{12,perf}$ rappresenterebbe il lavoro ricevuto dal gas, se fosse perfetto.

ESERCIZIO 28

Una massa di 1 kg di mercurio liquido alla pressione p= 0.98 bar ed alla temperatura T_1 = 20 °C viene riscaldato isobaricamente in un forno fino alla temperatura T_2 = 355.9 °C corrispondente allo stato fisico di vapore saturo secco. Calcolare il calore sensibile ed il calore latente fornito al mercurio nella trasformazione 1-2. I dati disponibili sono:

calore specifico del mercurio liquido,	*c_p = 0.136 kJ/kgK,*
calore latente di vaporizzazione a 0.98 bar,	*r = 296 kJ/kg.*

Soluzione

Nella trasformazione isobara 1-L nella regione del liquido (mostrata nel diagramma T-s in Figura 23) viene fornito il calore sensibile (cioè associato ad una variazione di temperatura del sistema): $Q_{sensibile} = M\,c_p\,(T_2-T_1) = 0.136x(355.9-20) = 45{,}682$ kJ.

Nella trasformazione isobara L-2, da liquido saturo a vapore saturo secco, l'unità di massa di mercurio riceve una quantità di calore pari alla variazione di entalpia specifica (cioè pari al calore latente di vaporizzazione): $Q_{latente} = M\,r = 296$ kJ. Il calore ricevuto da 1 kg di mercurio è quindi $Q_{sensibile} =+ Q_{latente} = 46+ 296 = 342$ kJ.

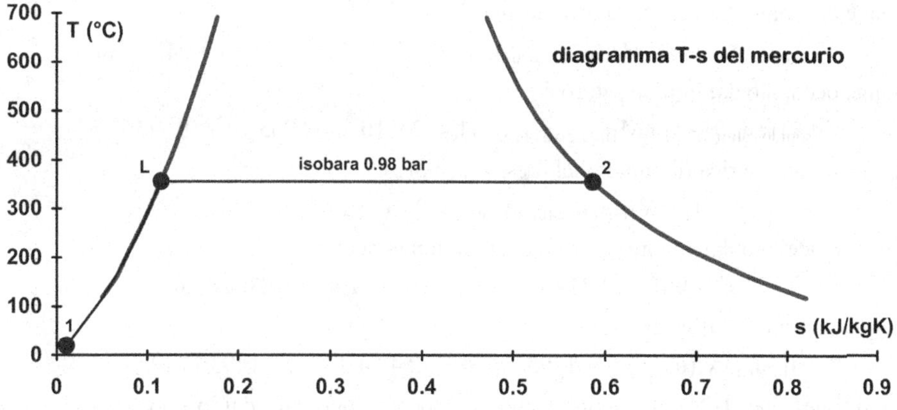

Figura 23. Diagramma T-s per il mercurio, con la trasformazione isobara 1-L-2.

ESERCIZIO 29

Si consideri un pressurizzatore, contenente vapore saturo, con un volume $V_{totale} = 21.2\ m^3$. Nello stato iniziale, il pressurizzatore contiene acqua (nello stato di vapore saturo con titolo $x_1 = 0.087$) alla pressione $p_1 = 100$ bar ed alla temperatura $T_1 = 311.1$ °C, costituita da liquido saturo (che occupa un volume V_{L1}) e vapore saturo secco (che occupa un volume $V_{totale}-V_{L1}$) in equilibrio. Partendo da questo stato fisico, il sistema chiuso, costituito dal vapore saturo, riceve calore da riscaldatori elettrici, giungendo ad una pressione p_2, una temperatura T_2 ed un titolo x_2. La quantità di calore ricevuto dall'acqua é $Q = 1.8729$ GJ.

1) Calcolare la frazione f_1 di volume di liquido saturo contenuto nel pressurizzatore nello stato fisico iniziale 1, $f_1 = V_{L1}/V_{totale}$,

2) calcolare la pressione p_2, la temperatura T_2 ed il titolo x_2 del vapore saturo nel pressurizzatore al termine della trasformazione,

3) calcolare la frazione f_2 di volume di liquido saturo contenuto nel pressurizzatore nello stato fisico finale 2, $f_2 = V_{L2}/V_{totale}$,

4) tracciare la trasformazione 1-2 nei diagrammi termodinamici p-v (pressione-volume specifico) e T-s (temperatura-entropia specifica).

Utilizzare i dati della Tabella del vapore riportata in Appendice.

Soluzione

1) Nello stato fisico iniziale il volume specifico del vapore saturo nel pressurizzatore é:

$$v_1=v_{L1}+x_1(v_{v1}-v_{L1}) = 1.4524 + 0.087\ (18.03-1.4524) = 2.8947\ l/kg = 2.8947\ 10^{-3}\ m^3/kg$$

La massa di vapore saturo é:

$$M = V_{totale}/v_1 = 21.2/2.8947\ 10^{-3} = 7.3237\ 10^3\ kg$$

La massa di vapore saturo secco é $M_{1vapore\ secco} = x_1\ M = (0.087)\ (7.3237\ 10^3)\ kg = 0.6372\ 10^3\ kg$, la massa di liquido saturo é $M_{1liquido\ saturo} = (1-x_1)\ M = (0.913)\ (7.3237\ 10^3)\ kg = 6.6865\ 10^3\ kg$

Il volume occupato dal vapore saturo secco é:

$$V_{1vapore\ secco} = v_{v1}\ M_{1vapore\ secco} = (18.03\ \ 10^{-3})\ 0.6372\ 10^3 = 11.4887\ \ m^3$$

Il volume occupato dal liquido saturo é:

$$V_{1liquido\ saturo} = v_{L1}\ M_{1liquido\ saturo} = (1.4524\ \ 10^{-3})\ 6.6865\ 10^3 = 9.7115\ \ m^3$$

La frazione volumetrica di liquido nel pressurizzatore é:

$$f_1 = V_{1liquido\ saturo}/V_{totale} = 9.7115/21.2 = 0.458$$

2) Il calore ricevuto dal vapore saturo, per unità di massa é:

$$q = Q/M = 1.8729\ 10^9/7.3237\ 10^3\ J/kg = 255.73\ \ kJ/kg$$

L'energia interna specifica é:

$$u_1=u_{L1}+x_1(u_{v1}-u_{L1}) = 1393 + 0.087\ (2544.4-1393) = 1493.17\ kJ/kg$$

La trasformazione 1-2 del vapore saturo é isocora, pertanto dal primo principio della termodinamica risulta $du = \delta q - pdv = \delta q$, per cui:

$$u_2 = u_1 + q = 1493.17 + 255.73 = 1748.9\ \ kJ/kg$$

Il volume specifico resta costante (volume e massa non variano), pertanto $v_2 = v_1 = 2.8947\ 10^{-3}$ m^3/kg ed il titolo nello stato finale é:

$$x_2 = [v_2 - v_{L2}(p_2)]/[v_{v2}(p_2) - v_{L2}(p_2)]$$

L'energia interna specifica u_2 é esprimibile come:

$$u_2 = u_{L2}(p_2) + x_2(p_2)\ [u_{v2}(p_2) - u_{L2}(p_2)] = 1748.9\ \text{kJ/kg}$$

Tale equazione può essere risolta per determinare l'unica incognita p_2. A questo scopo é possibile esprimere le funzioni $v_L(p)$, $v_v(p)$, $u_L(p)$, $u_v(p)$ in polinomi di grado arbitrario, utilizzando i dati riportati nella Tabella del vapore, e ricavare p_2 dalla equazione. Oppure si può procedere numericamente per iterazioni successive. La pressione incognita risulta $p_2 =$ 160 bar. Il titolo é:

$$x_2 = (v_2 - v_{L2})/(v_{v2} - v_{L2}) = (2.8947 - 1.7107)/(9.306 - 1.7107) = 0.156$$

3) La massa di vapore saturo secco é:

$$M_{2\text{vapore secco}} = x_2\ M = (0.156)\ (7.3237\ 10^3)\ \text{kg} = 1.1425\ 10^3\ \text{kg}.$$

La massa di liquido saturo é:

$$M_{2\text{liquido saturo}} = (1 - x_2)\ M = (0.844)\ (7.3237\ 10^3)\ \text{kg} = 6.1812\ 10^3\ \text{kg}.$$

Il volume occupato dal vapore saturo secco é:

$$V_{2\text{vapore secco}} = v_{v2}\ M_{2\text{vapore secco}} = (9.306\ \ 10^{-3})\ 1.1425\ 10^3 = 10.6321\ \ m^3$$

Il volume occupato dal liquido saturo é:

$$V_{2\text{liquido saturo}} = v_{L2}\ M_{2\text{liquido saturo}} = (1.7107\ \ 10^{-3})\ 6.\ 1812\ 10^3 = 10.5742\ \ m^3$$

La frazione volumetrica di liquido nel pressurizzatore nello stato finale é:

$$f_2 = V_{2\text{liquido saturo}}/V_{\text{totale}} = 10.5742/21.2 = 0.499$$

4) Nelle Figure 24 é indicata la trasformazione isocora 1-2 nei diagrammi p-v e T-s.

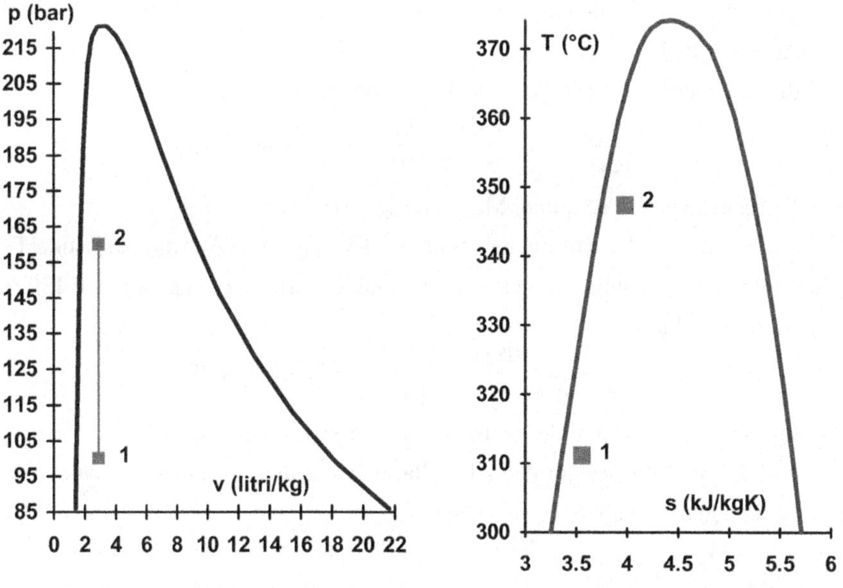

Figura 24. Diagrammi p-v e T-s per la trasformazione isocora 1-2.

ESERCIZIO 30

Una pentola a pressione ha un volume V_{totale} di 6 litri e contiene una massa d'acqua M_{acqua} = 4 kg, inizialmente alla pressione p_1 = 1.0131 bar ed alla temperatura T_1= 20 °C, con volume specifico v_1= 10^{-3} m^3/kg. L'aria e l'acqua contenute nella pentola si trovano in condizioni di equilibrio, il contenitore ha pareti rigide. La pentola viene chiusa ermeticamente e riscaldata, ottenendo vapore saturo, finché la pressione della miscela aria-acqua raggiunge un valore finale di equilibrio p_2= 2.7 bar L'aria può essere considerata come un gas perfetto, si suppone valida la legge di Amagat-Leduc (il volume totale della fase gassosa é la somma dei volumi parziali dell'aria e del vapore acqueo). La costante universale dei gas perfetti é R_0=8.314 J/mol K, il calore specifico a volume costante dell'aria é c_v= 720 J/kgK, la sua massa molare é m_{aria}=29 g/mol; il calore specifico dell'acqua in fase liquida é c_{liq}= 4.199 kJ/kg K.

Calcolare, utilizzando i dati riportati nella Tabella del vapore in Appendice:

1) la massa di aria M_{aria} contenuta nella pentola chiusa,

2) il volume parziale dell'aria V_{2aria} contenuta nella pentola nello stato finale,

3) il titolo X di vapore nello stato fisico finale ed il volume specifico del vapore saturo v_2 contenuto nella pentola,

4) il volume parziale del vapore $V_{2vapore}$, il volume e la massa del liquido nello stato finale,

5) l'energia interna specifica dell'acqua nello stato iniziale u_1 e nello stato finale u_2,

6) il calore Q ricevuto dall'acqua e dall'aria all'interno della pentola a pressione, nella trasformazione 1-2.

Soluzione

1) Il volume occupato inizialmente dal liquido é $V_{1liquido}=M_{acqua}v_1 = 4x10^{-3}\ m^3$, il volume occupato dall'aria é quindi $V_{1aria}=V_{totale}-V_{1liquido} = (6-4)x10^{-3}\ m^3 = 2x10^{-3}\ m^3$.

Il numero di moli di aria é, dalla equazione di stato per gas perfetti,

$$n = \frac{p_1 V_{1aria}}{R_0 T_1} = \frac{1.0131x10^5 x2x10^{-3}}{8.314x293.15} = 0.0831 \quad \text{moli}$$

La massa di aria nella pentola é quindi $M_{aria} = nm_{aria}$= 0.0831x29 = 2.41 g.

2) Per il vapore saturo a 2.7 bar la temperatura (dalla Tabella in Appendice) risulta T_2= 130 °C. Nello stato finale la pentola contiene vapore, liquido e aria alla temperatura di 130 °C.

Il volume parziale dell'aria é:

$$V_{2aria} = \frac{nR_0T_2}{p_2} = \frac{0.0831x8.314x403.15}{2.7x10^5} = 1.0316x10^{-3} \quad m^3$$

3) I volumi specifici del liquido saturo $v_{2liquido}$ e del vapore saturo secco $v_{2vapore}$ alla pressione p_2=2.7 bar sono ricavati dalla Tabella in Appendice. Nello stato finale, il volume occupato dal liquido e dal vapore acqueo sono:

$$V_{2liqudo} = M_{acqua} v_{2liquido}(1-X) = 4x0.0010697(1-X) = 0.0042788\,(1-X) \quad m^3$$

$$V_{2vapore} = M_{acqua} v_{2vapore}\ X = 4x0.6683\ X = 2.6732\ X \quad m^3$$

Il volume a disposizione dell'acqua é pertanto:

$$V_{2liquido} + V_{2vapore} = V_{totale} - V_{2aria} = (6-1.0316)x10^{-3} = 4.9684x10^{-3} m^3$$

Questa equazione consente di determinare l'incognita X:

$$X = \frac{4.9684 - 4.2788}{2.6732 - 0.0042788} x10^{-3} = 0.0002583$$

Il volume specifico del vapore saturo nello stato finale é quindi:

$$v_2 = v_{2liquido} + Xv_{2differenziale} = 0.0010697 + 0.0002583x0.6672303 = 0.001242 \frac{m^3}{kg}$$

4) Il volume parziale del vapore acqueo é:

$$V_{2vapore} = 2.6732\ X = 0.6907x10^{-3} \quad m^3$$

Il volume occupato dalla fase liquida é:

$$V_{2liquido} = 0.0042788\ (1-X) = 4.2776x10^{-3} \quad m^3$$

La massa di liquido nello stato finale é:

$$M_{2liquido} = \frac{V_{2liquido}}{v_{2liquido}} = \frac{4.2776x10^{-3}}{1.0697x10^{-3}} = 3.999 \quad kg$$

5) Assumendo nulla l'energia interna dell'acqua a T_0=0.01 °C sulla curva limite inferiore, considerando una trasformazione dalla temperatura T_0 alla temperatura T_1 (dove la variazione di volume specifico é trascurabile, per cui du=δq-pdv=δq) risulta:

$$u_1 = c_{liq}(T_1 - T_0) = 4199\ (20 - 0.01) = 83.938x10^3 \quad \frac{J}{kg}$$

L'energia interna specifica é dedotta dalla Tabella del vapore, in Appendice; l'energia interna non compare direttamente ma é ricavata sottraendo all'entalpia specifica il prodotto pv.

L'energia interna specifica del vapore con titolo X alla pressione di 2.7 bar é:

$$u_2 = u_{2liquido} + Xu_{2differenziale} = 546.011x10^3 + 0.0002583x1993.848x10^3 =$$

$$= (546.011 + 0.515)x10^3 = 546.526x10^3 \quad \frac{J}{kg}$$

6) Per il sistema chiuso costituito da aria e acqua all'interno di pareti rigide, il 1° principio della termodinamica fornisce l'equazione di bilancio energetico (si rammenta che la variazione di energia interna specifica per gas perfetti é il prodotto tra il calore specifico a volume costante e la variazione di temperatura):

$$Q = M_{acqua}(u_2 - u_1) + M_{aria}\, c_v\, (T_2 - T_1) =$$

$$4(546.526 - 83.938)x10^3 + 2.4099x10^{-3}x720(130 - 20)$$

$$= 1850.352x10^3 + 190.86 = 1850.54x10^3 \quad J$$

Si osservi come il calore ricevuto dall'aria (190.86 J) sia del tutto trascurabile rispetto al calore ricevuto dall'acqua (1850.352 kJ).

ESERCIZIO 31

Un contenitore metallico di volume $V = 0.03\ m^3$ viene riempito con una massa $M = 5$ kg di gas ad alta pressione, alla temperatura $T = 20$ °C. Sia v_m il volume specifico molare del gas. Calcolare la pressione del gas utilizzando quattro diverse equazioni di stato: l'equazione di stato dei gas perfetti $p = R_0T/v_m$, l'equazione di van der Waals (1873):

$$p = \frac{R_0 T}{v_m - b_{vdW}} - \frac{a_{vdW}}{v_m^2}$$

l'equazione di Redlich-Kwong (1949):

$$p = \frac{R_0 T}{v_m - b_{RK}} - \frac{a_{RK}}{T^{0.5}\, v_m (v_m + b_{RK})}$$

l'equazione di Benedict-Webb-Rubin (1940):

$$p = \frac{R_0 T}{v_m} + \left(B_0 R_0 T - A_0 - \frac{C_0}{T^2}\right)\frac{1}{v_m^2} + \frac{b_{BWR} R_0 T - a_{BWR}}{v_m^3} + \frac{a_{BWR}\,\alpha}{v_m^6} + \frac{c\, e^{-\frac{\gamma}{v_m^2}}}{v_m^3 T^2}\left(1 + \frac{\gamma}{v_m^2}\right)$$

nel caso in cui il gas sia azoto N_2, metano CH_4, monossido di carbonio CO, diossido di carbonio CO_2.

Le costanti che compaiono nelle equazioni per i gas reali sono fornite in Tabella nel Sistema Internazionale, con i multipli bar (10^5 Pa) anziché Pa e kmol (10^3 moli) anziché mole. Si consiglia pertanto di svolgere i calcoli in accordo con tali unità di misura. La costante universale dei gas perfetti é R_0=8.314 J/mol K = 0.08314 bar m^3/kmol K.

Le massi molari dei gas sono: m_{N2}= 28.01 kg/kmol, m_{CH4}= 16.04 kg/kmol, m_{CO}= 28.01 kg/kmol, m_{CO2}= 44.01 kg/kmol.

Costanti delle equazioni di stato di van der Waals, Redlich-Kwong, Benedict-Webb-Rubin.

	N_2	CH_4	CO	CO_2
a_{vdW} (bar m^6/kmol^2)	1.361	2.285	1.463	3.643
b_{vdW} (m^3/kmol)	0.0385	0.0427	0.0394	0.0427
a_{RK} (bar m^6 $K^{0.5}$/kmol^2)	15.59	32.19	17.26	64.64
b_{RK} (m^3/kmol)	0.02681	0.02969	0.02743	0.02969
B_0 (m^3/kmol)	0.04074	0.04260	0.05454	0.04991
A_0 (bar m^6/kmol^2)	1.0673	1.8791	1.3587	2.7730
C_0 (bar K^2 m^6/kmol^2)	$8.164x10^3$	$2.286x10^4$	$8.673x10^3$	$1.404x10^5$
b_{BWR} (m^6/kmol^2)	0.002328	0.003380	0.002632	0.007210
a_{BWR} (bar m^9/kmol^3)	0.0254	0.0500	0.0371	0.1386
α (m^9/kmol^3)	$1.272x10^{-4}$	$1.244x10^{-4}$	$1.350x10^{-4}$	$8.470x10^{-5}$
c (bar K^2 m^9/kmol^3)	$7.379x10^2$	$2.578x10^3$	$1.054x10^3$	$1.511x10^4$
γ (m^6/kmol^2)	0.0053	0.0060	0.0060	0.00539

Soluzione

Il volume specifico molare viene ricavato per i quattro diversi gas dividendo il volume totale (0.03 m^3) per il numero di moli (pari al rapporto tra la massa totale del gas e la sua massa molare):

$$v_m(N_2) = \frac{V\, m_{N2}}{M} = \frac{0.03x28.01}{5} = 0.1681 \quad \frac{m^3}{kmole}$$

$$v_m(CH_4) = \frac{V\, m_{CH4}}{M} = \frac{0.03x16.04}{5} = 0.0962 \quad \frac{m^3}{kmole}$$

$$v_m(CO) = \frac{V\, m_{CO}}{M} = \frac{0.03x28.01}{5} = 0.1681 \quad \frac{m^3}{kmole}$$

$$v_m(CO_2) = \frac{V\, m_{CO2}}{M} = \frac{0.03x44.01}{5} = 0.2641 \quad \frac{m^3}{kmole}$$

Prendendo in considerazione l'azoto, l'equazione di stato dei gas perfetti fornisce:

$$p = \frac{R_0\, T}{v_m} = \frac{0.08314x293.15}{0.1681} = 145.0 \quad bar$$

L'equazione di van der Waals:

$$p = \frac{0.08314x293.15}{0.1681 - 0.0385} - \frac{1.361}{0.1681^2} = 188.1 - 48.2 = 139.9 \quad bar$$

L'equazione di Redlich-Kwong:

$$p = \frac{0.08314x293.15}{0.1681 - 0.02681} - \frac{15.59}{293.15^{0.5}\, 0.1681(0.1681 + 0.02681)} = 172.5 - 27.8 = 144.7 \quad bar$$

L'equazione di Benedict-Webb-Rubin:

$$p = \frac{0.08314x293.15}{0.1681} + \left(0.04074x0.08314x293.15 - 1.0673 - \frac{8164}{293.15^2}\right)\frac{1}{0.1681^2} +$$

$$+ \frac{0.002328x0.08314x293.15 - 0.0254}{0.1681^3} + \frac{0.0254x1.272x10^{-4}}{0.1681^6} + \frac{737.9\, e^{-\frac{0.0053}{0.1681^2}}}{0.1681^3 x293.15^2}\left(1 + \frac{0.0053}{0.1681^2}\right) =$$

$$= 145.0 - 6.0 + 6.6 + 0.1 + 1.8 = 147.6 \quad bar$$

Procedendo analogamente per gli altri gas si ottengono i risultati riportati in Tabella.

	N_2	CH_4	CO	CO_2
gas perfetti	145.0 bar	253.3 bar	145.0 bar	92.3 bar
van der Waals	139.9 bar	208.5 bar	137.6 bar	57.9 bar
Redlich-Kwong	144.8 bar	211.1 bar	142.6 bar	55.3 bar
Benedict-Webb-Rubin	147.6 bar	206.9 bar	148.9 bar	58.1 bar

Rispetto al valore fornito dall'equazione di stato per gas perfetti, si osserva una sensibile differenza nel valore di pressione fornito dalle equazioni dei gas reali, particolarmente per il metano e per il diossido di carbonio. Si osservi come le correlazioni di Redlich-Kwong e di Benedict-Webb-Rubin (molto più complicata e laboriosa) forniscano risultati abbastanza simili.

Nella Figura 25 si riporta l'andamento di una isoterma a 20 °C per l'azoto, nel diagramma p-v, calcolata mediante le equazioni di stato dei gas perfetti e dei gas reali. I risultati forniti dalle equazioni mostrano come a bassa pressione (alcune decine di bar) le isoterme sono praticamente coincidenti; per pressione superiore a 100 bar la differenza, tra la pressione valutata con l'equazione dei gas perfetti e la pressione valutata con le equazioni dei gas reali, diviene apprezzabile. Le equazioni di Benedict-Webb-Rubin e di Redlich-Kwong forniscono generalmente risultati più accurati (verificati mediante prove sperimentali) dell'equazione di van der Waals.

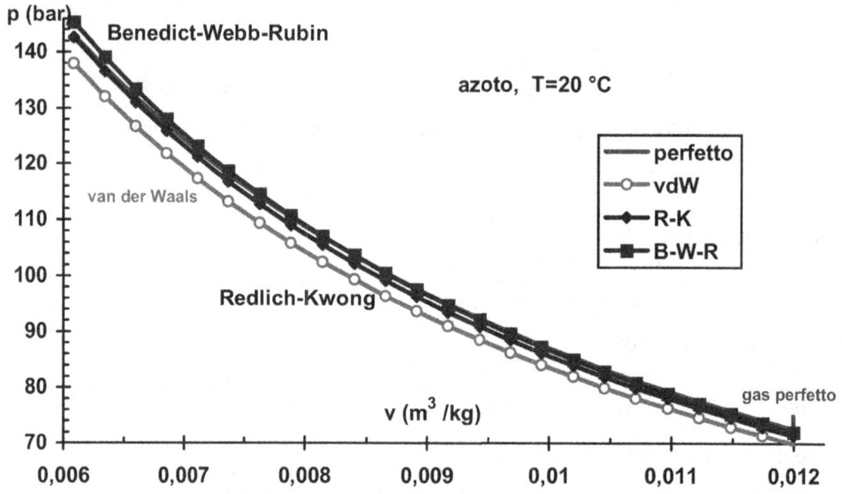

Figura 25. Isoterma nel diagramma p-v per azoto.

ESERCIZIO 32

Si definisce gas di van der Waals un gas reale per il quale sia valida l'equazione di stato di van der Waals:

$$p = \frac{R\,T}{v-b} - \frac{a}{v^2}$$

Si può dimostrare che per un gas di van der Waals le variazioni di energia interna specifica e di entropia specifica sono:

$$du = c_v dT + \frac{a}{v^2} dv \qquad\qquad ds = c_v \frac{dT}{T} + R\frac{dv}{v-b}$$

1) Essendo $\gamma = c_p/c_v$, dimostrare che, per un gas di van der Waals, l'equazione caratteristica di una trasformazione isentropica é: $T\,(v-b)^{\gamma-1}$ = costante.

2) Analizzando una trasformazione isentropica per una massa di metano CH_4 (considerato come un gas perfetto), dallo stato fisico iniziale 1 alla temperatura T_1 = 37 °C con volume specifico v_1 = 0.015 m^3/kg, allo stato fisico finale 2 con volume specifico $v_2 = 4v_1$ = 0.060

m^3/kg, calcolare la pressione nello stato fisico iniziale e finale. Per il metano $R = 518$ J/kgK, $c_v = 1726$ J/kgK, $c_p = 2244$ J/kgK, $\gamma = 1.3$. Calcolare inoltre il fattore di compressibilità z dal diagramma di Nelson Obert, nello stato fisico iniziale 1 e nello stato finale 2. Temperatura e pressione critica del metano sono rispettivamente $T_c= 190.7$ K e $p_c = 46.4$ bar.

3) Calcolare la pressione nello stato fisico iniziale e finale, considerando il metano come un gas di van der Waals, con costanti: $a = 888.13$ Jm^3/kg, $b = 2.93x10^{-3}$ m^3/kg.

Soluzione

1) Dalla espressione del differenziale dell'entropia per gas di van der Waals, per integrazione tra uno stato fisico qualsiasi ed uno stato iniziale si ottiene:

$$\Delta s = c_v \ln\frac{T}{T_1} + R\ln\frac{v-b}{v_1-b}$$

Se la trasformazione é isentropica (Δs=0) si ottiene:

$$c_v \ln T + R\ln(v-b) = c_v \ln T_1 + R\ln(v_1-b) = \text{costante}$$

Dividendo ogni termine per c_v, in base alle proprietà della funzione logaritmica ed osservando che $R/c_v=\gamma-1$, si ottiene:

$$\ln T + \ln\left[(v-b)^{\gamma-1}\right] = \text{costante}$$

ed infine:

$$e^{\ln T + \ln\left[(v-b)^{\gamma-1}\right]} = T(v-b)^{\gamma-1} = \text{costante} \qquad \text{come volevasi dimostrare}$$

2) Utilizzando l'equazione di stato per gas perfetti si determina la pressione iniziale:

$$p_1 = \frac{R\,T_1}{v_1} = \frac{518x310.15}{0.015} = 107.1x10^5 \text{ Pa} = 107.1 \text{ bar}$$

L'equazione caratteristica per la trasformazione isentropica fornisce la pressione finale:

$$p_2 = p_1\left(\frac{v_1}{v_2}\right)^{\gamma} = 107.1\left(\frac{1}{4}\right)^{1.3} = 17.7 \text{ bar}$$

La temperatura finale é data dalla equazione di stato:

$$T_2 = \frac{p_2\,v_2}{R} = \frac{17.7x10^5 x0.06}{518} = 205.02 \text{ K} = -68.13\,°C$$

Le variazioni di energia interna specifica ed entalpia specifica, per il gas perfetto, sono:

$$\Delta u = c_v(T_2 - T_1) = 1726(-68.13 - 37) = -181.45 \ \frac{kJ}{kg}$$

$$\Delta h = c_p(T_2 - T_1) = 2244\,(-68.13 - 37) = -235.91 \ \frac{kJ}{kg}$$

Nello stato iniziale pressione ridotta e temperatura ridotta sono:

$$p_{r1} = \frac{p_1}{p_c} = \frac{107.1}{46.4} = 2.3 \qquad T_{r1} = \frac{T_1}{T_c} = \frac{310.15}{190.7} = 1.6$$

Nello stato finale pressione ridotta e temperatura ridotta sono:

$$p_{r2} = \frac{p_2}{p_c} = \frac{17.7}{46.4} = 0.4 \qquad T_{r2} = \frac{T_2}{T_c} = \frac{205.02}{190.7} = 1.1$$

Dal diagramma di Nelson Obert i fattori di compressibilità per gli stati iniziale e finale risultano:

$$z_1 = 0.86 \qquad\qquad z_2 = 0.90$$

3) Utilizzando l'equazione di van der Waals si determina la pressione iniziale:

$$p_1 = \frac{RT_1}{(v_1 - b)} - \frac{a}{v_1^2} = \frac{518x310.15}{(0.015 - 0.00293)} - \frac{888.13}{0.015^2} = (133.1 - 39.5)x10^5 \text{ Pa} = 93.6 \text{ bar}$$

L'equazione caratteristica per l'isentropica di van der Waals fornisce la temperatura finale:

$$T_2 = T_1\left(\frac{v_1 - b}{v_2 - b}\right)^{\gamma-1} = 310.15\left(\frac{0.015 - 0.00293}{0.06 - 0.00293}\right)^{0.3} = 194.61 \text{ K} = -78.54\ °\text{C}$$

La pressione finale é data dalla equazione di van der Waals:

$$p_2 = \frac{RT_2}{(v_2 - b)} - \frac{a}{v_2^2} = \frac{518x194.61}{(0.06 - 0.00293)} - \frac{888.13}{0.06^2} = (17.7 - 2.5)x10^5 \text{ Pa} = 15.2 \text{ bar}$$

Le variazioni di energia interna specifica, per il gas di van der Waals, é:

$$\Delta u = c_v(T_2 - T_1) - \left(\frac{a}{v_2} - \frac{a}{v_1}\right) = 1726(-78.54 - 37) + \left(\frac{888.13}{0.015} - \frac{888.13}{0.06}\right) =$$

$$= (-199.42 + 44.41)x10^3 = -155.01 \quad \frac{kJ}{kg}$$

La variazione di entalpia specifica viene dedotta dalla sua definizione:

$$\Delta h = \Delta u + p_2v_2 - p_1v_1 = -155.01x10^3 + 15.2x10^5x0.06 - 93.6x10^5x0.015 =$$

$$= (-155.01 + 91.2 - 140.4)x10^3 = -204.21 \quad \frac{kJ}{kg}$$

La trasformazione isentropica 1-2 é mostrata in Figura 26 per il metano considerato sia come un gas perfetto sia come un gas di van der Waals.

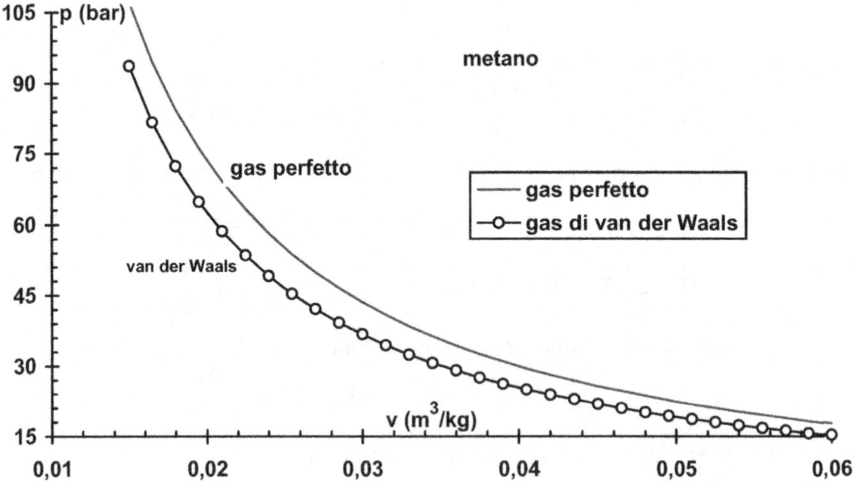

Figura 26. Isentropica nel diagramma p-v per un gas perfetto ed un gas reale.

ESERCIZIO 33

Una massa M = 1 kg di propano C_3H_8 é racchiuso in un contenitore rigido di volume V= 0.2 m^3, e si trova inizialmente alla temperatura T_1= 20 °C. Il gas riceve una quantità di calore q= 40.8 kJ/kg, giungendo ad uno stato fisico finale 2. La massa molare del propano é m= 44.09x10^{-3} kg/mol, la costante universale dei gas perfetti é R_0= 8.314 Pa m^3/mol K, il calore specifico a volume costante é c_v= 1360 J/kg K.

1) Considerando il gas come un gas perfetto, calcolare la pressione p_1 del gas nello stato fisico iniziale, le coordinate termodinamiche v_2, p_2, T_2 nello stato fisico finale, la variazione di energia interna, di entalpia e di entropia nella trasformazione 1-2.

2) Considerando il gas come un gas reale di van der Waals, calcolare la pressione p_1 del gas nello stato fisico iniziale, le coordinate termodinamiche v_2, p_2, T_2 nello stato fisico finale, la variazione di energia interna, di entalpia e di entropia nella trasformazione 1-2. Si utilizzi l'equazione di van der Waals: $(p+a/v^2)(v-b)=RT$, essendo:

$$a = 0.9315 \ \frac{m^6\ Pa}{mol^2} \qquad\qquad b = 9x10^{-5}\ \frac{m^3}{mol}$$

Soluzione

1) La costante R dell'equazione di stato é R= R_0/m = 8.314/44.09x10^{-3}= 188.57 J/kgK. Poiché massa di gas e volume occupato restano costanti nella trasformazione 1-2, il volume specifico resta costante ed é dedotto dalla sua definizione

$$v_1 = v_2 = \frac{V}{M} = \frac{0.2}{1} = 0.2 \quad \frac{m^3}{kg}$$

Dalla equazione di stato si determina la pressione iniziale

$$p_1 = \frac{RT_1}{v_1} = \frac{188.57x293.15}{0.2} = 2.76x10^5 \ Pa = 2.76 \ bar$$

La trasformazione 1-2 é isocora, pertanto $\delta q = c_v\, dT$, da cui:

$$T_2 = T_1 + \frac{q}{c_v} = 20 + \frac{40800}{1360} = 50 \quad °C$$

La pressione viene ricavata dall'equazione di stato:

$$p_2 = \frac{RT_2}{v_2} = \frac{188.57x323.15}{0.2} = 3.05x10^5 \ Pa = 3.05 \ bar$$

Il calore specifico a volume costante del propano é c_p=R+c_v= 1548.57 J/kgK. Le variazioni di energia interna specifica e di entalpia specifica, per il gas perfetto nella trasformazione 1-2, sono:

$$u_2 - u_1 = c_v(T_2 - T_1) = 1360x30 = 40800 \quad \frac{J}{kg}$$

$$h_2 - h_1 = c_p(T_2 - T_1) = 1548.57x30 = 46457 \quad \frac{J}{kg}$$

La variazione di entropia specifica del propano nella trasformazione 1-2 é:

$$s_2 - s_1 = \int_{T_1}^{T_2} c_v \frac{dT}{T} = c_v \ln\frac{T_2}{T_1} = 1360 \ln\frac{323.15}{293.15} = 132.5 \quad \frac{J}{kgK}$$

2) Le costanti a e b dell'equazione di van der Waals, riferite alla massa del sistema anziché alle moli, sono calcolate osservando che 1 mole corrisponde ad una massa di $44.09x10^{-3}$ kg:

$$a = \frac{0.9315}{\left(44.09x10^{-3}\right)^2} = 479.18 \quad \frac{m^6\,Pa}{kg^2} \qquad b = \frac{9x10^{-5}}{44.09x10^{-3}} = 2.04x10^{-3} \quad \frac{m^3}{kg}$$

La pressione del gas nello stato iniziale é quindi:

$$p_1 = \frac{RT_1}{(v_1 - b)} - \frac{a}{v_1^2} = \frac{188.57x293.15}{(0.2 - 0.00204)} - \frac{479.18}{0.04} = (2.79 - 0.12)x10^5 \text{ Pa} = 2.67 \text{ bar}$$

La pressione del gas reale presenta una diminuzione del 3.2 % rispetto alla pressione del gas perfetto. Nella trasformazione isocora, anche per gas reali vale la relazione $\delta q = c_v\, dT$, per cui la temperatura T_2 risulta, come per il gas perfetto, $T_2 = 50$ °C. La pressione nello stato finale é allora:

$$p_2 = \frac{RT_2}{(v_2 - b)} - \frac{a}{v_2^2} = \frac{188.57x.323.15}{(0.2 - 0.00204)} - \frac{479.18}{0.04} = (3.08.-0.12)x10^5 \text{ Pa} = 2.96. \text{ bar}$$

La variazione di energia interna specifica per gas di van der Waals é:

$$u_2 - u_1 = c_v(T_2 - T_1) - a\left(\frac{1}{v_2} - \frac{1}{v_1}\right) = c_v(T_2 - T_1) = 40800 \quad \frac{J}{kg}$$

La variazione di energia interna del gas reale di van der Waals, per trasformazione isocora, coincide con la variazione di energia interna del gas perfetto.

In base alla definizione di entalpia, la variazione di entalpia specifica del gas reale é:

$$h_2 - h_1 = u_2 - u_1 + v_1(p_2 - p_1) = 40800 + 0.2(2.96 - 2.67)x10^5 = 46600 \frac{J}{kg}$$

La variazione di entropia specifica per un gas di van der Waals é:

$$s_2 - s_1 = c_v \ln\frac{T_2}{T_1} + R\ln\frac{v_2 - b}{v_1 - b} = c_v \ln\frac{T_2}{T_1} = 132.5 \quad \frac{J}{kgK}$$

La variazione di entropia del gas di van der Waals, per trasformazioni isocore, coincide con la variazione di entropia del gas perfetto.

ESERCIZIO 34

Una massa di azoto é contenuta in un recipiente di volume $V = 0.3\ m^3$, alla pressione $p_1 = 60$ bar ed alla temperatura $T_1 = 306$ K. Le coordinate termodinamiche dell'azoto al punto critico sono $p_c = 33.9$ bar, $T_c = 126.1$ K. I calori specifici dell'azoto a pressione ed a volume costante sono rispettivamente $c_p = 1041$ J/kg K, $c_v = 744$ J/kgK.

1) Calcolare il fattore di compressibilità z (ricorrendo al grafico di Nelson Obert in Figura 27), la massa M e la densità ρ del gas.

Ora si consideri la stessa massa di gas, nello stesso stato fisico iniziale, nell'ipotesi che il gas sia perfetto. Si supponga che il gas si espanda irreversibilmente nell'ambiente circostante, fino a raggiungere una condizione di equilibrio termodinamico con pressione p_2 = 0.5 bar e temperatura T_2 = -4 °C.

2) Calcolare la variazioni di energia interna specifica u, di entalpia specifica h e di entropia specifica s del gas perfetto, nella trasformazione dallo stato fisico 1 allo stato fisico 2.

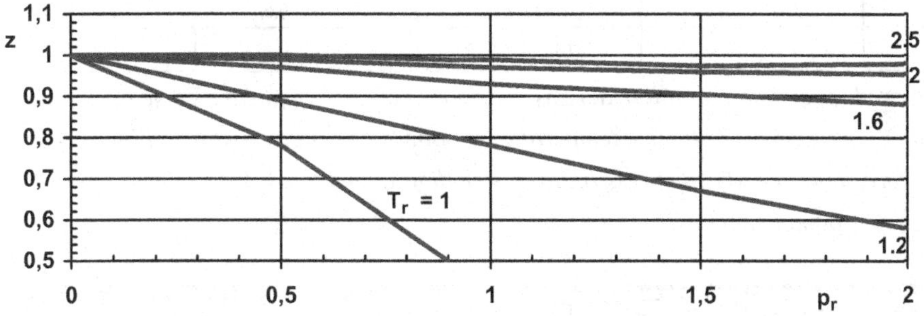

Figura 27. Diagramma di Nelson Obert per il fattore di compressibilità z.

Soluzione

1) Le coordinate ridotte sono:

$$p_r = \frac{p_1}{p_c} = \frac{60}{33.9} = 1.77 \qquad T_r = \frac{T_1}{T_c} = \frac{306}{126.1} = 2.43$$

Dal grafico di Nelson Obert risulta il fattore di compressibilità z = 0.98.

La costante del gas é $R = c_p - c_v$ = 1041-744 = 297 J/kgK. Dalla definizione di fattore di compressibilità é possibile calcolare la massa M del gas:

$$M = \frac{pV}{zRT_1} = \frac{60x10^5x0.3}{0.98x297x306} = 20.21 \text{ kg}$$

La densità ρ del gas é:

$$\rho = \frac{M}{V} = \frac{20.21}{0.3} = 67.37 \quad \frac{kg}{m^3}$$

2) In qualsiasi trasformazione, per gas perfetti le variazioni di energia interna, entalpia ed entropia sono facilmente esprimibili, risulta quindi:

$$\int_1^2 du = \int_{T_1}^{T_2} c_v dT = 744x(-4-33) = -27.53 \quad \frac{kJ}{kg}$$

$$\int_1^2 dh = \int_{T_1}^{T_2} c_p dT = 1041x(-4-33) = -38.52 \quad \frac{kJ}{kg}$$

$$\int_1^2 ds = \int_{T_1}^{T_2} c_p \frac{dT}{T} - \int_{p_1}^{p_2} v\frac{dp}{T} = c_p \ln\frac{T_2}{T_1} - R\ln\frac{p_2}{p_1} = 1041x\ln\frac{269}{306} - 297x\ln\frac{0.5}{60} = 1287.7 \ \frac{J}{kg\,K}$$

ESERCIZIO 35

Una massa di aria secca, che si trova alla temperatura T=20 °C ed alla pressione p= 1 bar, é costituita da azoto, ossigeno, argon e diossido di carbonio. Le frazioni molari x_i, la pressione critica p_{ic} e la temperatura critica T_{ic} sono indicati in tabella.

	N_2	O_2	Ar	CO_2
x	78.03 %	20.99 %	0.94 %	0.004 %
p_c	33.93 bar	50.41 bar	48.64 bar	73.55 bar
T_c	126.05 K	154.35 K	150.75 K	304.15 K

1) Calcolare le pressioni parziali p_i dei gas nell'ipotesi che si comportino come gas perfetti.

2) Calcolare pressione ridotta p_{ir} e temperatura ridotta T_{ir} per i gas costituenti la miscela.

3) Calcolare il fattore di compressibilità z_i dal diagramma di Nelson Obert, riportato in Figura 28, per ognuno dei gas.

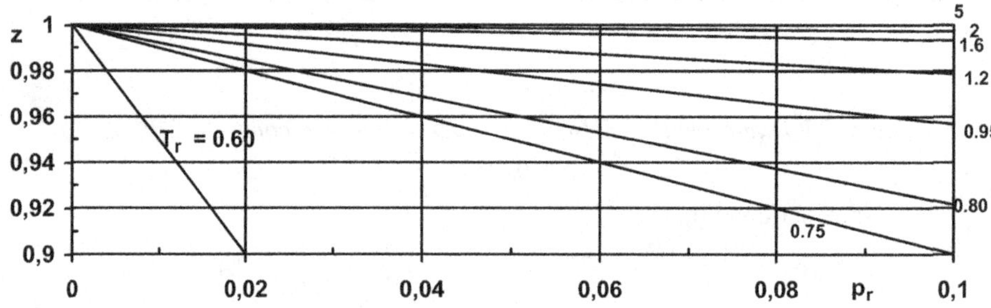

Figura 28. Diagramma di Nelson Obert per il fattore di compressibilità z.

Soluzione

1) Nell'ipotesi che i componenti si comportino come gas perfetti, vale la legge di Dalton, per cui la pressione parziale del gas (cioè la pressione che avrebbe il gas se da solo occupasse lo stesso volume della miscela, alla stessa temperatura) é $p_i = x_i\, p$; i risultati numerici relativi a N_2, O_2, Ar, CO_2 sono riportati nella tabella sottostante.

2) Per ogni gas, pressione e temperatura ridotte sono, per definizione: $p_{ir} = \dfrac{p_i}{p_{ic}}$ $\quad T_{ir} = \dfrac{T_i}{T_{ic}}$

Dal diagramma di Nelson Obert, per interpolazione delle curve tracciate, si ottengono i valori del fattore di compressibilità per ogni gas. Poiché z_i é quasi coincidente con l'unità, é lecito ipotizzare che i gas costituenti l'aria secca si comportino come gas perfetti.

	p_i (bar)	p_{ir}	T_{ir}	z_i
N_2	0.7803	0.023	2.326	1
O_2	0.2099	0.00416	1.899	1
Ar	0.0094	0.00019	1.945	1
CO_2	0.0004	0.000005	0.964	1

ESERCIZIO 36

Si consideri vapore surriscaldato di acqua alla temperatura di 200 °C (alla quale corrisponde una pressione di saturazione di 15.551 bar, ed una costante nell'equazione di gas perfetto R = 461.91 J/kgK) nei seguenti stati fisici contraddistinti dalle lettere A,B,C,D,E,F,G,H,I (dedotti dalle tabelle termodinamiche):

	A	B	C	D	E	F	G	H	I
p (bar)	15.551	15	10	7	5	3	1	0.35	0.06
v (m^3/kg)	0.1272	0.1325	0.2060	0.2999	0.4249	0.7160	2.172	6.228	36.383

Calcolare il fattore di compressibilità per ognuno di tali stati fisici e determinare per quali valori di pressione il fattore di compressibilità é maggiore di 0.98.

Soluzione

Dalla sua definizione, il fattore di compressibilità per gas reali é z = pv/RT. Sostituendo in tale equazione i valori numerici indicati nella tabella precedente, si ottiene l'andamento di z in funzione della pressione, riportato nel diagramma di Figura 29 e nella tabella seguente.

	A	B	C	D	E	F	G	H	I
z	0.9051	0.9094	0.9426	0.9605	0.9721	0.9828	0.9938	0.9974	0.9988

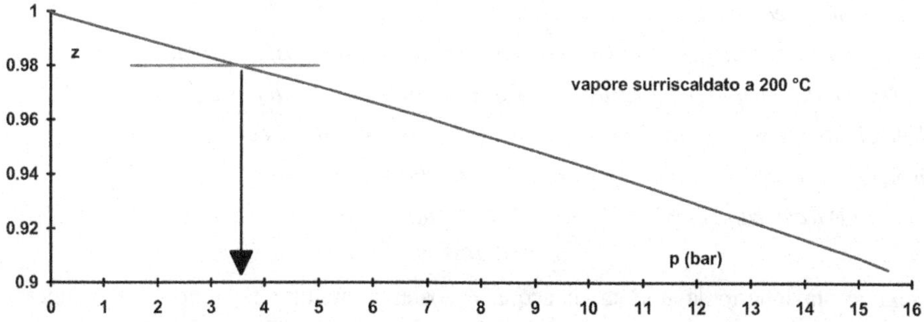

Figura 29. Fattore di compressibilità z in funzione della pressione, per l'isoterma T= 200 °C.

Il fattore di compressibilità é prossimo all'unità per bassi valori della pressione, mentre si discosta sensibilmente da 1 all'aumentare della pressione.

Per vapore surriscaldato a bassa pressione può quindi risultare valida con ottima approssimazione l'equazione di stato dei gas perfetti.

Lungo l'isoterma a 200 °C, z é maggiore di 0.98 per pressione inferiore a circa 3.6 bar.

ESERCIZIO 37

Da un serbatoio di acqua, con livello mantenuto costante, viene prelevata una portata m alla temperatura T_1 = 10 °C, che viene inviata tramite un condotto di diametro di 2 m ad una turbina idraulica. L'acqua ha densità ρ = 1003 kg/m^3, costante in tutto il condotto.

Il condotto ha sezione costante e termina in un tubo a sezione decrescente dove la velocità media dell'acqua é W_3 = 140 m/s e la pressione p_3 = 1 bar (Figura 30).

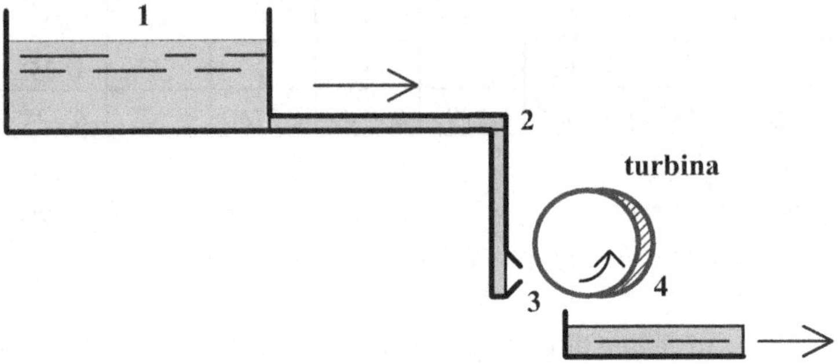

Figura 30. Schema del serbatoio, della turbina e delle condotte.

Sapendo che il dislivello tra le sezioni 1-2 é 400 m ($z_1 - z_2$ = 400 m) che il dislivello tra le sezioni 3-4 é 4 m ($z_3 - z_4$ = 4 m), che la pressione nelle sezioni 1,3,4 é uguale ($p_1 = p_3 = p_4$ = 1 bar), che la velocità media dell'acqua nelle sezioni 2 e 4 é pari a 3 m/s ($W_2 = W_4$ = 3 m/s), che la velocità dell'acqua nella sezione 1 é trascurabile (W_1 = 0), calcolare:

1) *la portata d'acqua che giunge sulla turbina,*
2) *la superficie A_3 ed il diametro D_3 della sezione di uscita,*
3) *la temperatura dell'acqua nelle varie sezioni, nell'ipotesi di trasformazioni adiabatiche,*
4) *la pressione dell'acqua nella sezione 2 (trascurando le perdite di carico),*
5) *il dislivello tra le sezioni 1 e 3 ($z_1 - z_3$), trascurando le perdite di carico*
6) *il lavoro l trasferito dall'unità di massa di acqua alla turbina,*
7) *la potenza P trasferita complessivamente dall'acqua alla turbina.*

Soluzione

1) In regime stazionario la portata di acqua é costante in tutte le sezioni del condotto. Conoscendo la velocità media W_2 e l'area A_2 della sezione trasversale 2 risulta allora:

$$m = \rho W_2 A_2 = 1003 x 3 x \pi = 9453 \quad \frac{kg}{s}$$

2) Poiché la portata attraverso la sezione 2 é uguale alla portata attraverso la sezione 3, risulta:

$$A_3 = A_2 \frac{W_2}{W_3} = \pi \frac{3}{140} = 0.0673 \quad m^2$$

ed il diametro é quindi:

$$D_3 = \sqrt{\frac{4A_3}{\pi}} = 0.293 \quad m$$

3) Per una trasformazione adiabatica risulta $\delta q = c\, dT = 0$, quindi la temperatura dell'acqua resta costante (pari a 10 °C) in tutte le sezioni del condotto.

4) Considerando le sezioni 1 e 2, il 1° principio della termodinamica per sistemi aperti in forma meccanica, in assenza di perdite di carico, fornisce:

$$g(z_2 - z_1) + \frac{W_2^2 - W_1^2}{2} + \frac{p_2 - p_1}{\rho} = 0$$

essendo $W_1 = 0$ risulta allora:

$$p_2 = p_1 + \rho g(z_1 - z_2) - \rho\frac{W_2^2}{2} = 10^5 + 1003x\left(9.81x400 - \frac{3^2}{2}\right) Pa = 40.3x10^5 \quad Pa$$

La pressione dell'acqua aumenta, dalla sezione 1 alla sezione 2, in seguito alla differenza di quota z_1-z_2.

5) Considerando le sezioni 1 e 3, il 1° principio della termodinamica per sistemi aperti in forma meccanica, in assenza di dissipazioni di energia, fornisce l'equazione:

$$z_1 - z_3 = \frac{1}{2g}\left(W_3^2 - W_1^2\right) = \frac{140^2}{2x9.81} m = 999 \quad m$$

6) Il lavoro trasferito dall'unità di massa di acqua alla turbina é fornito dal 1° principio della termodinamica per sistemi aperti, applicato tra le sezioni 3 e 4:

$$g(z_4 - z_3) + \frac{W_4^2 - W_3^2}{2} = -l \qquad \text{da cui} \qquad l = 39.24 + 9795.5 = 9835 \quad \frac{J}{kg}$$

7) La potenza P trasferita dall'acqua alla turbina si ottiene come prodotto tra l (lavoro per unità di massa di acqua) e m (massa di acqua che attraversa una qualsiasi sezione del condotto nell'unità di tempo):

$$P = ml = 9453x9835 \ W = 93 \quad MW$$

ESERCIZIO 38

Una pompa viene attraversata da una portata m=1 kg/s di acqua. L'acqua entra dalla sezione 1, dove l'area di passaggio é $A=10^{-3}\ m^2$*, alla temperatura* T_1 *= 20 °C ed alla pressione* p_1 *= 1 bar. Dopo avere attraversato la pompa, l'acqua esca dalla sezione 2, dove l'area di passaggio é ancora* $A=10^{-3}\ m^2$*, mentre la pressione é* p_2*=100 bar. Si consideri isentropica la trasformazione 1-2, si trascurino variazioni di energia potenziale del fluido e si consideri l'acqua incomprimibile, con densità* ρ*=998 kg/m*^{3}*.*

1) Calcolare la potenza meccanica P trasferita dalla pompa all'acqua, la temperatura dell'acqua nella sezione di uscita T_2*, la velocità media dell'acqua nelle sezioni di ingresso (*W_1*) e di uscita (*W_2*).*

2) Con gli stessi dati (m, A, T_1, p_1, p_2*), si consideri un compressore che comprime una portata m di aria da 1 a 100 bar. Si consideri isentropica la trasformazione 1-2, si trascurino variazioni di energia potenziale e si consideri l'aria come un gas perfetto, con R=287 J/kgK, calore specifico a pressione costante* c_p*= 1227 J/kgK. Calcolare la potenza meccanica trasferita dal compressore all'aria, la temperatura* T_2 *dell'aria nella sezione 2 di uscita, le velocità medie dell'aria nella sezioni di ingresso e di uscita.*

Soluzione

1) Dalla definizione di entalpia risulta, essendo la trasformazione 1-2 isentropica ($\delta q=0$):

$$h_2 - h_1 = \int_1^2 \delta q + \int_1^2 v dp = \frac{p_2 - p_1}{\rho} = \frac{99x10^5}{998} \frac{J}{kg} = 9.92 \frac{kJ}{kg}$$

Dalla equazione di bilancio energetico per sistemi aperti si ottiene la variazione di entalpia specifica in funzione del lavoro utile trasferito dalla pompa all'unità di massa di acqua:

$$-l = h_2 - h_1 = 9.92 \frac{kJ}{kg}$$

Tale lavoro é negativo, come previsto dalla convenzione termodinamica, in quanto entra nel sistema (cioè é trasferito dall'esterno all'acqua). La potenza della pompa é pertanto:

$$P = m(-l) = 9.92 \text{ kW}$$

Per il liquido, il calore scambiato é $\delta q = c_l \, dT$; essendo $\delta q=0$, deve risultare anche $dT=0$. Ciò significa che la temperatura dell'acqua non varia nella trasformazione isentropica e quindi:

$$T_2 = T_1 = 20 \, °C$$

In regime stazionario la portata nelle sezioni 1 e 2 é identica; poiché densità e sezione di passaggio dell'acqua restano costanti, anche la velocità resta costante e vale:

$$W_2 = W_1 = \frac{m}{\rho A} = \frac{1}{998x10^{-3}} = 1 \frac{m}{s}$$

2) Il volume specifico del gas perfetto nella sezione 1 é:

$$v_1 = \frac{RT_1}{p_1} = \frac{287x293.15}{10^5} = 0.841 \quad \frac{m^3}{kg}$$

La trasformazione 1-2 é isentropica, quindi:

$$v_2 = v_1 \left(\frac{p_1}{p_2}\right)^{\frac{1}{\gamma}} = 0.841x100^{-0.769} = 0.0243 \quad \frac{m^3}{kg}$$

La temperatura dell'aria nella sezione di uscita viene dedotta dall'equazione di stato:

$$T_2 = \frac{p_2 v_2}{R} = \frac{100x10^5 x0.0243}{287} = 846.7 \quad K = 573.5 \, °C$$

La velocità media dell'aria nella sezione di ingresso é:

$$W_1 = \frac{m v_1}{A} = \frac{0.841}{10^{-3}} \frac{m}{s} = 841 \frac{m}{s}$$

La velocità media nella sezione di uscita é:

$$W_2 = \frac{m v_2}{A} = \frac{0.0243}{10^{-3}} = 24.3 \frac{m}{s}$$

Dall'equazione di bilancio energetico per sistemi aperti e ricordando che per gas perfetti $dh=c_p dT$, si ricava il lavoro trasferito dalla macchina motrice all'unità di massa di fluido:

$$-l = \frac{W_2^2 - W_1^2}{2} + c_p\left(T_2 - T_1\right) = \frac{24.3^2 - 841^2}{2} + 1227(573.5 - 20) =$$

$$-353.34 + 679.144 \quad \frac{kJ}{kg} = 325.8 \quad \frac{kJ}{kg}$$

La potenza meccanica trasferita dalla macchina all'aria é:

$$P = m\,(-l) = 325.8 \quad kW$$

A parità di portata (in massa) e di pressioni, la potenza di compressione che occorre trasferire ad un gas é sensibilmente maggiore della potenza che occorre fornire ad un liquido. In seguito alla compressione isentropica il liquido mantiene inalterati temperatura e volume specifico, mentre il gas aumenta notevolmente la propria temperatura e diminuisce il proprio volume specifico.

ESERCIZIO 39

Un gas perfetto si espande isentropicamente in un condotto a sezione decrescente. Il gas entra alla pressione p_1 = 1.8 bar ed alla temperatura T_1 = 140 °C attraverso una sezione di area A_1 = 0.04 m^2 ed esce da una sezione di area A_2 = 0.001 m^2 alla pressione p_2 = 1 bar (Figura 31). La costante del gas perfetto é R = 287.2 J/kgK, il calore specifico a pressione costante é c_p = 1005.2 J/kgK.

1) Calcolare la temperatura T_2 del gas e le velocità medie W_1 e W_2 nelle sezioni di ingresso e di uscita in regime stazionario.

2) Sapendo che per gas perfetti la velocità del suono é $c = (\gamma R\, T)^{1/2}$, calcolare la velocità del suono c ed i numeri di Mach M nelle sezioni di ingresso e di uscita.

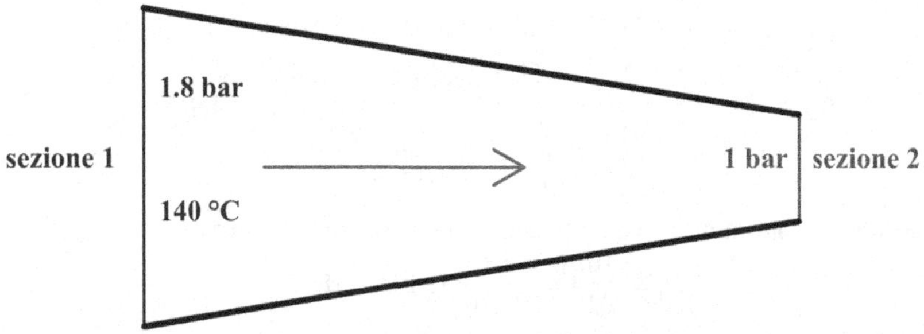

Figura 31. Condotto convergente.

Soluzione

L'esponente della equazione caratteristica della trasformazione isentropica é:

$$\gamma = \frac{c_p}{c_v} = \frac{c_p}{c_p - R} = \frac{1005.2}{718} = 1.4$$

La trasformazione nel diagramma p-v é mostrata in Figura 32.

Il volume specifico del gas nello stato fisico iniziale v_1 é dedotto dalla equazione di stato:

$$v_1 = \frac{RT_1}{p_1} = \frac{287.2 x 413.15}{1.8 x 10^5} = 0.6592 \quad \frac{m^3}{kg}$$

L'equazione caratteristica dell'isentropica fornisce il volume specifico v_2 (stato fisico finale):

$$v_2 = v_1\left(\frac{p_1}{p_2}\right)^{\frac{1}{\gamma}} = 0.6592x1.8^{0.7143} = 1.0031 \quad \frac{m^3}{kg}$$

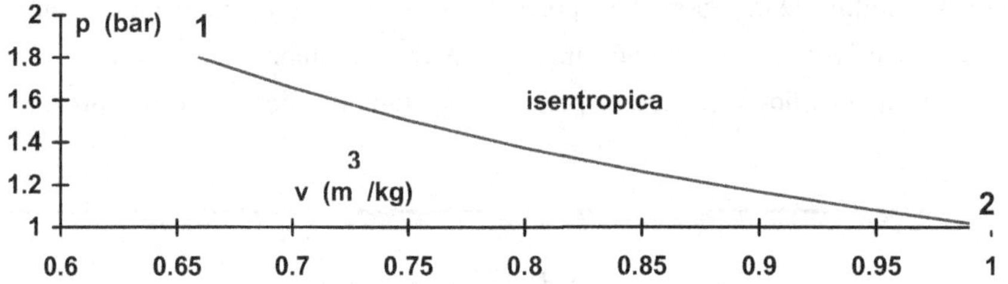

Figura 32. Trasformazione isentropica 1-2 del gas perfetto.

Dalla equazione di stato viene calcolata la temperatura T_2 del gas nello stato finale

$$T_2 = \frac{p_2 v_2}{R} = \frac{10^5 x1.0031}{287.2} = 349.27 \quad K = 76.12 \quad °C$$

L'equazione di continuità ed il 1° principio della termodinamica per sistemi aperti (in cui dh = $c_p dT$ per gas perfetti) forniscono il sistema di equazioni:

$$\begin{cases} W_1 = \dfrac{A_2}{A_1}\dfrac{v_1}{v_2} W_2 \\ \dfrac{1}{2}\left(W_2^2 - W_1^2\right) + c_p\left(T_2 - T_1\right) = 0 \end{cases}$$

che contiene le due incognite W_1 e W_2. La soluzione del sistema é:

$$W_2 = \sqrt{\frac{2c_p\left(T_1 - T_2\right)}{1 - \dfrac{A_2^2}{A_1^2}\dfrac{v_1^2}{v_2^2}}} = \sqrt{\frac{2x1005.2x(140 - 76.12)}{1 - \dfrac{0.001^2}{0.04^2}\dfrac{0.6592^2}{1.0031^2}}} = 358.41 \quad \frac{m}{s}$$

Dall'equazione di continuità, la velocità del gas nella sezione 1 risulta:

$$W_1 = \frac{0.001}{0.04}\frac{0.6592}{1.0031} 358.41 = 5.89 \quad \frac{m}{s}$$

2) Le velocità del suono ed i numeri di Mach nelle sezioni di ingresso e di uscita sono:

$$c_1 = \sqrt{\gamma R T_1} = \sqrt{1.4x287.2x413.15} = 407.58 \quad \frac{m}{s}, \quad M_1 = \frac{W_1}{c_1} = \frac{5.89}{407.58} = 0.014$$

$$c_2 = \sqrt{\gamma R T_2} = \sqrt{1.4x287.2x349.27} = 374.75 \quad \frac{m}{s}, \quad M_2 = \frac{W_2}{c_2} = \frac{358.41}{374.75} = 0.956$$

Il gas entra ed esce in condizioni subsoniche.

ESERCIZIO 40

Un serbatoio con le pareti perfettamente coibentate contiene un volume $V = 100$ litri di acqua alla temperatura $T_o = 25$ °C e volume specifico $v = 1.004x10^{-3}$ m^3/kg, ed una resistenza elettrica (Figura 33). All'istante iniziale $\tau = 0$ avvengono i seguenti eventi:

- la resistenza elettrica viene percorsa da corrente (trasferendo all'acqua una potenza termica costante nel tempo P = 3000 W),

- entra nel serbatoio una portata d'acqua m_1 = 0.1 kg/s, alla temperatura T_0 = 25 °C,

- esce dal serbatoio una portata d'acqua m_2 = 0.1 kg/s.

Si supponga che all'acqua nel serbatoio sia associato un solo valore di temperatura (cioè che la temperatura dell'acqua T sia costante in tutti i punti del serbatoio, nello stesso istante di tempo) e che la temperatura T dell'acqua in uscita sia uguale alla temperatura dell'acqua nel serbatoio (perfetto mescolamento).

Siano trascurabili le variazioni di energia cinetica e potenziale dell'acqua. La pressione resta costante ed il calore specifico dell'acqua é c = 4179 J/kgK.

Calcolare e riportare in grafico la temperatura T dell'acqua uscente dal serbatoio in funzione del tempo τ.

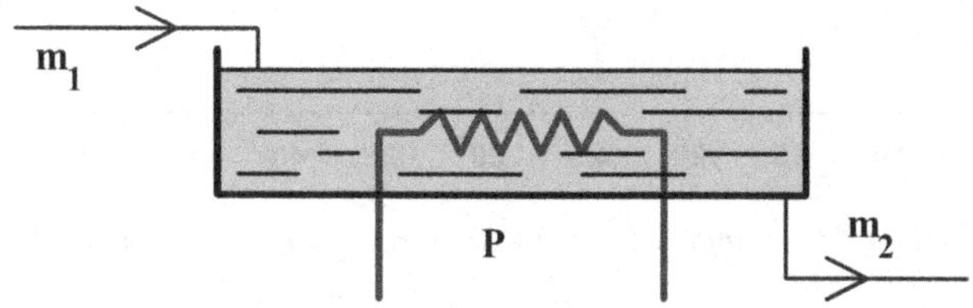

Figura 33. Serbatoio con flusso di acqua e resistenza elettrica.

Soluzione

La massa di acqua nel serbatoio é, per definizione di volume specifico:

$$M = \frac{V}{v} = \frac{100x10^{-3}}{1.004x10^{-3}} = 99.6 \text{ kg}$$

Dal principio di conservazione dell'energia per sistemi aperti si ottiene l'equazione:

$$m_1 h_1 - m_2 h_2 + P = M\frac{du}{d\tau}$$

essendo h ed u l'entalpia specifica e l'energia interna specifica dell'acqua.

La variazione di energia interna specifica per l'acqua nel serbatoio é ricavata dal 1° principio:

$$du = \delta q \text{ -p } dv \approx \delta q = c\ dT$$

La variazione di entalpia specifica per l'acqua nel serbatoio é:

$$dh = \delta q + v\ dp = \delta q = c\ dT$$

Quindi dall'equazione del principio di conservazione dell'energia per sistemi aperti si ottiene:

$$mc\left(T_o - T\right) + P = Mc\frac{dT}{d\tau}$$

cioè:

$$\frac{d\left(T - T_o\right)}{d\tau} + \frac{m}{M}\left(T - T_o\right) = \frac{P}{Mc}$$

la cui soluzione é la somma dell'integrale particolare e dell'integrale generale:

$$T - T_o = A\exp\left(-\frac{m}{M}\tau\right) + \frac{P}{mc}$$

La costante di integrazione A é individuata dalla condizione iniziale $T = T_0$ per $\tau = 0$ e risulta $A = -P/mc$. Quindi la temperatura dell'acqua in uscita dal serbatoio in funzione del tempo é:

$$T = T_0 + \frac{P}{mc}\left[1 - \exp\left(-\frac{m}{M}\tau\right)\right] = 25 + 7.18\left[1 - \exp\left(-1.004x10^{-3}\,\tau\right)\right] \quad °C$$

dove il tempo τ é espresso in secondi. La temperatura dell'acqua in uscita dal serbatoio aumenta nel tempo, tendendo al valore asintotico 32.18 °C; come evidenziato nel grafico della Figura 34.

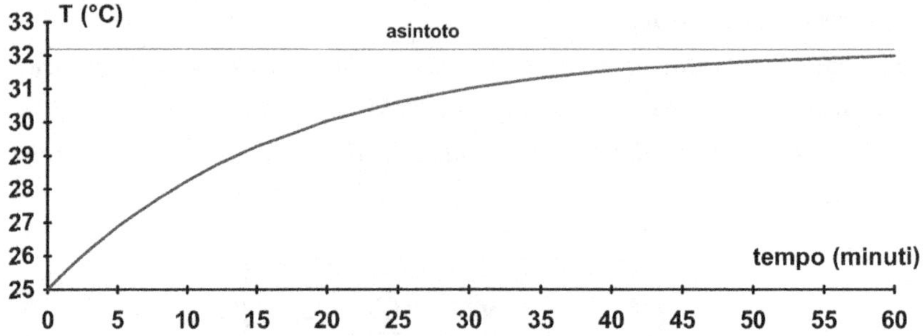

Figura 34. Temperatura dell'acqua in funzione del tempo.

ESERCIZIO 41

In un condensatore, attraverso la sezione 1 entrano tubi in cui scorre una portata $m_1 = 1$ *kg/s di acqua a temperatura* $T_1 = 20$ *°C, pressione* $p_1 = 1$ *bar e calore specifico a pressione costante* $c_p = 4180$ *J/kgK; si ipotizzi che l'acqua riceva calore isobaricamente ed esca dalla sezione 2 alla temperatura* $T_2 = 100$ *°C.*

Nel condensatore, esternamente ai tubi, giunge attraverso la sezione 3 una portata m_3 *di vapore saturo, a pressione* $p_3 = 5$ *bar, temperatura* $T_3 = 152$ *°C e titolo* $x_3 = 0.5$*, che si raffredda isobaricamente, condensa ed esce dal condensatore allo stato di liquido saturo attraverso la sezione 4 (Figura 35).*

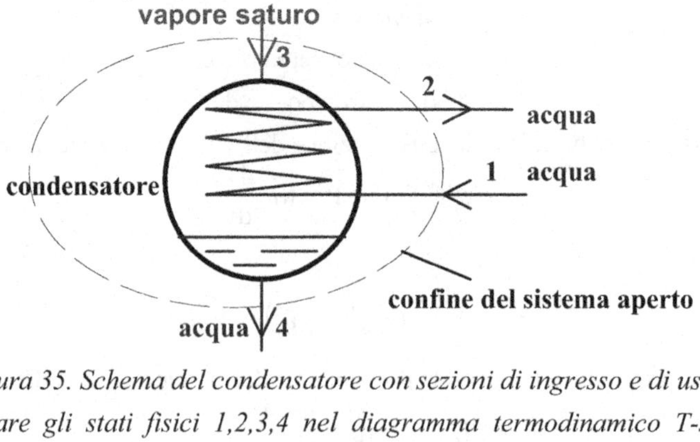

Figura 35. Schema del condensatore con sezioni di ingresso e di uscita.

1) Rappresentare gli stati fisici 1,2,3,4 nel diagramma termodinamico T-s, sapendo che l'entropia specifica del liquido saturo a 100 °C é $s_2 = 1306.9$ *J/kgK, l'entropia del liquido* *saturo a 152 °C é s_4= 1862.2 J/kgK, l'entropia specifica del vapore saturo secco a 152 °C é s_v = 6817.9 J/kgK e l'entropia specifica del liquido saturo alla temperatura T_0 = 0 °C é 0;*

2) calcolare la portata di vapore saturo m_3, sapendo che alla pressione di 5 bar il calore latente di vaporizzazione é r = 2108 kJ/kg; si trascurino le variazioni di energia cinetica e potenziale dei fluidi e gli scambi di calore tra l'involucro esterno del condensatore e l'ambiente circostante.

Soluzione

1) Gli stati fisici 1,2,3 e 4 dell'acqua sono rappresentati nel diagramma termodinamico della Figura 36.

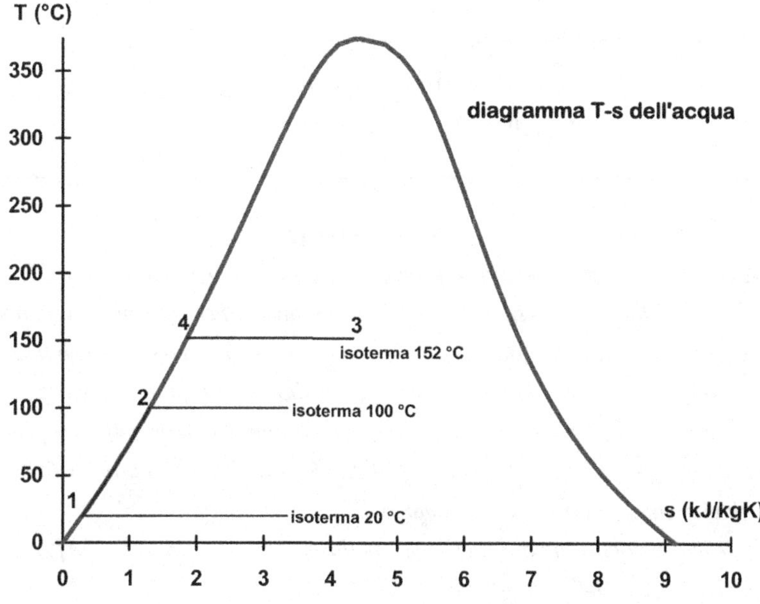

Figura 36. Stati fisici 1,2,3 e 4 dell'acqua nel diagramma T-s.

Le coordinate termodinamiche sono (considerando costante il calore specifico per il liquido ed uguale a c_p):

$$T_1 = 20\,°C \qquad s_1 = c_p \ln\frac{T_1}{T_0} = 4180 \ln\frac{293.15}{273.15} = 295.4\,\frac{J}{kgK}$$

$$T_2 = 100\,°C \qquad s_2 = 1306.9\ J/kg\,K$$

$$T_3 = 152\,°C \qquad s_3 = s_4 + x_3(s_v - s_4) = 1862.2 + 0.5(6817.9 - 1862.2) = 4340\,\frac{J}{kgK}$$

$$T_4 = 152\,°C \qquad s_4 = 1862.2\,\frac{J}{kgK}$$

L'isobara 1-2 ha equazione $T = T_2 \exp\left(\frac{s - s_2}{c_p}\right)$ ed é difficilmente distinguibile dalla curva limite inferiore.

2) Si consideri il sistema aperto costituito dal condensatore, nel quale entrano una portata m_1 di acqua ed m_3 di vapore saturo, ed escono le portate $m_2=m_1$ e $m_4=m_3$ di acqua.

Il 1° principio della termodinamica per sistemi aperti, applicato al sistema aperto formato dal condensatore nel quale entrano ed escono 4 condotti, fornisce:

$$m_3(h_3 - h_4) + m_1(h_1 - h_2) = 0$$

Per il liquido tra le sezioni 1 e 2 si ottiene:

$$h_1 - h_2 = c_p(T_1 - T_2) = 4180x(20-100) = -3.344x10^5 \quad \frac{J}{kg}$$

Per il vapore saturo che condensa dalla sezione 3 alla sezione 4 risulta invece:

$$h_3 - h_4 = r(x_3 - x_4) = 2.108x10^6 x0.5 = 1.054x10^6 \quad \frac{J}{kg}$$

Quindi dall'equazione del 1° principio é possibile calcolare la portata incognita m_3:

$$m_3 = \frac{m_1(h_2 - h_1)}{h_3 - h_4} = \frac{3.344x10^5}{1.054x10^6} = 0.317 \quad \frac{kg}{s}$$

ESERCIZIO 42

Un compressore centrifugo riceve aria a pressione p_1 = 1 bar e temperatura T_1 = 22 °C da un condotto con sezione trasversale $A_1 = 10^{-2}$ m^2 ed invia l'aria compressa adiabaticamente a pressione p_2 = 4 bar in un condotto circolare di area A_2 con raggio interno di 5 mm ad una velocità media di W_2 = 8 m/s, situato 50 cm più in alto rispetto alla sezione A_1 (Figura 37). L'aria può essere considerata come un gas perfetto con calori specifici a pressione ed a volume costante c_p = 1007 J/kgK e c_v = 720 J/kgK; l'accelerazione di gravità é g = 9.81 m/s^2. Il regime di funzionamento é stazionario.

1) Calcolare la velocità media dell'aria nella sezione di ingresso A_1 nell'ipotesi di trasformazione reversibile;

2) calcolare la temperatura T_2 dell'aria nella sezione di uscita A_2,

3) calcolare la variazione di entalpia specifica, di energia specifica cinetica e potenziale dell'aria tra le sezioni A_1 e A_2;

4) calcolare la potenza P trasferita dal compressore all'aria.

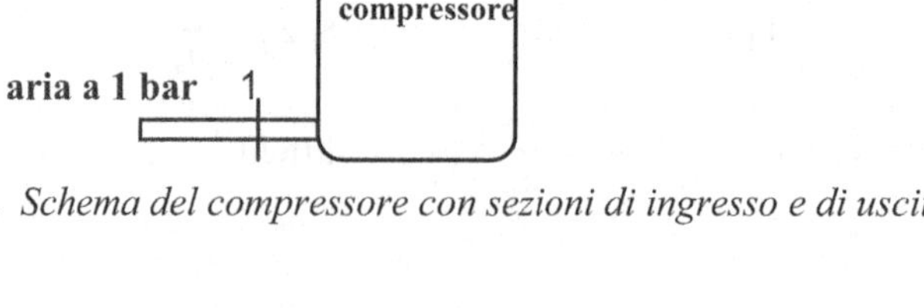

Figura 37. Schema del compressore con sezioni di ingresso e di uscita dell'aria.

Soluzione

1) Per calcolare la velocità media dell'aria occorre determinare la densità. L'ipotesi di gas perfetto consente di ricavare:

$$v_1 = \frac{RT_1}{p_1} = \frac{(1007 - 720)x295}{10^5} = 0.847\ \frac{m^3}{kg} \qquad \text{quindi} \qquad \rho_1 = \frac{1}{v_1} = 1.181\ \frac{kg}{m^3}$$

Per la trasformazione adiabatica reversibile per l'aria, dallo stato 1 allo stato 2, vale:

$$v_2 = v_1 \left(\frac{p_1}{p_2}\right)^{\frac{1}{\gamma}} = 0.847 \left(\frac{1}{4}\right)^{\frac{720}{1007}} = 0.315\ \frac{m^3}{kg}$$

quindi la densità dell'aria nella sezione di uscita é $\rho_2=1/v_2= 3.175\ kg/m^3$.

Poiché la portata é costante, dall'equazione di continuità risulta:

$$W_1 = W_2 \frac{A_2}{A_1} \frac{\rho_2}{\rho_1} = 8 \frac{\pi x 5^2 x 10^6}{10^{-2}} \frac{3.175}{1.181} = 0.17\ \frac{m}{s}$$

Pertanto la portata d'aria attraverso il compressore é:

$$m = \rho_1 A_1 W_1 = 0.17x10^{-2} x1.181 = 0.002\ \frac{kg}{s}$$

2) Dalla equazione di stato dei gas perfetti risulta:

$$T_2 = \frac{p_2 v_2}{R} = \frac{4x10^5 x0.315}{1007 - 720} = 439\ K = 166\ °C$$

3) La variazione di entalpia specifica dell'aria (gas perfetto) tra le sezioni 1 e 2 é:

$$\Delta h = h_2 - h_1 = c_p (T_2 - T_1) = 1007(166 - 22) = 1.45x10^5\ \frac{J}{kg}$$

Le variazioni di energia specifica cinetica e_c e potenziale e_p del gas tra le sezioni 1 e 2 sono:

$$\Delta e_c = \frac{W_2^2 - W_1^2}{2} = \frac{8^2 - 0.17^2}{2} = 32\ \frac{J}{kg}$$

$$\Delta e_p = g(z_2 - z_1) = 9.81x0.5 = 4.9\ \frac{J}{kg}$$

4) Il lavoro trasferito dal compressore all'unità di massa di aria, in accordo col 1° principio per sistemi aperti é:

$$l = -\Delta e_c - \Delta e_p - \Delta h \cong -\Delta h = -1.45x10^5\ \frac{J}{kg}$$

La potenza P trasferita dal compressore all'aria é:

$$P = m|l| = 0.002x1.45x10^5 = 290\ W$$

ESERCIZIO 43

In un cilindro rigido un pistone galleggiante sale e scende sospinto dalle onde di mare. Il pistone alzandosi comprime l'aria all'interno del cilindro fissato ad una piattaforma (Figura 38). L'aria compressa viene prima inviata ad un serbatoio, poi si espande in una turbina a gas, dove trasferisce lavoro alla macchina. Quando il pistone galleggiante scende, una *valvola consente l'ingresso di aria atmosferica nel cilindro. Le onde hanno ampiezza $H = 1$ m e periodo $\tau = 10$ s, per cui il pistone galleggiante compie una corsa 2H nel cilindro, passando dalla posizione di massima quota alla posizione di minima quota in un intervallo di tempo $\tau/2 = 5$ s.*

L'aria atmosferica entrante nel cilindro viene prelevata alla pressione $p_0 = 1$ bar, $T_0 = 17$ °C. Il cilindro ha area di base $A = 1$ m^2 ed altezza $Z = 2.5$ m.

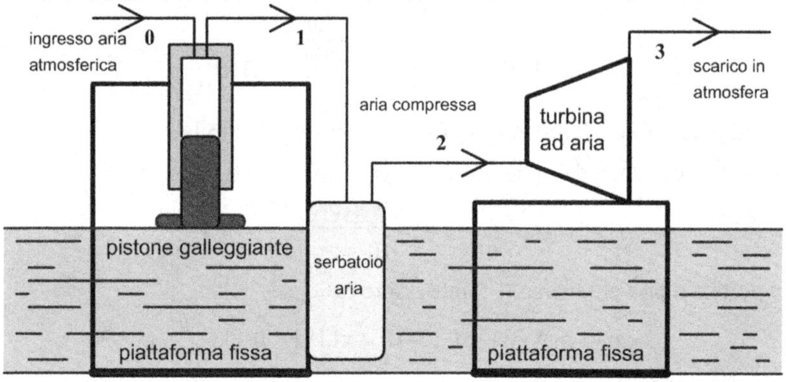

Figura 38. Schema di impianto con turbina ad aria compressa dalle onde marine.

L'aria viene compressa dal volume massimo $V_0 = AZ = 2.5$ m^3 al volume minimo $V_1 = A(Z-2H) = 0.5$ m^3 in un intervallo di tempo $\tau/2 = 5$ s. L'aria compressa esce dal cilindro alla pressione p_1 e temperatura T_1 ed entra in un serbatoio alla pressione $p_2 = 0.95\ p_1$. Da qui l'aria viene inviata ad una turbina, dove subisce una espansione fino alla pressione $p_3 = p_0$, cedendo lavoro alla turbina. Si ipotizzi che la compressione dell'aria nel cilindro 0-1 e l'espansione 2-3 in turbina siano adiabatiche reversibili; si assuma inoltre che l'entalpia specifica all'uscita dal cilindro (stato fisico 1) sia uguale all'entalpia specifica all'ingresso del serbatoio (stato fisico 2). L'aria é considerata come un gas perfetto avente costante $R = 287$ J/kgK e rapporto tra i calori specifici $c_p/c_v = \gamma = 1.4$. Si assuma $s_0 = 0$ l'entropia specifica dell'aria nello stato fisico 0.

1) Calcolare pressione, volume specifico, temperatura ed entropia specifica dell'aria negli stati fisici 0 (ingresso nel cilindro), 1 (uscita dal cilindro), 2 (serbatoio di accumulo e ingresso in turbina), 3 (uscita dalla turbina);

2) calcolare il lavoro specifico l_{01} ceduto dall'onda marina all'aria ed il lavoro l_{23} ceduto dall'aria alla turbina ed il rapporto l_{23}/l_{01};

3) calcolare l'energia specifica resa inutilizzabile l_{01}-l_{23} e l'aumento di entropia specifica s_3-s_0 dell'aria nella trasformazione 0-1-2-3;

4) calcolare la portata di aria inviata in turbina e la potenza trasferita dall'aria alla turbina.

Soluzione

1) Nello stato fisico 0, essendo noti p_0 e T_0, dall'equazione di stato dei gas perfetti si ottiene:

$$v_0 = \frac{RT_0}{p_0} = \frac{287x290}{10^5} = 0.832 \quad \frac{m^3}{kg}$$

La massa di aria entrante nel cilindro é quindi:

$$M = \frac{V_0}{v_0} = \frac{2.5}{0.832} = 3.00 \quad kg$$

Il volume specifico v_1 é pertanto:

$$v_1 = \frac{V_1}{M} = \frac{0.5}{3} = 0.167 \quad \frac{m^3}{kg}$$

La compressione 0-1 é isentropica, quindi:

$$p_0 V_0^\gamma = p_1 V_1^\gamma$$

da cui risulta:

$$p_1 = p_0 \left(\frac{Z}{Z-2H}\right)^\gamma = 10^5 \left(\frac{2.5}{0.5}\right)^{1.4} = 9.518x10^5 \quad Pa = 9.518 \text{ bar}$$

La temperatura nello stato fisico 1 é ricavabile dall'equazione di stato:

$$T_1 = \frac{p_1 v_1}{R} = \frac{9.518x10^5 x0.167}{287} = 553.8 \quad K = 280.7 \quad °C$$

L'entropia specifica dello stato fisico 1 é $s_1 = s_0 = 0$, essendo la trasformazione 0-1 adiabatica reversibile.

Lo stato fisico 2 é individuato dalla relazione (deducibile dall'applicazione del 1° principio della termodinamica per sistemi aperti, in assenza di scambi di calore e di lavoro) $h_1 = h_2$, che per gas perfetti fornisce $T_1 = T_2 = 553.8$ K, la pressione é $p_2 = 0.95\ p_1 = 9.042$ bar; il volume specifico é:

$$v_2 = \frac{RT_2}{p_2} = \frac{287x553.8}{9.042x10^5} = 0.176 \quad \frac{m^3}{kg}$$

Il calore specifico a pressione costante dell'aria, sapendo che $R = c_p - c_v$ e $\gamma = c_p/c_v$, risulta:

$$c_p = \frac{\gamma R}{\gamma - 1} = \frac{1.4x287}{0.4} = 1004.5 \quad \frac{J}{kg\,K}$$

L'entropia specifica dell'aria nello stato fisico 2 é:

$$s_2 = s_1 + c_p \ln\frac{T_2}{T_1} - R \ln\frac{p_2}{p_1} = -287 \times \ln\frac{9.042}{9.518} = 14.72 \quad \frac{J}{kg\,K}$$

Lo stato fisico 3 é individuato dalla espansione isentropica in turbina, per cui:

$$v_3 = \left(\frac{p_2}{p_3}\right)^{\frac{1}{\gamma}} v_2 = 9.042^{\frac{1}{1.4}} x0.176 = 0.848 \quad \frac{m^3}{kg}$$

La temperatura é calcolata dall'equazione di stato:

$$T_3 = \frac{p_3 v_3}{R} = \frac{10^5 x0.848}{287} = 295.5 \quad K = 22.3 \quad °C$$

L'espansione é isentropica, quindi $s_3 = s_2 = 14.72$ J/kg K. Le trasformazioni 1-2 e 3-4 sono mostrate nel diagramma p-v in Figura 39.

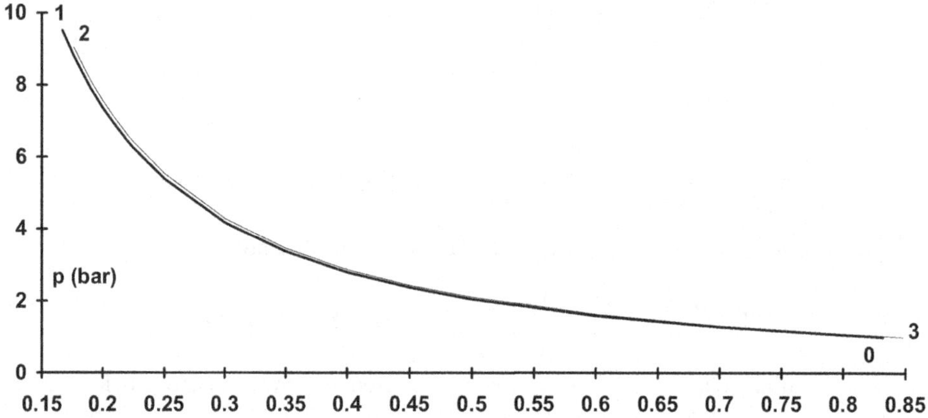

Figura 39. Diagramma p-v per la compressione e l'espansione dell'aria.

2) Il lavoro l_{01} ceduto dall'onda marina all'unità di massa di aria compressa, in base al 1° principio della termodinamica per sistemi aperti, é:

$$l_{01} = h_1 - h_0 = c_p(T_1 - T_0) = 1004.5x(280.7 - 17) = 264.887 \quad \frac{kJ}{kg}$$

Analogamente il lavoro l_{23} ceduto dall'unità di massa di aria compressa alla turbina é:

$$l_{23} = h_2 - h_3 = c_p(T_2 - T_3) = 1004.5x(280.7 - 22.3) = 259.563 \quad \frac{kJ}{kg}$$

Il rapporto tra lavoro fornito dall'aria alla turbina e lavoro trasferito dall'onda all'aria é:

$$\frac{l_{23}}{l_{01}} = \frac{259.563}{264.887} = 0.98\%$$

3) Il lavoro reso inutilizzabile é l_{01} - l_{23} = 264.887-259.563 = 5.324 kJ/kg; la variazione di entropia specifica dell'aria nella trasformazione 0-1-2-3 é s_3 - s_0 =14.72 J/kg K.

4) La portata di aria m entrante nel cilindro viene calcolata osservando che la massa M entra nell'intervallo di tempo $\tau/2$, quindi:

$$m = \frac{2M}{\tau} = \frac{6.00}{10} = 0.6 \quad \frac{kg}{s}$$

La potenza ceduta dall'aria alla turbina é:

$$P = m\, l_{23} = 0.6x259.563x10^3 = 155.74 \quad kW$$

ESERCIZIO 44

In un sistema solare passivo si ottiene un contributo al riscaldamento invernale di una abitazione mediante il muro di Trombe Michel, mostrato in Figura 40.

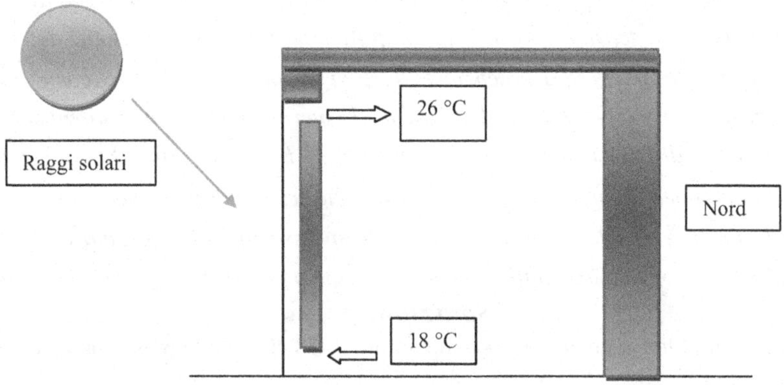

Figura 40. Muro di Trombe Michel.

Il muro é rivolto verso sud ed é ricoperto da una lastra di materiale trasparente che consente di provocare una circolazione naturale di aria nella piccola intercapedine tra muro e lastra. Nelle ore soleggiate, per circolazione naturale l'aria sale nell'intercapedine passando attraverso un'apposita apertura a livello del pavimento, si riscalda lambendo il muro ed esce da un'altra apertura superiore, entrando nell'ambiente da riscaldare, dove si raffredda e viene richiamata dalla circolazione naturale verso l'apertura inferiore. La circolazione dell'aria consente di apportare energia termica gratuita all'ambiente interno in modo più uniforme e senza tempi di ritardo; il guadagno energetico é conseguito con la presenza della copertura trasparente, che consente di diminuire sensibilmente le perdite convettive (ed anche radiative, per l'effetto serra tipico del vetro e di molti materiali trasparenti) del muro verso l'ambiente esterno. Si consideri quindi, in regime stazionario, un muro di Trombe Michel, con larghezza L = 2.5 m, altezza H = 3 m, spessore dell'intercapedine s = 6 cm. La temperatura (di mescolamento) di ingresso dell'aria nella intercapedine sia T_0 = 18 °C, la temperatura di uscita T_u = 26 °C; la temperatura media nell'intercapedine é quindi T_m = 22 °C. La temperatura dell'aria aumenta linearmente con la quota z nell'intercapedine, in accordo con la legge: $T(z)=T_0 + (T_u-T_0)\, z/H$, ovvero $T(z)=T_0 + 2(T_m-T_0)\, z/H$, $0 \leq z \leq H$, essendo l'origine dell'asse verticale z posto alla quota della sezione di ingresso dell'aria nell'intercapedine del muro di Trombe Michel ($0<z<H$). L'aria nell'intercapedine é un gas

perfetto, con calore specifico c_p =1005 J/kgK, costante dell'equazione di stato R = 287 J/kgK. La pressione dell'aria (alla quota z=0) é p_0 = 1013 hPa.

1) Calcolare la densità ρ_0 dell'aria alla temperatura dell'ambiente T_0; calcolare inoltre la differenza di pressione p_u-p_0 per l'aria, tra uscita e ingresso del muro di Trombe Michel, considerando l'equazione dell'idrostatica, nel locale chiuso della abitazione, con densità ρ_0.

2) Calcolare il coefficiente di dilatazione termica β dell'aria, alla temperatura media di T_m=22 °C; calcolare inoltre la densità dell'aria nella sezione di uscita del muro di Trombe Michel. Si utilizzi l'equazione $\rho = \rho_0[1-\beta(T-T_0)]$.

3) Calcolare la velocità media dell'aria nella sezione di entrata W_0 e di uscita W_u del muro di Trombe Michel, utilizzando l'approssimazione di Boussinesq che, nell'equazione di bilancio energetico, introduce la densità costante ρ_0 in tutti i termini, ad eccezione del termine relativo alla variazione di energia potenziale, dove si introduce la densità come funzione della temperatura $\rho = \rho_0[1-\beta(T-T_0)]$. Si trascuri la variazione di energia cinetica e si esprimano le perdite di carico mediante il termine $R = B\ W_0^2/2$, dove B = 80 indica la sommatoria di tutti i coefficienti di perdita di carico tra le sezioni di ingresso e di uscita.

4) Calcolare la portata m e la potenza termica Q (espressa in kJ/h) ricevuta dall'aria nel muro di Trombe Michel; calcolare infine la potenza termica per unità di superficie del muro.

Soluzione

1) La densità dell'aria dell'ambiente (alla temperatura di 18 °C ed alla pressione di 1013 hPa) é ricavabile dall'equazione di stato per gas perfetti:

$$\rho_0 = \frac{p_0}{RT_0} = \frac{1.013\text{x}10^5}{287\text{x}291.15} = 1.212 \quad \frac{\text{kg}}{\text{m}^3}$$

La velocità dell'aria nell'ambiente chiuso é estremamente modesta, quindi é lecito ricorrere all'equazione dell'idrostatica, ottenuta dall'equazione di bilancio energetico di un sistema aperto in forma meccanica, tra la quota superiore u e la quota inferiore 0 in Figura 40, con velocità nulla dell'aria nel locale chiuso:

$$g(z_u - z_0) + \frac{p_u - p_0}{\rho_0} = 0 \qquad \text{da cui} \qquad p_u - p_0 = -g\rho_0 H = -9.81\text{x}1.212\text{x}3 = -35.7\text{Pa}$$

2) Il coefficiente di dilatazione termica β, calcolato alla temperatura T_m, per gas perfetti é:

$$\beta = \frac{1}{v}\left(\frac{\partial v}{\partial T}\right)_p = \frac{p_m}{RT_m}\left(\frac{R}{p_m}\right) = \frac{1}{T_m} = \frac{1}{295.15} = 0.0034 \quad \frac{1}{\text{K}}$$

La densità dell'aria nella sezione di uscita é dedotta dalla approssimazione di Boussinesq:

$$\rho_u = \rho_0[1-\beta(T_u - T_0)] = 1.212[1-0.0034(26-18)] = 1.179 \quad \frac{\text{kg}}{\text{m}^3}$$

La piccola variazione di densità dell'aria tra ingresso ed uscita determina la circolazione naturale nella intercapedine del muro di Trombe Michel.

3) Poiché la temperatura T aumenta linearmente nell'intercapedine, la densità ρ diminuisce linearmente con z con legge:

$$\rho(T)=\rho_0[1-\beta(T-T_0)]=\rho_0\left[1-2\beta\left(\frac{T_m-T_0}{H}\right)z\right]$$

L'equazione di bilancio energetico applicata all'aria in un tratto di lunghezza infinitesima dz dell'intercapedine, con l'approssimazione di Boussinesq, considerando il termine complessivo delle perdite (concentrate e distribuite) di carico R, é:

$$\rho_0\left[1-2\beta\left(\frac{T_m-T_0}{H}\right)z\right]g\,dz+\rho_0\,\delta R+dp=0$$

Integrando tra la sezione di ingresso z = 0 e la sezione di uscita z = H, ricordando che p_u-p_0 = -ρ_0 g H e che R = B $W_0^2/2$, si ottiene:

$$\rho_0\,gH-2\rho_0\,g\beta\left(\frac{T_m-T_0}{H}\right)\frac{H^2}{2}+\rho_0\,R+p_u-p_0=$$

$$=\rho_0\,gH-\rho_0\,gH\beta(T_m-T_0)+\rho_0\,B\frac{W_0^2}{2}-\rho_0 gH=-\rho_0\,gH\beta(T_m-T_0)+\rho_0\,B\frac{W_0^2}{2}=0$$

La velocità incognita W_0 é quindi:

$$W_0=\sqrt{\frac{2gH\beta(T_m-T_0)}{B}}=\sqrt{\frac{2x9.81x3x0.0034x4}{80}}=0.100\ \frac{m}{s}$$

4) La sezione di passaggio del flusso d'aria nella intercapedine é Ls = 2.5x0.06 = 0.15 m^2; in regime stazionario la portata é costante in tutte le sezioni del condotto è vale:

$$m=\rho_0\ W_0\ L\,s=1.212x0.100x2.5x0.06=0.0182\ \frac{kg}{s}=65.4\ \frac{kg}{h}$$

La velocità nella sezione superiore del muro di Trombe Michel é:

$$W_u=\frac{\rho_0\ W_0}{\rho_u}=\frac{1.212x0.100}{1.179}=0.103\ \frac{m}{s}$$

La variazione di velocità dell'aria tra le sezioni di ingresso e di uscita nell'intercapedine é quindi modestissima. Il calore ricevuto dall'unità di massa di aria nella intercapedine tra muro della abitazione e copertura trasparente é ricavabile dall'equazione di bilancio energetico in forma entalpica (ricordando che per gas perfetti la variazione di entalpia é dh=c_p dT):

$$q=g(z_u-z_0)+h_u-h_0=gH+c_p(T_u-T_0)=9.81x3+1005x8=8.069\ \frac{kJ}{kg}$$

La potenza termica ricevuta dall'aria e trasferita nell'abitazione é quindi:

$$Q = mq = 0.0182x8069 = 146.9\ W = 528.7\ \frac{kJ}{h}$$

Il muro ha una superficie HL, pertanto la potenza ricevuta dall'aria per unità di superficie é:

$$\frac{Q}{HL} = \frac{146.9}{3x2.5} = 19.6\ \frac{W}{m^2}$$

ESERCIZIO 45

Il turbojet utilizzato per la propulsione di aeromobili consiste in un sistema formato da un compressore, un bruciatore, una turbina a gas ed un ugello. L'aria esterna, a bassa pressione, entra nel compressore dove aumenta la propria pressione, quindi viene inviata al bruciatore dove reagendo con il combustibile (cherosene o altro) determina un forte aumento di temperatura, quindi i gas di scarico vengono parzialmente espansi in una turbina (che consente di fornire l'energia necessaria per il funzionamento del compressore e dei servizi dell'aereo), infine i gas vengono scaricati all'atmosfera tramite un ugello, che determina un notevole aumento di velocità (finalizzato alla propulsione dell'aereo). Dal punto di vista termodinamico, il funzionamento del turbojet può essere schematizzato mediante le seguenti trasformazioni: 1-2 trasformazione isentropica dell'aria nel compressore, 2-3 combustione isobara al bruciatore, 3-4 espansione isentropica dei prodotti di combustione in turbina, 4-5 trasformazione isentropica nell'ugello (Figura 41).

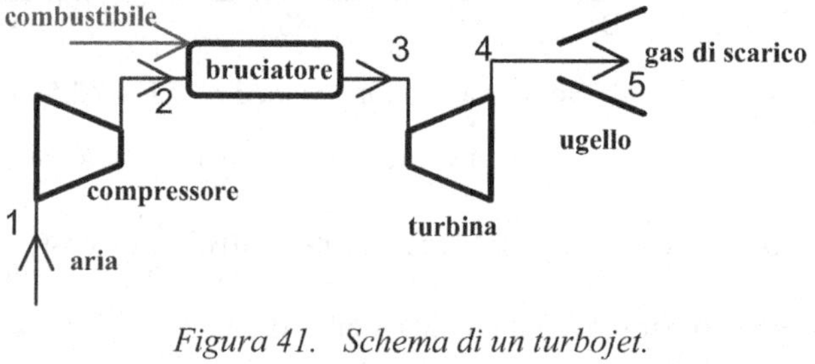

Figura 41. Schema di un turbojet.

Si consideri un aereo ad alta quota, in cui il compressore preleva aria esterna a velocità media W_1= 220 m/s (la velocità relativa dell'aereo), alla pressione p_1= 0.3 bar ed alla temperatura T_1= -36 °C, l'aria viene compressa fino alla pressione p_2= 3.6 bar, quindi viene inviata al bruciatore dove i prodotti di combustione escono alla massima temperatura ammissibile per i materiali T_3= 1000 °C. I prodotti di combustione si espandono poi in turbina, in modo tale che il lavoro trasferito dai gas alla turbina sia il 110% del lavoro trasferito dal compressore all'aria. Infine i gas vengono scaricati all'atmosfera attraverso l'ugello, alla pressione p_5= 0.3 bar. Considerando il fluido nel turbojet come un gas perfetto con costante R = 287 J/kgK e rapporto tra i calori specifici γ = 1.4, calcolare:

1) pressione, temperatura, volume specifico, entalpia specifica ed entropia specifica per il gas negli stati fisici 1,2,3,4,5; per comodità di calcolo si assumano nulle entalpia ed entropia nello stato fisico 1. Disegnare le trasformazioni nei diagrammi p-v e T-s,

2) calcolare il calore q_{23} trasferito dal bruciatore all'unità di massa di gas (nelle equazioni di bilancio energetico si trascurino variazioni di energia cinetica e potenziale); considerando una portata di gas m= 1 kg/s in ogni trasformazione (la portata di combustibile sia trascurabile rispetto alla portata di aria), calcolare la potenza termica P_{bruc} ceduta dal bruciatore al gas, la potenza meccanica P_{compr} ceduta dal compressore al gas, la potenza meccanica P_{turb} ceduta dal gas alla turbina;

3) calcolare la velocità media W_5 dei gas allo scarico,

4) calcolare la forza F e la potenza P fornita dal turbojet all'aereo (con m= 1 kg/s), considerando la velocità dell'aereo pari a W_1= 220 m/s.

Soluzione

1) Nello stato fisico 1 il volume specifico viene ricavato dalla equazione di stato:

$$v_1 = \frac{RT_1}{p_1} = \frac{287\,(273.15-36)}{0.3x10^5} = 2.2687\,\frac{m^3}{kg}$$

Per ipotesi si assume h_1= 0 J/kg ed s_1= 0 J/kgK.

La trasformazione 1-2 é isentropica, quindi per gas perfetti vale la relazione $Tp^{1-\gamma/\gamma}$=costante; dalla quale si ottiene la temperatura incognita:

$$T_2 = T_1\left(\frac{p_1}{p_2}\right)^{\frac{1-\gamma}{\gamma}} = (273.15-36)\left(\frac{0.3}{3.6}\right)^{\frac{1-1.4}{1.4}} = 482.35\ K = 209.20\ °C$$

Il volume specifico v_2 é data dalla equazione caratteristica dell'isentropica:

$$v_2 = v_1\left(\frac{p_1}{p_2}\right)^{\frac{1}{\gamma}} = 2.2687\left(\frac{0.3}{3.6}\right)^{\frac{1}{1.4}} = 0.3845\,\frac{m^3}{kg}$$

Il calore specifico a pressione costante del gas (essendo $R=c_p-c_v$ e $\gamma=c_p/c_v$) é:

$$c_p = \frac{\gamma\,R}{\gamma-1} = \frac{1.4x287}{1.4-1} = 1004.5\,\frac{J}{kgK}$$

Per gas perfetti la variazione di entalpia specifica é $dh=c_pdT$, quindi considerando la trasformazione 1-2 risulta:

$$h_2 = h_1 + c_p\,(T_2 - T_1) = 0 + 1004.5x(209.20+36) = 246.303x10^3\,\frac{J}{kg}$$

Nella trasformazione 1-2 l'entropia resta costante per ipotesi, quindi $s_2=s_1=0$ J/kgK.

Nello stato fisico 3, per ipotesi $p_3=p_2=3.6$ bar e T_3= 1000 °C, dall'equazione di stato si determina il volume specifico:

$$v_3 = \frac{RT_3}{p_3} = \frac{287\,(273.15+1000)}{3.6x10^5} = 1.0150\,\frac{m^3}{kg}$$

Essendo il gas perfetto, la variazione di entalpia é direttamente proporzionale alla variazione di temperatura:

$$h_3 = h_2 + c_p (T_3 - T_2) = 246.303x10^3 + 1004.5x(1000 - 209.20) = 1040.662x10^3 \frac{J}{kg}$$

L'entropia s_3 viene calcolata considerando la trasformazione isobara 2-3:

$$s_3 = s_2 + \int_2^3 (\delta q / T)_{Rev} = 0 + \int_2^3 \frac{dh - vdp}{T} = c_p \ln \frac{T_3}{T_2} = 1004.5x \ln\left(\frac{1273.15}{482.35}\right) = 974.95 \frac{J}{kgK}$$

Tale valore rappresenta anche l'entropia specifica degli stati fisici 4 e 5.

Il lavoro trasferito dal compressore ad 1 kg di gas é, dal primo principio per sistemi aperti:

$$l_{12} = h_1 - h_2 = 0 - 246.303x10^3 = -246.303x10^3 \frac{J}{kg}$$

Per ipotesi il lavoro trasferito da 1 kg di gas alla turbina, positivo perché uscente dal sistema, é:

$$l_{34} = 1.1x|l_{12}| = 1.1x246.303x10^3 = 270.933x10^3 \frac{J}{kg}$$

Dal primo principio della termodinamica per sistemi aperti, per la trasformazione isentropica 3-4 risulta allora:

$$h_4 = h_3 - l_{34} = 1040.662x10^3 - 270.933x10^3 = 769.729x10^3 \frac{J}{kg}$$

La temperatura T_4 é ricavata dalla equazione che correla variazioni di temperatura e di entalpia per gas perfetti:

$$T_4 = T_3 + \frac{h_4 - h_3}{c_p} = 1000 + \frac{769.729 - 1040.662}{1004.5} x10^3 = 730.28\ °C$$

La pressione p_4 é ricavabile dalla equazione per la trasformazione isentropica 3-4:

$$p_4 = p_3 \left(\frac{T_3}{T_4}\right)^{\frac{\gamma}{1-\gamma}} = 3.6x10^5 x \left(\frac{1273.15}{1003.43}\right)^{\frac{1.4}{-0.4}} = 1.5647x10^5 \quad Pa = 1.5647 \quad bar$$

Il volume specifico v_4 é fornito dalla equazione della isentropica:

$$v_4 = v_3 \left(\frac{p_3}{p_4}\right)^{\frac{1}{\gamma}} = 1.0150 \left(\frac{3.6}{1.5647}\right)^{\frac{1}{1.4}} = 1.8405 \frac{m^3}{kg}$$

La trasformazione 4-5 è ancora isentropica, conoscendo la pressione finale p_5 si ricava la temperatura T_5 dalla equazione caratteristica:

$$T_5 = T_4 \left(\frac{p_4}{p_5}\right)^{\frac{1-\gamma}{\gamma}} = (273.15 + 730.28) \left(\frac{1.5647}{0.3}\right)^{\frac{1-1.4}{1.4}} = 625.95\ K = 352.80\ °C$$

Il volume specifico v_5 é fornito dalla equazione dell'isentropica:

$$v_5 = v_4 \left(\frac{p_4}{p_5}\right)^{\frac{1}{\gamma}} = 1.8405 \left(\frac{1.5647}{0.3}\right)^{\frac{1}{1.4}} = 5.9883 \frac{m^3}{kg}$$

Dalla relazione tra variazione di entalpia e variazione di temperatura per gas perfetti, per la trasformazione 4-5, si determina l'entalpia specifica h_5:

$$h_5 = h_4 + c_p(T_5 - T_4) = 769.729x10^3 + 1004.5x(352.80 - 730.28) = 390.550x10^3\ \frac{J}{kg}$$

Le trasformazioni 1-2-3-4-5 sono tracciate nei diagrammi termodinamici p-v e T-s, riportati in Figura 42 (si osservi che nel diagramma T-s l'isobara é una curva esponenziale); il tratto 4-5 corrispone alla fase di propulsione.

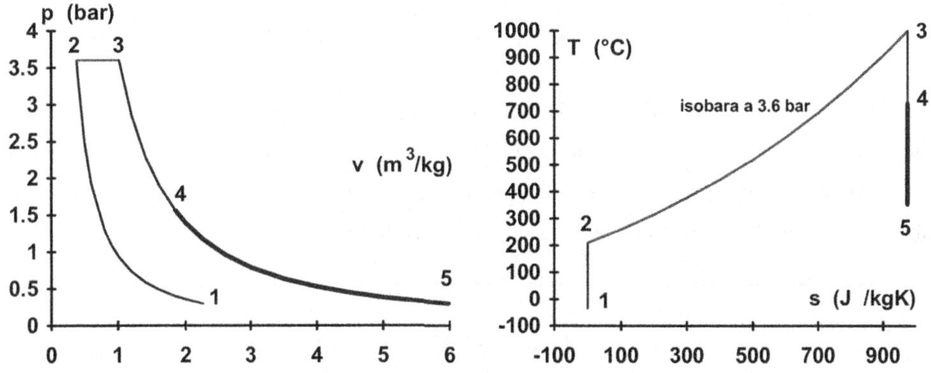

Figura 42. Diagrammi p-v e T-s per le trasformazioni del gas nel turbojet.

2) Il calore trasferito all'unità di massa di gas nella trasformazione 2-3 é ottenuto dall'applicazione del primo principio della termodinamica ai sistemi aperti:

$$q_{23} = h_3 - h_2 = (1040.662 - 246.303)x10^3 = 794.359x10^3\ \frac{J}{kg}$$

La potenza termica trasferita nella trasformazione 2-3 é il prodotto tra calore trasferito per unità di massa e massa fluente per unità di tempo (portata in massa):

$$P_{bruc} = q_{23}\, m = 794.359x10^3 x1 = 794.359\ kW$$

Analogamente le potenze meccaniche trasferite al compressore ed alla turbina sono:

$$P_{comp} = |l_{12}|\, m = 246.303x10^3 x1 = 246.303\ kW$$

$$P_{turb} = l_{34}\, m = 270.933x10^3 x1 = 270.933\ kW$$

3) Applicando il primo principio della termodinamica al sistema aperto costituito dal gas racchiuso tra le sezioni 1 e 5, trascurando le eventuali variazioni di quota delle sezioni, si ottiene l'equazione:

$$\frac{1}{2}\left(W_5^2 - W_1^2\right) + h_5 - h_1 = q_{23} - l_{12} - l_{34}$$

che fornisce la velocità incognita W_5:

$$W_5 = \sqrt{W_1^2 + 2(h_1 - h_5 + q_{23} - l_{12} - l_{34})} =$$

$$= \sqrt{220^2 + 2(0 - 390.550 + 794.359 + 246.303 - 270.933)x10^3} = 898.2\ \frac{m}{s}$$

4) Dalla legge di Newton della dinamica, applicata alla massa di gas tra le sezioni 1 e 5 considerando un intervallo di tempo nfinitesimo $d\tau$, deriva che l'impulso (prodotto tra forza ed intervallo di tempo) é uguale alla variazione della quantità di moto, la portata é costante,

pertanto $F d\tau = m d\tau W_5 - m d\tau W_1$, da cui (poiché forza e quantità di moto hanno stessa direzione):

$$F = m\left(W_5 - W_1\right) = 1\,(892.2 - 220) = 672.2 \quad N$$

La potenza fornita dal turbojet all'aereo é pari al rapporto tra il lavoro δL fornito nel tempo $d\tau$ e l'intervallo $d\tau$; il lavoro δL é il prodotto scalare tra forza F e spostamento dx, il rapporto tra dx e $d\tau$ é la velocità W_1 dell'aereo, pertanto (nell'ipotesi che forza e spostamento abbiano stessa direzione):

$$P = F\,W_1 = 672.2 x 220 = 147.884 x 10^3 \quad W$$

Si osservi quindi che l'energia ottenuta dalla combustione nel turbojet é finalizzata principalmente ad ottenere un'elevata velocità del gas in uscita per la propulsione; la combustione é possibile solo in presenza di ossigeno comburente.

ESERCIZIO 46

Per misurare la portata di un fluido in un condotto, viene utilizzato un tubo di Venturi, mostrato in Figura 43. Il tubo, inserito mediante due flange nel condotto esaminato, é formato da un breve tratto conico convergente con angolo di circa 21°, seguito da un tratto divergente con angolo di circa 15° che ha la funzione di ripristinare il diametro D del condotto originale. Due manometri sono situati rispettivamente a monte del venturimetro ed al termine del tratto convergente e forniscono le pressioni p_1 e p_2. Considerando regime stazionario, assenza di attrito, variazioni di quota trascurabili:

1) calcolare la portata del fluido nel condotto in funzione della differenza di pressione p_1-p_2;

2) calcolare la portata di un gas perfetto in moto nel condotto, in funzione della differenza di temperatura T_1-T_2., conoscendo la costante R dell'equazione di stato ed il rapporto γ tra i calori specifici a pressione ed a volume costante;

3) calcolare la velocità media e la portata di acqua, allo stato di liquido, in un condotto con sezione $A_1 = 2.4x10^{-3}$ m^2, densità $\rho = 998$ kg/m^3, con un tubo di Venturi con sezione $A_2 = 1.2x10^{-3}$ m^2, in cui i manometri indicano le pressioni $p_1 = 183493$ Pa e $p_2 = 1800$ hPa.

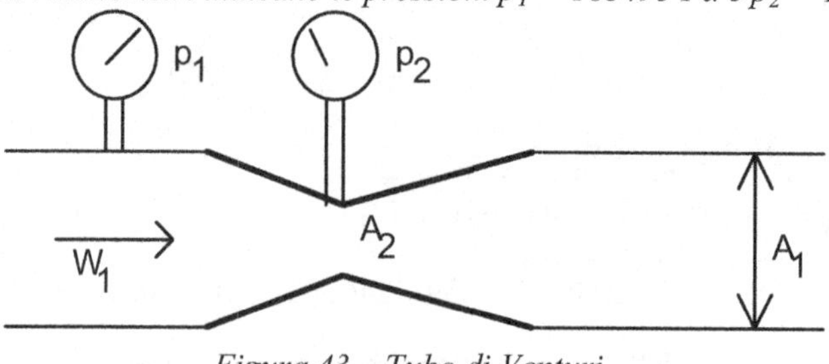

Figura 43. Tubo di Venturi.

Soluzione

1) Applicando il principio di continuità ed il primo principio della termodinamica al sistema aperto tra le sezioni 1-2, si ottengono due equazioni nelle incognite W_1 e W_2:

$$W_2 = \frac{W_1\,\rho_1\,A_1}{\rho_2\,A_2} \qquad \frac{W_1^2}{2} + \frac{p_1}{\rho_1} = \frac{W_2^2}{2} + \frac{p_2}{\rho_2}$$

dalle quali si ricava dapprima la velocità media nel condotto, poi la portata in massa m:

$$W_1 = \sqrt{2\left(\frac{p_1}{\rho_1} - \frac{p_2}{\rho_2}\right)\frac{1}{\frac{\rho_1^2 A_1^2}{\rho_2^2 A_2^2} - 1}} \,, \qquad m = \rho_1 A_1 W_1 = A_1 \sqrt{2\rho_1^2\left(\frac{p_1}{\rho_1} - \frac{p_2}{\rho_2}\right)\frac{1}{\frac{\rho_1^2 A_1^2}{\rho_2^2 A_2^2} - 1}}$$

Se la densità del fluido può essere considerata costante ρ_1=ρ_1=ρ, velocità e portata divengono:

$$W_1 = \sqrt{\frac{2}{\frac{A_1^2}{A_2^2} - 1}\left(\frac{p_1 - p_2}{\rho}\right)} \qquad m = A_2\sqrt{2\,\rho\,\frac{p_1 - p_2}{1 - \frac{A_2^2}{A_1^2}}}$$

2) Se il fluido é un gas perfetto la densità non é costante; la variazione di pressione nel tratto convergente determina una variazione di temperatura in accordo con l'equazione di stato $p/\rho = R\,T$, quindi dalla precedenti equazioni per la velocità media e per la portata si ottiene:

$$W_1 = \sqrt{\frac{2R(T_1 - T_2)}{\frac{\rho_1^2 A_1^2}{\rho_2^2 A_2^2} - 1}} \qquad m = \rho_2\,A_2\sqrt{\frac{2R(T_1 - T_2)}{1 - \frac{\rho_2^2 A_2^2}{\rho_1^2 A_1^2}}}$$

Il rapporto tra le densità del gas tra le sezioni 1 e 2 é esprimibile in funzione del rapporto delle temperature assolute, ricorrendo alla equazione caratteristica della trasformazione isentropica:

$$\frac{\rho_2}{\rho_1} = \left(\frac{T_2}{T_1}\right)^{\frac{1}{\gamma - 1}}$$

Per misure di portata in gas perfetti, il tubo di Venturi può essere dotato di termometri (o altri misuratori di temperatura) anziché di misuratori di pressione.

3) Applicando le equazioni ricavate alla prima risposta, la velocità media e la portata risultano:

$$W_1 = \sqrt{2\left(\frac{p_1 - p_2}{\rho}\right)\frac{1}{\frac{A_1^2}{A_2^2} - 1}} = \sqrt{2\left(\frac{183493 - 1800000}{998}\right)\frac{1}{\frac{2.4^2}{1.2^2} - 1}} = 1.53\,\frac{m}{s}$$

$$m = A_2\sqrt{2\,\rho\,\frac{p_1 - p_2}{1 - \frac{A_2^2}{A_1^2}}} = 1.2x10^{-3}\sqrt{2x998\,\frac{183493 - 180000}{1 - \frac{1.2^2\,x10^{-6}}{2.4^2\,x10^{-6}}}} = 3.66\,\frac{kg}{s}$$

ESERCIZIO 47

Il tubo di Pitot (o tubo di Prandtl) mostrato in Figura 44 é utilizzato per misurare la velocità locale di un fluido (cioè la velocità media su una superficie talmente piccola da essere approssimabile ad un punto). Il tubo, costituito da due cavità cilindriche coassiali indipendenti, viene inserito nel flusso del fluido di cui si vuole misurare la velocità in un punto 1, situato dinanzi alla apertura A, ad una distanza tale che i filetti fluidi non vengono alterati dal tubo di Pitot. La cavità interna del tubo si trova piena di fluido, penetrato dalla apertura frontale A, la cavità esterna é piena di fluido, penetrato dalle aperture circonferenziali B; le pressioni del fluido fermo sono indicate dai due manometri A e B (la pressione del fluido in ogni cavità non varia perché il fluido é a velocità nulla e le variazioni di quota sono nulle o trascurabili). L'asse del tubo di Pitot deve essere parallelo alla velocità del fluido, per fare in modo che la sezione A sia perpendicolare alla velocità, e che sulla sezione B la componente di velocità del fluido perpendicolare alla sezione sia nulla.

Il regime é stazionario e l'attrito é trascurabile. Considerando un flusso di acqua, con densità $\rho = 998\ kg/m^3$, *se i manometri del tubo di Pitot indicano le pressioni* $p_A = 2038\ hPa$ *e* $p_B = 2000\ hPa$, *calcolare la velocità dell'acqua nel punto 1.*

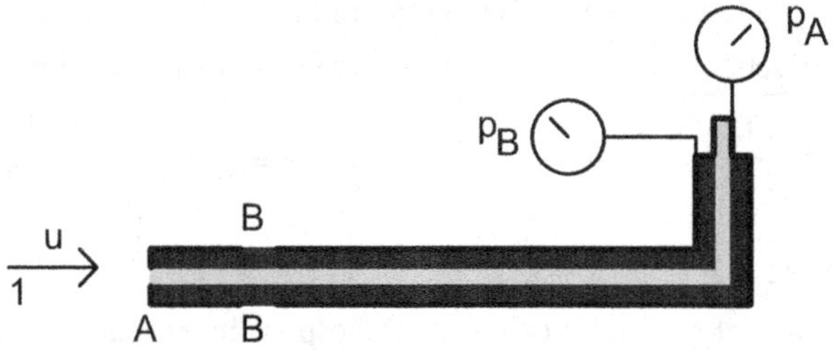

Figura 44. Tubo di Pitot.

Soluzione

Il punto A é un punto di ristagno del fluido perché la velocità del fluido é nulla. Applicando l'equazione di Bernoulli al filetto fluido tra le sezioni 1-A, si ottiene l'equazione:

$$\rho \frac{u^2}{2} + p_1 = p_A$$

dove la pressione p_A é fornita dalla lettura del manometro.

La pressione del fluido fermo nella cavità esterna del tubo di Pitot, a contatto con il fluido in moto intorno al tubo, é uguale alla pressione del fluido in moto (per equilibrio delle forze sulla sezione B), poiché le sezioni 1 e B sono molto vicine e per ipotesi non ci sono perdite di carico, risulta $p_1 = p_B$ e dalla equazione precedente si ricava:

$$u = \sqrt{2 \frac{p_A - p_B}{\rho}}$$

Introducendo i valori numerici forniti, risulta:

$$u = \sqrt{2 \frac{(2038 - 2000) x 10^2}{998}} = 2.76 \frac{m}{s}$$

Se il moto é turbolento, le fluttuazioni locali di velocità possono indurre un lieve errore nella misura fornita dal tubo di Pitot.

ESERCIZIO 48

Un riscaldatore elettrico di acqua calda sanitaria contiene un volume V di acqua alla temperatura T = 50 °C. Tale scalda-acqua è denominato correntemente (ma erroneamente) boiler, anche se l'acqua nel suo interno non dovrà mai avvicinarsi alla temperatura di ebollizione (in caso di ebollizione il vapore prodotto farebbe aumentare la pressione all'interno del riscaldatore, implicando gravi problemi di sicurezza). Per riempire una vasca da bagno, l'utenza richiede un volume V_{vasca}= 80 litri di acqua alla temperatura T_{vasca}= 40 °C. A tale scopo, tutta l'acqua contenuta nel riscaldatore viene mescolata tramite un rubinetto miscelatore con acqua prelevata dalla rete idrica alla temperatura T_{rete} = 15 °C. Nella vasca giunge una portata in volume pari a m_{vol} = 0.1 litri/s (360 l/h) tramite un condotto con diametro interno D=1.8 cm. Calcolare la velocità media W dell'acqua nel condotto, il numero di Reynolds (Re = W D/ν), il tempo necessario per riempire la vasca, il volume di acqua V contenuta nel riscaldatore. Al termine del prelievo di acqua, nel riscaldatore entra un volume V di acqua alla temperatura T_{rete} e viene riscaldata fino alla temperatura T da una resistenza elettrica con potenza pari a P = 2.5 kW. Il rendimento η = 97 % è la frazione di energia elettrica fornita dal riscaldatore elettrico all'acqua accumulata nel volume V di acqua, il 3 % dell'energia elettrica fornita viene dissipata (perdita per accumulo) attraverso il mantello del riscaldatore, si trascura qualsiasi altra perdita di energia (ad esempio per distribuzione lungo il condotto). Calcolare l'energia Q_{acqua} trasferita all'acqua dalla resistenza elettrica, l'energia Q fornita dalla resistenza elettrica, l'energia $Q_{dissipata}$ dissipata attraverso il mantello dello scalda-acqua ed il tempo necessario per ripristinare il riscaldatore con il volume V di acqua alla temperatura T. Dati: densità dell'acqua ρ = 992 kg/m³, calore specifico c = 4177 J/kg°C, viscosità cinematica dell'acqua ν = 6.60x10⁻⁷ m²/s.

Soluzione

La velocità media dell'acqua nel condotto è:

$$W = \frac{m_{vol}}{\pi\,(D/2)^2} = \frac{0.1\text{x}10^{-3}}{\pi\,(0{,}009)^2} = 0.39 \quad m/s$$

In base alla sua definizione, il numero di Reynolds è:

$$Re = \frac{W\,D}{\nu} = \frac{0.39\text{x}0.018}{6.6\text{x}10^{-7}} = 10718$$

Pertanto il moto è turbolento. Il tempo necessario per riempire la vasca è il rapporto tra il suo volume e la portata consentita dal rubinetto miscelatore:

$$t = \frac{V_{vasca}}{m_{vol}} = \frac{80}{0{,}1} = 800 \quad s = 13{,}3 \quad \text{minuti}$$

L'energia dell'acqua nella vasca deve eguagliare la somma dell'energia dell'acqua prelevata nel riscaldatore e prelevata dalla rete idrica:

$$V_{vasca}\,\rho\,c\,T_{vasca} = V\rho\,c\,T + (V_{vasca} - V)\,\rho\,c\,T_{rete}$$

da cui si ricava:

$$V = V_{vasca}\ \frac{T_{vasca} - T_{rete}}{T - T_{rete}} = 80\ \frac{40-15}{50-15} = 57.14 \quad l$$

Per la ricarica del volume d'acqua nel riscaldatore occorre un'energia:

$$Q_{acqua} = V\rho c(T - T_{rete}) = 57{,}14x10^{-3}x992x4177x(50-15) = 8287.168\ kJ$$

L'energia fornita dalla resistenza elettrica è:

$$Q = \frac{Q_{acqua}}{\eta} = \frac{8287.168}{0{,}97} = 8543.472 \quad kJ$$

L'energia dissipata è:

$$Q_{dissipata} = (1-\eta)Q = 0{,}03x8543.472 = 256.304 \quad J$$

Il tempo necessario per riscaldare l'acqua nel serbatoio del riscaldatore elettrico è:

$$t_{\ ripr} = \frac{Q}{P} = \frac{8543.472}{2{,}5} = 3417.4 \quad s = 57 \quad minuti$$

Nella Figura 45 sono riportati la temperatura T che dovrebbe avere l'acqua nel serbatoio ed il tempo di ricarica in funzione del volume di acqua prelevata dal serbatoio del riscaldatore elettrico. Il tempo di ripristino diminuisce all'aumentare di volume di acqua da riscaldare, in quanto diminuisce la temperatura dell'acqua richiesta nello scalda-acqua.

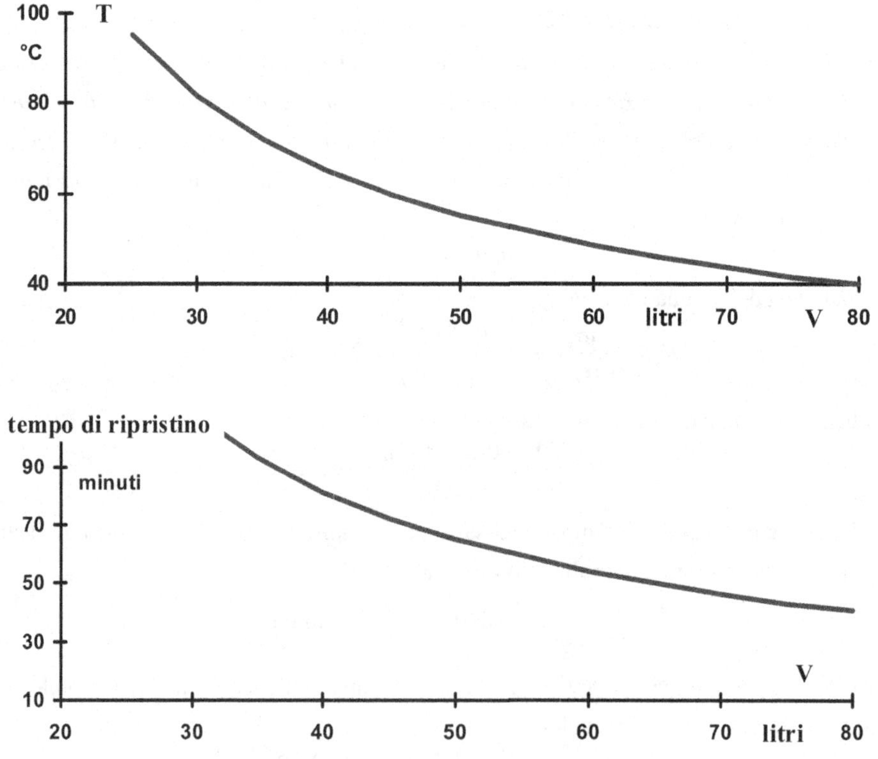

Figura 45. Temperatura dell'acqua e tempo di ripristino per lo scalda-acqua.

ESERCIZIO 49

Si consideri un ciclo Brayton, in cui il fluido utilizzato é un gas perfetto con rapporto $c_p/c_v=\gamma$, dove il rapporto tra la pressione massima del ciclo e la pressione minima é r. Nell'ipotesi che c_p e c_v siano costanti lungo le trasformazioni cicliche, calcolare e riportare in grafico il coefficiente economico ε del ciclo Brayton in funzione di r, considerando due diversi valori di γ: γ_a= 1.4 (valore tipico per aria), γ_e= 1.7 (valore tipico per elio).

Soluzione

Il ciclo Brayton é costituito da due trasformazioni isobare e da due trasformazioni isentropiche come indicato in Figura 46.

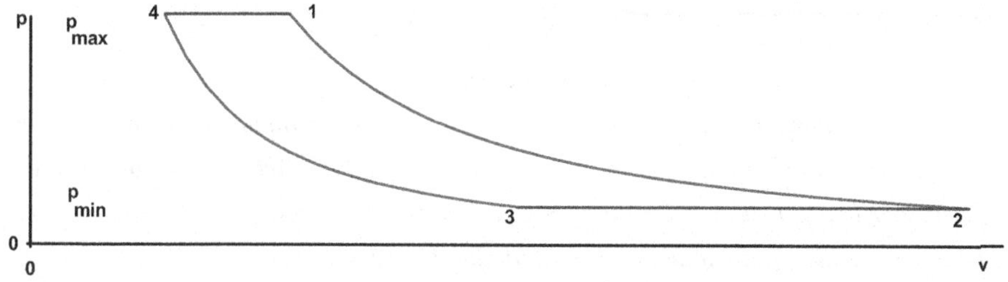

Figura 46. Ciclo Brayton nel diagramma p-v.

Il calore q_1 ricevuto dall'unità di massa di gas nella trasformazione 4-1 ed il calore q_2 ceduto dall'unità di massa di gas nella trasformazione 2-3 dipendono dalle variazioni di entalpia specifica (che a loro volta dipendono dalle variazioni di temperatura) e sono, in base all'equazione di conservazione dell'energia per sistemi aperti:

$$q_1 = h_1 - h_4 = c_p(T_4 - T_1) \qquad q_2 = h_2 - h_3 = c_p(T_2 - T_3)$$

Lungo le trasformazioni isentropiche 1-2 e 3-4 non avvengono trasferimenti di calore tra sistema (il gas che opera nel ciclo) ed esterno, pertanto il coefficiente economico del ciclo é:

$$\varepsilon = 1 - \frac{q_2}{q_1} = 1 - \frac{T_2 - T_3}{T_1 - T_4}$$

Poiché le trasformazioni 1-2 e 3-4 sono isentropiche, gli stati fisici 1-2 e 2-3 sono correlati tramite l'equazione caratteristica delle isentropiche:

$$T_2 = T_1\left(\frac{p_1}{p_2}\right)^G = T_1\, r^G \qquad T_3 = T_4\left(\frac{p_4}{p_3}\right)^G = T_4\, r^G$$

dove G é l'esponente dell'isentropica Tp^G= costante e vale:

$$G = \frac{1-\gamma}{\gamma}$$

Per l'aria G_a=-0.2857, per l'elio G_e= -0.4118. Sostituendo i valori T_2 e T_3, forniti dalle relazioni caratteristiche delle isentropiche, nell'espressione del coefficiente economico si ottiene:

$$\varepsilon = 1 - \frac{T_1 r^G - T_4 r^G}{T_1 - T_4} = 1 - r^G$$

I grafici di $\varepsilon(r)$ per l'aria e per l'elio sono mostrati in Figura 47.

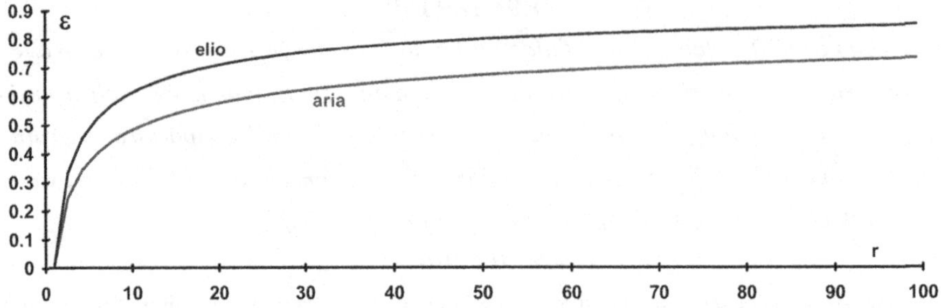

Figura 47. Coefficiente economico del ciclo Brayton in funzione del rapporto tra le pressioni.

ESERCIZIO 50

Su veicoli spaziali i generatori elettrici ricevono energia meccanica da una turbina a gas, che riceve lavoro dalla espansione di un gas che opera in un ciclo Brayton. Contrariamente a quanto avviene per le centrali elettriche a turbogas, l'ambiente esterno non può fornire l'aria per la combustione e la utilizzazione nel ciclo, quindi occorre adottare un ciclo chiuso, in cui il gas riceve calore in uno scambiatore di calore (energia solare o energia nucleare) entra e si espande nella turbina, esce dalla turbina, si raffredda parzialmente nel rigeneratore (dove entra per preriscaldare il gas uscente dal compressore), entra in uno scambiatore di calore dove si raffredda cedendo calore ad un liquido (che a sua volta cede calore per irraggiamento verso l'ambiente esterno attraversando un radiatore), esce dallo scambiatore ed entra nel compressore (Figura 48).

Occorrono quindi tre scambiatori di calore, il circuito idraulico con il liquido di raffreddamento é necessario perché un radiatore a gas richiederebbe un volume di ingombro eccessivo e forti perdite di carico. Tipici valori per il ciclo Brayton su veicoli spaziali indicano un rapporto tra pressione massima e pressione minima intorno a 2.

I gas rari (elio, neon, argon, kripton), consentono elevati valori del coefficiente economico del ciclo (avendo elevati $\gamma = c_p/c_v$) ed essendo inerti riducono i problemi di corrosione. Il numero di file di pale della turbina diminuisce all'aumentare della massa molare, quindi dal punto di vista della realizzazione della turbina sarebbero da preferire, in ordine, il kripton ($m_{kripton}$= 83.7 g/mol), l'argon (m_{argon}= 39.94 g/mol), il neon (m_{neon}= 20.18 g/mol), l'elio (m_{elio}= 4 g/mol). Al contrario, le dimensioni dello scambiatore di calore diminuiscono al diminuire della massa molare del gas, quindi dal punto di vista della realizzazione degli scambiatori di calore sarebbero preferibili i gas più leggeri (ciò dipende dal fatto che la conducibilità termica del gas diminuisce notevolmente all'aumentare della sua massa molare). Per giungere ad un compromesso tra le esigenze contrastanti nella progettazione della turbina e degli scambiatori di calore, si ricorre ad una miscela di gas (ad esempio elio e kripton) con massa molare simile a quella dell'argon (ma con proprietà termiche migliori dell'argon grazie alla presenza dell'elio).

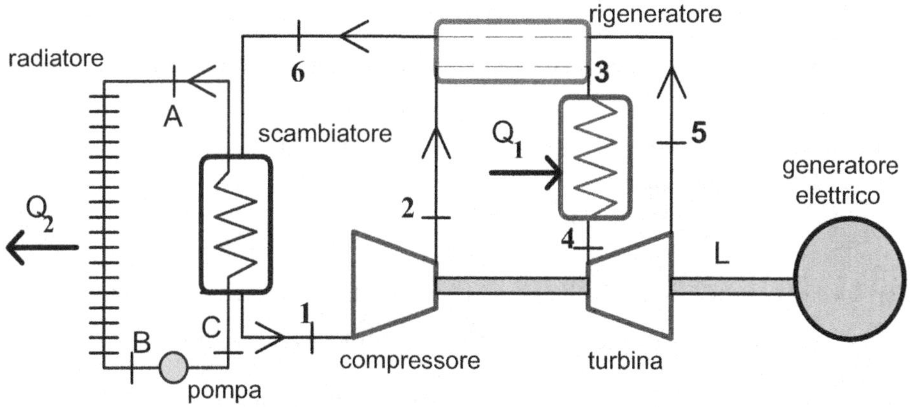

Figura 48. Schema dell'impianto per generazione elettrica con ciclo Brayton chiuso.

Si consideri allora un ciclo Brayton in cui il gas é costituito da una miscela di elio e di kripton in modo tale che la massa molare media della miscela sia 39.87 g/mol. Si supponga che il gas sia perfetto. Il gas entra nel compressore alla pressione p_1= *7 bar e alla temperatura* T_1=*40 °C, viene compresso isentropicamente fino alla pressione* p_2= *14 bar, quindi riceve isobaricamente calore prima nel rigeneratore fino alla temperatura* T_3=*338.8 °C, poi nello scambiatore, giungendo in turbina alla temperatura* T_4=*700 °C. Il gas esce dalla turbina e viene inviato al rigeneratore, dove si raffredda isobaricamente fino alla temperatura* T_6.

1) Calcolare la frazione molare x e la frazione in massa y di elio nella miscela elio- kripton, i calori specifici c_p *e* c_v *della miscela ed il rapporto* γ. *Si ipotizzi che elio e kripton si comportino come gas perfetti.*

2) Calcolare pressione, temperatura, volume specifico e entalpia specifica del gas negli stati fisici 1, 2, 3, 4, 5, 6.

3) Calcolare la portata in massa m di gas necessaria per avere una potenza trasferita dal gas alla turbina pari a P_{45} = *2 MW.*

4) Calcolare la potenza termica Q_{34} *ricevuta dal gas nello scambiatore (da una sorgente solare o nucleare), la potenza termica* Q_{23} *dissipata dal radiatore verso lo spazio, la potenza meccanica* P_{12} *trasferita dal compressore al gas.*

5) Calcolare il coefficiente economico del ciclo Brayton, confrontandolo con il coefficiente economico del ciclo Brayton privo di rigeneratore. Calcolare il coefficiente economico del ciclo di Carnot tra due serbatoi alle temperature T_1 *e* T_4.

Dati

calore specifico a pressione costante dell'elio	c_{pHe}= *5234 J/kgK*
calore specifico a volume costante dell'elio	c_{vHe}= *3154 J/kgK*
calore specifico a pressione costante del kripton	c_{pKr}= *251 J/kgK*
calore specifico a volume costante del kripton	c_{vKr}= *150 J/kgK*

Soluzione

1) Indicando con x la frazione molare di elio ($x=n_{elio}/n_{tot}$), nella miscela elio-kripton, risulta che 1 mol di miscela ($m_{miscela}$= 39.87 g/mol) é costituita da x moli di elio e da 1-x moli di kripton, per cui vale la relazione 4x + 83.7 (1-x) = 39.87, dalla quale risulta x = 0.550.

La frazione in massa y di elio é:

$$y = \frac{n_{elio} m_{elio}}{n_{tot} m_{miscela}} = x \frac{m_{elio}}{m_{miscela}} = 0.55 \frac{4}{39.87} = 0.0552$$

I calori specifici a pressione ed a volume costante della miscela sono rispettivamente:

$$c_p = y c_{pHe} + (1-y) c_{pKr} = 0.0552x5234 + 0.9448x251 = 526.06 \frac{J}{kgK}$$

$$c_v = y c_{vHe} + (1-y) c_{vKr} = 0.0552x3154 + 0.9448x150 = 315.70 \frac{J}{kgK}$$

Risulta pertanto $\gamma = c_p/c_v = 1.666$. La costante della miscela é $R = c_p\text{-}c_v = 210.36$ J/kgK.

2) Il volume specifico dello stato fisico 1 é ricavato dall'equazione di stato:

$$v_1 = \frac{RT_1}{p_1} = \frac{210.36x313.15}{7x10^5} = 0.094 \quad \frac{m^3}{kg}$$

Nel ciclo Brayton la compressione 1-2 é isentropica, quindi dalla equazione caratteristica delle isentropiche si ottiene:

$$v_2 = v_1 \left(\frac{p_1}{p_2}\right)^{\frac{1}{\gamma}} = 0.094x0.5^{\frac{1}{1.666}} = 0.062 \quad \frac{m^3}{kg}$$

La temperatura T_2 é deducibile dalla equazione di stato:

$$T_2 = \frac{p_2 v_2}{R} = \frac{14x10^5 x0.062}{210.36} = 412.63\ K = 139.5\ °C$$

Per la trasformazione isobara 2-3 risulta $p_2=p_3$, dall'equazione di stato si ha:

$$v_3 = \frac{RT_3}{p_3} = \frac{210.36x611.95}{14x10^5} = 0.092 \quad \frac{m^3}{kg}$$

Per la trasformazione isobara 3-4 risulta $p_3=p_4$, dall'equazione di stato si ha:

$$v_4 = \frac{RT_4}{p_4} = \frac{210.36x973.15}{14x10^5} = 0.146 \quad \frac{m^3}{kg}$$

Per la espansione isentropica 4-5, essendo $p_5=p_1$, risulta:

$$v_5 = v_4 \left(\frac{p_4}{p_5}\right)^{\frac{1}{\gamma}} = 0.146x2^{\frac{1}{1.666}} = 0.221 \quad \frac{m^3}{kg}$$

La temperatura del gas uscente dalla turbina é:

$$T_5 = \frac{p_5 v_5}{R} = \frac{7x10^5 x0.221}{210.36} = 735.41\ K = 462.3\ °C$$

Nel rigeneratore, il calore ceduto dal gas nella trasformazione 5-6 coincide con il calore ricevuto nella trasformazione 2-3: $q_{56}= q_{23}=c_p(T_3\text{-}T_2)=c_p(T_5\text{-}T_6)$, da cui si ottiene:

$$T_6 = T_5 + T_2 - T_3 = 462.3+139.5-338.8 = 263\ °C$$

Essendo p_6=p_1= 7 bar, il volume specifico v_6 si ottiene dall'equazione di stato:

$$v_6 = \frac{RT_6}{p_6} = \frac{210.36x536.15}{7x10^5} = 0.161 \quad \frac{m^3}{kg}$$

3) Il lavoro trasferito dall'unità di massa della miscela di gas alla turbina é:

$$l_{45} = h_4 - h_5 = c_p(T_4 - T_5) = 526.06x(700 - 462.3) = 125.04 \quad \frac{kJ}{kg}$$

La portata di gas necessaria per trasferire P_{45}= 2 MW alla turbina deve pertanto essere:

$$m = \frac{P_{45}}{l_{45}} = \frac{2000}{125.04} = 15.99 \quad \frac{kg}{s}$$

4) La potenza termica Q_{34} ricevuta dal gas nella trasformazione 3-4 é:

$$Q_{34} = m\ c_p(T_4 - T_3) = 15.99x526.06x(700-338.8)\ W = 3.038\ MW$$

La potenza termica Q_{61} dissipata dal gas, nella trasformazione 6-1 nello scambiatore, al liquido é pari alla potenza dissipata dal liquido nel radiatore verso lo spazio:

$$Q_{61} = m\ c_p(T_1 - T_6) = 15.99x526.06x(40-263)\ W = -1.876\ MW$$

Tale potenza termica risulta negativa in accordo con la convenzione termodinamica (calore uscente dal sistema) La potenza meccanica P_{12} trasferita dal compressore al gas é ottenuta dall'equazione di bilancio energetico per sistemi aperti tra le sezioni 1 e 2:

$$P_{12} = -m\ c_p(T_2 - T_1) = -15.99x526.06x(139.5-40)\ W = -0.837\ MW$$

5) Il coefficiente economico del ciclo Brayton con rigeneratore é:

$$\varepsilon = 1 - \frac{|Q_{61}|}{Q_{34}} = 1 - \frac{1.876}{3.038} = 0.38$$

Il coefficiente economico del ciclo privo di rigeneratore sarebbe:

$$\varepsilon' = 1 - \left(\frac{p_1}{p_2}\right)^{\frac{\gamma-1}{\gamma}} = 1 - 0.5^{0.40} = 0.24$$

Il coefficiente economico di un ciclo di Carnot, con il serbatoio caldo alla temperatura T4 e con il serbatoio freddo alla temperatura T1, é

$$\varepsilon_{Carnot} = 1 - \frac{T_1}{T_4} = 1 - \frac{313.15}{973.15} = 0.68$$

Si osserva dunque che il rigeneratore consente una migliore prestazione del ciclo Brayton, il cui coefficiente economico resta comunque notevolmente inferiore al coefficiente economico del ciclo di Carnot.

ESERCIZIO 51

Un compressore contiene una massa M = 150 kg di aria alla temperatura iniziale T_1 = 20 °C ed alla pressione iniziale p_1 = 1 bar, comprimendola fino alla pressione finale p_2 = 30 bar, nella fase di compressione 1-2 il sistema (cioè la massa d'aria di massa M) é chiuso in quanto non scambia materia con l'esterno.

Si ipotizzi che la trasformazione sia isentropica e che l'aria sia un gas perfetto con calori specifici a pressione ed a volume costante c_p = 1005 J/kg K e c_v = 718 J/kg K.

1) Calcolare la temperatura finale T_2 dell'aria ed il lavoro trasferito dal compressore all'aria.

Ora si esamini lo stesso compressore, con la stessa massa d'aria nello stesso stato fisico iniziale, ma l'aria non viene più compressa fino allo stato fisico 2. Si considera infatti una nuova situazione in cui il compressore (a 2 stadi) comprime isentropicamente l'aria ad una pressione intermedia p_3 ($p_1<p_3<p_2$), quindi la raffredda isobaricamente fino alla temperatura $T_4 = T_1$ = 20 °C, infine la comprime fino alla pressione finale p_5 = 30 bar.

2) calcolare il lavoro di compressione $l_{1\text{-}3} + l_{4\text{-}5}$ in funzione della pressione intermedia p_3 e determinare il valore di p_3 che rende minimo tale lavoro;

3) con tale valore p_3 di pressione, calcolare il lavoro trasferito dal compressore all'aria, le temperature T_3 e T_5 negli stati fisici 3 e 5, ed il calore asportato all'aria nella trasformazione isobara 3-4;

4) tracciare nei diagrammi p-v e T-s le trasformazioni 1-3-4-5, assumendo arbitrariamente s_5 = 0.

Soluzione

1) Il volume specifico iniziale v_1 del gas perfetto é:

$$v_1 = \frac{RT_1}{p_1} = \frac{(c_p - c_v)T_1}{p_1} = \frac{287\text{x}293}{10^5} = 0.841 \quad \frac{m^3}{kg}$$

L'esponente della trasformazione isentropica é $\gamma = c_p/c_v = 1.4$, quindi il volume specifico dello stato finale v_2 é:

$$v_2 = v_1\left(\frac{p_1}{p_2}\right)^{\frac{1}{\gamma}} = 0.841\left(\frac{1}{30}\right)^{0.714} = 0.074 \quad \frac{m^3}{kg}$$

Quindi la temperatura finale é:

$$T_2 = \frac{p_2 v_2}{R} = \frac{30\text{x}10^5\text{x}0.074}{287} = 773.5 \quad K = 500.4 \quad °C$$

Il lavoro trasferito all'aria, per unità di massa, nella trasformazione isentropica é:

$$|l_{1-2}| = \left|\frac{1}{\gamma-1}(p_1 v_1 - p_2 v_2)\right| = \frac{R}{\gamma-1}(T_2 - T_1) = c_v(T_2 - T_1) = 344.687 \quad \frac{kJ}{kg}$$

2) Utilizzando l'equazione caratteristica della isentropica:

$$p_1 T_1^{\frac{\gamma}{1-\gamma}} = p_3 T_3^{\frac{\gamma}{1-\gamma}}$$

il lavoro trasferito all'aria nella trasformazione isentropica 1-3 é:

$$|l_{1-3}| = c_v(T_3 - T_1) = c_v T_1\left(\frac{T_3}{T_1} - 1\right) = c_v T_1\left[\left(\frac{p_1}{p_3}\right)^{\frac{1-\gamma}{\gamma}} - 1\right]$$

definendo $G = (\gamma-1)/\gamma = 0.2857$ e calcolando in modo analogo il lavoro trasferito all'aria nella trasformazione 4-5, si può scrivere:

$$|l_{1-3}| = c_v T_1 \left(\frac{T_3}{T_1} - 1 \right) = c_v T_1 \left[\left(\frac{p_3}{p_1} \right)^G - 1 \right] \qquad |l_{4-5}| = c_v T_4 \left(\frac{T_5}{T_4} - 1 \right) = c_v T_4 \left[\left(\frac{p_5}{p_4} \right)^G - 1 \right]$$

Per ipotesi risulta $p_5=p_2$, $p_4=p_3$ e $T_1=T_4$; quindi il lavoro trasferito dal compressore a 2 stadi all'aria, in funzione della pressione intermedia p_3, é:

$$l_{tot} = |l_{1-3}| + |l_{4-5}| = c_v T_1 \left(p_1^{-G} p_3^G + p_2^G p_3^{-G} - 2 \right)$$

Il lavoro minimo si verifica quando $dl_{tot}/dp_3 = 0$, ovvero:

$$G p_1^{-G} p_3^{G-1} - G p_2^G p_3^{-G-1} = 0 \qquad \text{da cui risulta} \quad p_3^{2G} = (p_1 p_2)^G$$

Elevando ogni termine dell'equazione a 1/2G si perviene al risultato finale:

$$p_3 = \sqrt{p_1 p_2} = \sqrt{1x30} = 5.48 \quad \text{bar}$$

I lavori parziali l_{1-3} e l_{4-5}, riferiti all'unità di massa di aria, sono:

$$|l_{1-3}| = 718x293\left(5.48^{0.2857} - 1\right) = 131.654 \quad \frac{kJ}{kg}$$

$$|l_{4-5}| = 718x293\left[\left(\frac{30}{5.48}\right)^{0.2857} - 1\right] = 131.654 \quad \frac{kJ}{kg}$$

3) Le temperature T_3 e T_5 sono determinabili in base alla equazione della isentropica:

$$T_3 = T_1 \left(\frac{p_3}{p_1} \right)^G = 293(5.48)^{0.2857} = 476 \quad K = 203 \quad °C$$

$$T_5 = T_4 \left(\frac{p_5}{p_4} \right)^G = 293(5.48)^{0.2857} = 476 \quad K = 203 \quad °C$$

Quindi gli stati fisici 3 e 5 hanno stessa temperatura. Il calore che occorre sottrarre all'unità di massa di aria nella trasformazione isobara 3-4 é ricavabile dal 1° principio in forma entalpica, per gas perfetti:

$$q_{3-4} = h_4 - h_3 = c_p (T_4 - T_3) = 1005\ (20-203) = -183.9 \quad kJ/kg$$

Il lavoro trasferito dal compressore all'aria nelle varie trasformazioni é indicato in Figura 49.

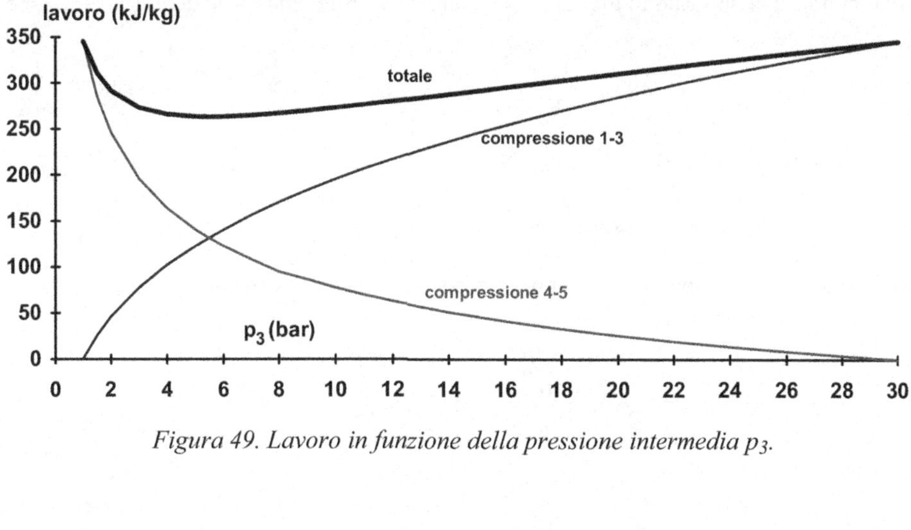

Figura 49. Lavoro in funzione della pressione intermedia p_3.

4) L'entropia specifica del gas nello stato fisico 2 é ricavabile considerando una trasformazione isobara reversibile 5-2 e ricordando che $s_5 = 0$ per ipotesi:

$$s_2 = s_5 + \int_5^2 \left(\frac{\delta q}{T}\right)_{rev} = c_p \int_5^2 \frac{dT}{T} = c_p \ln\frac{T_2}{T_5} = 1005 \ln\frac{773.5}{476}\ \frac{J}{kgK} = 487.9\ \frac{J}{kgK}$$

Le coordinate termodinamiche degli stati fisici 1,2,3,4 e 5 (riportate nel diagramma p-v in Figura 50) sono:

$$p_1 = 1\ \text{bar} \qquad p_2 = 30\ \text{bar} \qquad p_3 = 5.48\ \text{bar} \quad p_4 = 5.48\ \text{bar} \quad p_5 = 30\ \text{bar}$$

$$v_1 = 0.841\ \frac{m^3}{kg} \qquad v_2 = 0.074\ \frac{m^3}{kg} \qquad v_3 = \frac{RT_3}{p_3} = \frac{287x476}{5.48x10^5} = 0.249\ \frac{m^3}{kg}$$

$$v_4 = \frac{RT_4}{p_4} = \frac{287x293}{5.48x10^5} = 0.153\ \frac{m^3}{kg} \qquad v_5 = \frac{RT_5}{p_5} = \frac{287x476}{30x10^5} = 0.046\ \frac{m^3}{kg}$$

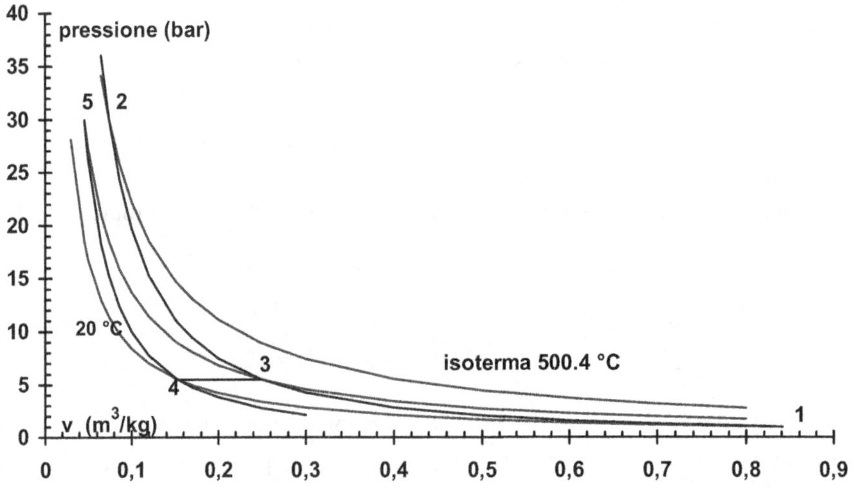

Figura 50. Trasformazione 1-3-4-5 nel diagramma p-v.

Nel diagramma T-s, indicato in Figura 51, le coordinate termodinamiche degli stati 1,2,3,4 e 5 sono:

$$T_1 = 20\ °C \qquad s_1 = 487.9\ \frac{J}{kgK} \qquad T_2 = 500.4\ °C \qquad s_2 = 487.9\ \frac{J}{kgK}$$

$$T_3 = 203\ °C \qquad s_3 = 487.9\ \frac{J}{kgK} \qquad T_4 = 20\ °C \qquad s_4 = 0\ \frac{J}{kgK}$$

$$T_5 = 203\ °C \qquad s_5 = 0\ \frac{J}{kgK}$$

Le isobare passanti per i punti 4 e 5 sono esponenziali rispettivamente di equazione:

$$T(s) = T_4 \exp\left(\frac{s}{c_p}\right) \quad , \qquad T(s) = T_5 \exp\left(\frac{s}{c_p}\right)$$

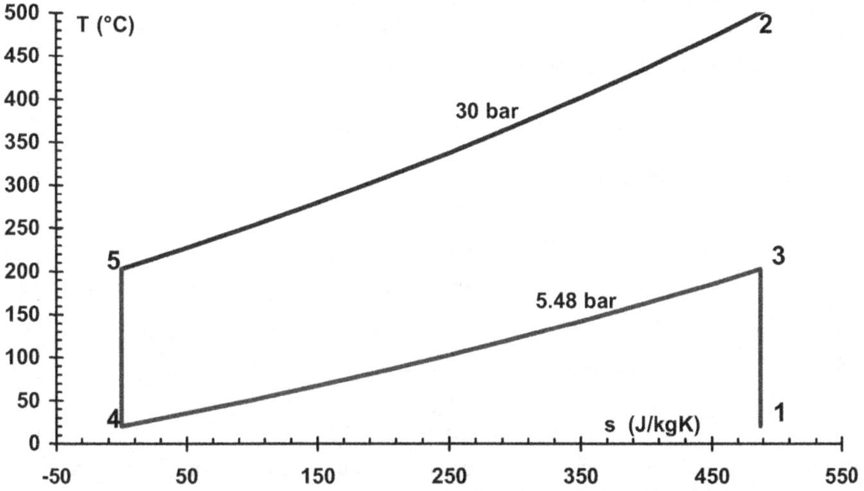

Figura 51. Trasformazione 1-3-4-5 nel diagramma T-s.

ESERCIZIO 52

Un automobile con motore a scoppio viaggia a velocità costante v su un rettilineo. La forza risultante F che si oppone al moto é $F = kv$, dove il coefficiente d'attrito k é uguale a 35 Ns/m. Il rapporto di compressione del motore é $r = 9.8$ ed il consumo di benzina é $C = 13.6$ km/litro, la densità della benzina é $\rho = 750$ kg/m^3. Il ciclo termodinamico del motore é rappresentabile mediante un ciclo Otto, in cui opera un gas perfetto con $\gamma = c_p/c_v = 1.3$, con temperatura massima $T_1 = 1000$ °C e temperatura minima $T_2 = 20$ °C. Il potere calorifico inferiore della benzina é $q = 44$ MJ/kg.

Nell'ipotesi di assenza di dissipazione negli organi di trasmissione, calcolare:

1) il coefficiente economico ed il rendimento del motore a scoppio,

2) la massa m di benzina consumata nell'unità di tempo, in funzione della velocità v;

3) la velocità v dell'automobile,

4) la potenza meccanica L trasferita dal motore e le potenze termiche Q_1 e Q_2 cedute rispettivamente al motore ed all'ambiente,

5) sapendo che il motore é costituito da 4 cilindri e che il ciclo termodinamico viene percorso 1600 volte in 1 minuto (la metà della velocità indicata dal contagiri nel cruscotto), calcolare il lavoro di un ciclo,

6) l'aumento di entropia ΔS del sistema (costituito dal motore e dall'ambiente con cui scambia calore) per un'ora di viaggio.

Soluzione

1) Il coefficiente economico del ciclo Otto é:

$$\varepsilon = 1 - r^{1-\gamma} = 1 - 9.8^{-0.3} = 1 - 0.504 = 0.496$$

Il coefficiente economico ε_c di un ciclo di Carnot, che riceve la stessa quantità di calore dal serbatoio caldo, con serbatoi alle temperature T_1 e T_2 é:

$$\varepsilon_c = 1 - \frac{T_2}{T_1} = 1 - \frac{293}{1273} = 1 - 0.230 = 0.770$$

Il rendimento del motore a scoppio é quindi:

$$\eta = \frac{\varepsilon}{\varepsilon_c} = \frac{0.496}{0.770} = 0.644$$

2) Il consumo in volume di benzina per unità di spazio é 1/C, lo spazio percorso in un intervallo qualsiasi Δt di tempo é v Δt, la massa di benzina utilizzata nel tempo Δt é $v\Delta t/C$, la portata di benzina nel motore é quindi:

$$m = \frac{\rho v}{C}$$

3) La macchina viaggia a velocità costante v, quindi la risultante delle forze applicate é nulla, cioè la forza di spinta nella direzione del moto derivante dal motore é uguale e contraria alla forza resistente kv. Il lavoro L compiuto nell'unità di tempo é il prodotto scalare tra la forza e lo spostamento nell'unità di tempo, cioè é il prodotto tra forza e velocità dell'automobile:

$$L = k\,v^2$$

Tale lavoro per unità di tempo deriva anche da considerazioni termodinamiche; infatti conoscendo il coefficiente economico ε del ciclo e la potenza termica Q_1 trasferita al motore (uguale al prodotto tra la massa m di benzina bruciata nell'unità di tempo ed il potere calorifico inferiore q della benzina) risulta dalla definizione di $\varepsilon = L/Q_1$:

$$L = \varepsilon Q_1 = \left(1 - r^{1-\gamma}\right) m q = \left(1 - r^{1-\gamma}\right)\frac{\rho v}{C} q$$

Eguagliando le due espressioni ricavate in modo diverso per il lavoro trasferito nell'unità di tempo si ottiene una equazione nell'unica incognita v:

$$v = \left(1 - r^{1-\gamma}\right)\frac{\rho q}{C k} = 0.496\frac{750x44x10^6}{13.6x10^6x35} = 34.39 \quad \frac{m}{s} = 123.8 \quad \frac{km}{h}$$

4) Noto il valore v della velocità, dalle equazioni precedenti risulta:

$$Q_1 = \frac{\rho v q}{C} = \frac{750x34.39x44x10^6}{13.6x10^6} W = 83.446\ kW$$

La potenza meccanica del motore é quindi:

$$L = \varepsilon Q_1 = 0.496 x 83.446\ kW = 41.389\ kW$$

La potenza termica ceduta all'ambiente é:

$$Q_2 = Q_1 - L = 83.446 - 41.389\ kW = 42.057 \quad kW$$

5) La potenza meccanica trasferita da ogni cilindro del motore é L/4 = 10.347 kW; l'energia fornita in 1 minuto é 10.347x60 = 620.82 kJ. Se il ciclo termodinamico é percorso 1600 volte al minuto, il lavoro associato ad ogni ciclo é 620.82/1600 = 388.0 J.

6) Per il principio di degradazione dell'energia e dell'aumento di entropia risulta $\Delta S = \Delta L/T_2$, dove ΔS indica l'aumento di entropia del sistema (motore e ambiente) nell'unità di tempo, ΔL

la differenza tra il lavoro fornito nell'unità di tempo da una macchina di Carnot ed il motore dell'automobile (a parità di Q_1,T_1 e T_2). Risulta quindi:

$$\Delta S = \frac{L_{Carnot} - L}{T_2} = \frac{Q_1}{T_2}\left[\left(1 - \frac{T_2}{T_1}\right) - \left(1 - r^{1-\gamma}\right)\right] = \frac{Q_1}{T_2}\left(r^{1-\gamma} - \frac{T_2}{T_1}\right) =$$

$$= \frac{83446}{293}(0.504 - 0.230) = 78.0\ \frac{W}{K}$$

In un'ora di viaggio l'aumento di entropia del sistema é 78.0x3600 J/K= 280.8 kJ/K.

ESERCIZIO 53

Si consideri un cilindro di un motore a scoppio di un'autovettura, con rapporto di compressione $r = 9.8$.

L'aria operante nel ciclo viene compressa isentropicamente (compressione) dallo stato fisico 3 allo stato fisico 4, quindi la combustione della benzina (scoppio) determina una trasformazione isocora fino al punto 1. Successivamente il gas si espande isentropicamente (espansione) nel cilindro del motore fino al punto 2, quindi il gas é sottoposto ad una trasformazione isocora (scarico) fino al punto 3.

Il ciclo termodinamico può essere rappresentato da un ciclo Otto in cui opera un gas perfetto con $\gamma = c_p/c_v = 1.3$, con pressione minima $p_3 = 1$ bar, temperatura all'inizio della compressione $T_3 = 20$ °C e temperatura massima dopo lo scoppio $T_1 = 1000$ °C. La costante R dell'equazione di stato sia $R = 290$ J/kgK.

Rappresentare il ciclo Otto nel diagramma p-v e T-s, indicando i valori numerici relativi agli stati fisici 1-2-3-4. Sapendo che l'area sottesa dal ciclo nel diagramma p-V é $L = 416$ J, calcolare il volume massimo V_2 del gas nel pistone. Sapendo che il ciclo termodinamico viene percorso 1600 volte al minuto, calcolare la potenza fornita dal gas in uno dei cilindri del motore.

Soluzione

Nell'ipotesi che il gas nel motore sia perfetto, dalla equazione di stato, dalle trasformazioni isocore e dalla equazione caratteristica delle trasformazioni isentropiche, risulta:

$$v_2 = v_3 == \frac{RT_3}{p_3} = \frac{290x293}{10^5} = 0.850\ \ \frac{m^3}{kg}$$

$$v_1 = v_4 = \frac{v_2}{r} = \frac{0.850}{9.8} = 0.087\ \ \frac{m^3}{kg}$$

$$p_1 = \frac{RT_1}{v_1} = \frac{290x1273}{0.087} = 42.43x10^5\ \ Pa$$

$$p_2 = p_1\left(\frac{v_1}{v_2}\right)^{\gamma} = p_1 r^{-\gamma} = 42.43x10^5 x \frac{1}{9.8^{1.3}} = 2.18x10^5\ \ Pa$$

$$p_4 = p_3\left(\frac{v_3}{v_4}\right)^{\gamma} = p_3\, r^{\gamma} = 10^5 x 9.8^{1.3} = 19.44x10^5 \quad Pa$$

$$T_2 = \frac{p_2 v_2}{R} = \frac{2.18x10^5 x0.850}{290} = 639.0 \quad K = 366 \quad °C$$

$$T_4 = \frac{p_4 v_4}{R} = \frac{19.44x10^5 x0.087}{290} = 583.2 \quad K = 310 \quad °C$$

La trasformazione ciclica 1-2-3-4 é mostrata in Figura 52 nel diagramma p-v.

2) Il calore specifico a volume costante del gas perfetto c_v é deducibile dalla relazione:

$$c_v = c_p - R = \gamma c_v - R \qquad \text{da cui risulta} \qquad c_v = \frac{R}{\gamma - 1} = \frac{290}{0.3} = 967 \quad \frac{J}{kgK}$$

Il calore q_1 ricevuto dal gas, per unità di massa di gas perfetto, in seguito alla fase di scoppio (isocora 4-1) é:

$$q_1 = c_v (T_1 - T_4) = 967x690 = 667.23x10^3 \quad \frac{J}{kg}$$

Poiché il coefficiente economico del ciclo Otto é $\varepsilon = 1\text{-}r^{1-\gamma} = 0.496$, il lavoro trasferito dal motore all'autovettura é $l = \varepsilon\, q_1 = 0.496x667.23x10^3$ J = 331 kJ/kg.

La massa di gas operante nel ciclo termodinamico é quindi M = L/l = 0.416/331 = $1.257x10^{-3}$ kg. Il volume massimo occupato dal gas nel cilindro del motore é:

$$V_2 = M\, v_2 = 1.257x10^{-3}x0.85 = 1.068x10^{-3} \quad m^3$$

La potenza meccanica fornita all'autovettura dal gas nel cilindro é

$$P = 1600x331x1.257x10^{-3}/60 = 11 \text{ kW}.$$

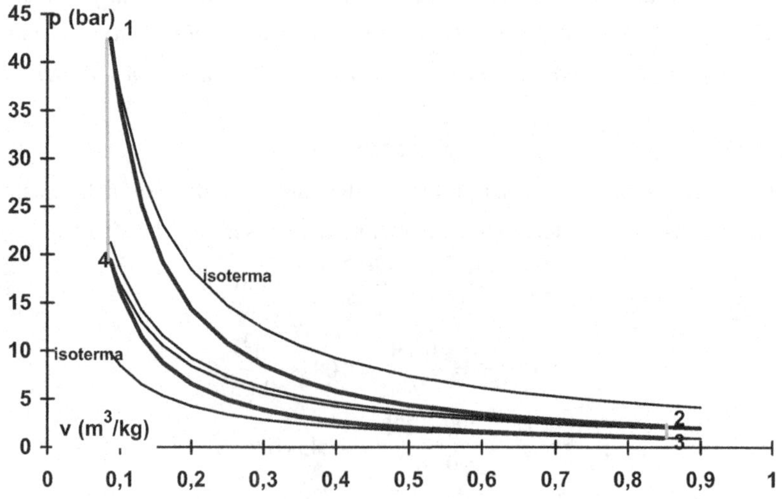

Figura 52. Trasformazione 1-2-3-4 nel diagramma p-v.

ESERCIZIO 54

Un motore Diesel ha un rapporto di compressione $\rho = 15$ ed un rapporto di cut-off $\sigma = 2$. L'aria entra nel motore alla pressione $p_1 = 1$ bar e alla temperatura $T_1 = 20$ °C; l'aria può essere considerata un gas perfetto con $c_p = 1001$ J/kg K e costante dell'equazione di stato R = 286 J/kg K.

Il fluido viene compresso isentropicamente fino alla pressione p_2 ed alla temperatura T_2, quindi riceve calore isobaricamente grazie alla combustione del gasolio (la cui massa é trascurabile) riscaldandosi fino alla temperatura T_3 (con $v_3/v_2 = \sigma = 2$). Successivamente avviene la espansione isentropica in cui il fluido giunge alla pressione p_4, alla temperatura T_4 ed al volume $v_4 = v_1$; infine avviene lo scarico del gas in una trasformazione isocora fino alla pressione $p_1 = 1$ bar.

1. *Rappresentare il ciclo termodinamico con i punti 1-2-3-4 nel diagramma termodinamico p-v, indicando i valori di pressione e volume specifico;*
2. *calcolare il calore fornito dall'unità di massa di fluido nel motore (nella trasformazione 2-3), il calore dissipato verso l'ambiente circostante (nella trasformazione 4-1), il lavoro utile trasferito dal gas all'esterno;*
3. *calcolare il coefficiente economico ε del ciclo Diesel, il coefficiente economico ε_{Carnot} di una macchina di Carnot che opera tra due serbatoi di calore a temperature T_3 e T_1 ed il rendimento termodinamico η del ciclo Diesel.*

Soluzione

1) Per rappresentare il ciclo termodinamico nel diagramma p-v occorre calcolare le coordinate termodinamiche degli stati fisici 1,2,3,4. Il calore specifico a volume costante c_v é:

$$c_v = c_p - R = 1001 - 286 = 715 \frac{J}{kgK}$$

L'esponente γ della trasformazione isentropica é:

$$\gamma = \frac{c_p}{c_v} = \frac{1001}{715} = 1.4$$

Al termine della trasformazione isentropica 1-2, il gas raggiunge la temperatura T_2 fornita dalla equazione:

$$T_2 = T_1\left(\frac{v_1}{v_2}\right)^{\gamma-1} = T_1\, \rho^{\gamma-1} = 293x15^{0.4} = 865.6 \text{ K} = 592.4 \text{ °C}$$

La temperatura del gas nello stato fisico 3 é ricavata dalla equazione di stato (osservando che $p_2 = p_3$):

$$T_3 = T_2\frac{v_3}{v_2} = \sigma T_2 = 2x865.6 \text{ K} = 1731.2 \text{ K} = 1458 \text{ °C}$$

Successivamente l'espansione isentropica 3-4 provoca la diminuzione della temperatura del gas fino al valore T_4 fornito dall'equazione caratteristica della trasformazione isentropica:

$$T_4 = T_3\left(\frac{v_3}{v_4}\right)^{\gamma-1} = T_3\left(\frac{\sigma v_2}{\rho v_2}\right)^{\gamma-1} = 1731.2\left(\frac{2}{15}\right)^{0.4} = 773.3 \text{ K} = 500.1 \text{ °C}$$

Conoscendo pressione e temperatura del gas nello stato fisico 1 é immediato calcolare il volume specifico dalla equazione di stato:

$$v_1 = \frac{RT_1}{p_1} = \frac{286x293}{10^5} = 0.838\ \frac{m^3}{kg}$$

La trasformazione 4-1 é isocora, quindi $v_4 = v_1 = 0.838\ m^3/kg$.

Dalla definizione del rapporto di compressione ρ e di cut-off σ si deduce:

$$v_2 = \frac{v_1}{\rho} = \frac{0.838}{15} = 0.0558\ \frac{m^3}{kg} \qquad v_3 = \sigma v_2 = 0.1117\ \frac{m^3}{kg}$$

Dalla equazione di stato é possibile calcolare le pressioni $p_2 = p_3$ e p_4:

$$p_2 = \frac{RT_2}{v_2} = \frac{286x865.6}{0.0558} = 44.37x10^5\ \ Pa \qquad p_4 = \frac{RT_4}{v_4} = \frac{286x773.3}{0.838} = 2.64x10^5\ \ Pa$$

Il ciclo Diesel nel diagramma p-v é mostrato in Figura 53.

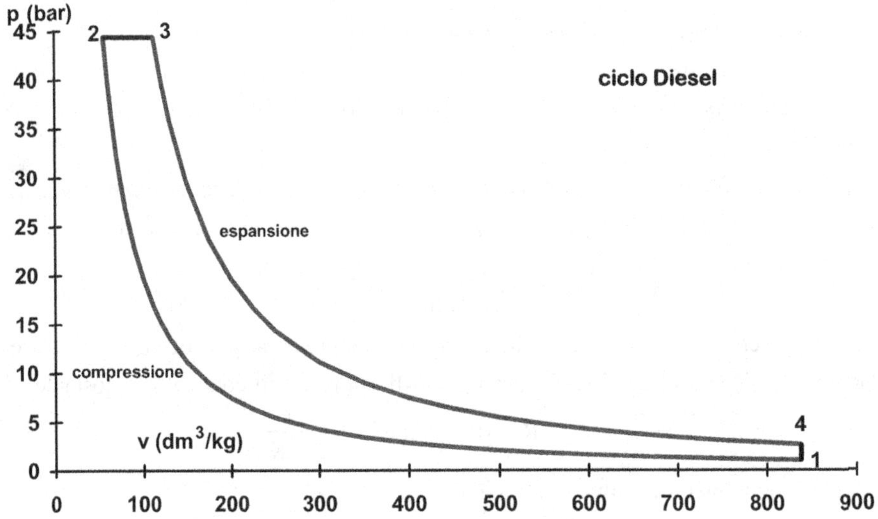

Figura 53. Ciclo Diesel nel diagramma p-v.

2) Per il sistema chiuso costituito dal gas perfetto nella trasformazione isobara 2-3, il calore entrante riferito all'unità di massa del gas risulta:

$$q_1 = c_p(T_3 - T_2) = 1001(1458 - 592.4)\ \frac{J}{kg} = 866.5\ \frac{kJ}{kg}$$

Analogamente per la trasformazione isocora 4-1, il calore ceduto dall'unità di massa del gas all'ambiente esterno é:

$$q_2 = c_v(T_1 - T_4) = 715(20 - 500.1)\ \frac{J}{kg} = -343.3\ \frac{kJ}{kg}$$

In un ciclo termodinamico la variazione di energia interna del gas é nulla, pertanto dal 1° principio della termodinamica per sistemi chiusi é possibile ricavare il lavoro trasferito dall'unità di massa di gas verso l'esterno:

$$l = q_1 + q_2 = 866.5 - 343.3 = 523.2 \ \frac{kJ}{kg}$$

3) Il coefficiente economico del ciclo Diesel é quindi:

$$\varepsilon = \frac{l}{q_1} = \frac{523.2}{866.5} = 0.604$$

Il coefficiente economico di una macchina di Carnot operante tra due serbatoi di calore aventi la temperatura massima e la temperatura minima del ciclo Diesel esaminato risulta:

$$\varepsilon_{Carnot} = 1 - \frac{T_1}{T_3} = 1 - \frac{293}{1731.2} = 0.831$$

Il rendimento del ciclo Diesel é

$$\eta = \frac{\varepsilon}{\varepsilon_{Carnot}} = \frac{0.604}{0.831} = 0.727$$

ESERCIZIO 55

Nel cilindro di un motore a combustione interna, un gas costituito da aria e combustibile (o dai prodotti di combustione) é sottoposto ciclicamente alle seguenti trasformazioni termodinamiche:

1-2: compressione politropica di equazione pv^a = costante, essendo $a = 1.2$;

2-3: combustione isocora fino alla pressione $p_3=1.5\ p_2$;

3-4: combustione isobara fino al volume specifico $v_4=1.75\ v_3$;

4-5: espansione politropica di equazione pv^b = costante, essendo $b = 1.5$;

5-1: scarico isocoro del gas fino allo stato fisico 1.

Il rapporto di compressione del motore é $v_1/v_2 = 15$, il gas può essere considerato perfetto con proprietà fisiche costanti in tutte le trasformazioni del ciclo termodinamico; il calore specifico a pressione costante é $c_p = 1043$ J/kgK, il rapporto $\gamma = c_p/c_v$ é $\gamma = 1.4$.

Si conosce lo stato fisico 1 (che rappresenta lo stato iniziale della compressione 1-2 e lo stato finale dello scarico 5-1), essendo $T_1 = 10$ °C e $p_1 = 1$ bar.

Calcolare:

1. *pressione, volume, temperatura, entropia del gas negli stati fisici 1,2,3,4,5 (si assuma arbitrariamente $s_2 = 0$);*
2. *le quantità di calore e lavoro scambiate dall'unità di massa di gas con l'ambiente esterno nelle trasformazioni 1-2, 2-3, 3-4, 4-5, 5-1;*
3. *il coefficiente economico del ciclo 1-2-3-4-5-1 ed il coefficiente economico del ciclo di Carnot operante tra due serbatoi di calore aventi la temperatura massima e la temperatura minima del ciclo 1-2-3-4-5-1.*
4. *Tracciare il ciclo termodinamico nel diagramma p-v e nel diagramma T-s.*

Soluzione

1) Il calore specifico a volume costante del gas é $c_v = c_p/\gamma = 1043/1.4 = 745$ J/kg K.

La costante R del gas perfetto é $R = c_p - c_v = 1043-745 = 298$ J/kg K. Nello stato fisico 1 sono note pressione e temperatura p_1 e T_1; dall'equazione di stato risulta immediato calcolare il volume specifico v_1:

$$v_1 = \frac{RT_1}{p_1} = \frac{298x283.15}{10^5} = 0.8438 \quad \frac{m^3}{kg}$$

Poiché il rapporto di compressione é $\rho = 15$, il volume specifico del gas al termine della compressione é:

$$v_2 = \frac{v_1}{\rho} = \frac{0.8438}{15} = 0.0562 \quad \frac{m^3}{kg}$$

La pressione p_2 viene ricavata dalla equazione caratteristica della compressione politropica:

$$p_2 = p_1\left(\frac{v_1}{v_2}\right)^a = 10^5(15)^{1.2} = 25.78\,x\,10^5 \quad Pa = 25.78 \quad bar$$

La temperatura T_2 é ottenuta dall'equazione di stato del gas perfetto:

$$T_2 = \frac{p_2 v_2}{R} = \frac{25.78x10^5x0.0562}{298} = 486.19 \quad K = 213.04 \quad °C$$

Dopo la prima combustione isocora ($v_3 = v_2 = 0.0562$ m^3/kg) la pressione p_3 del gas é:

$$p_3 = 1.5\,p_2 = 38.67x10^5 \quad Pa = 38.67 \quad bar$$

e la temperatura T_3, fornita dall'equazione di stato, é:

$$T_3 = \frac{p_3 v_3}{R} = \frac{38.67x10^5x0.0562}{298} = 729.28 \quad K = 456.13 \quad °C$$

Al termine della combustione isobara ($p_4 = p_3 = 38.67$ bar) il volume specifico v_4 del gas e la temperatura T_4 sono rispettivamente:

$$v_4 = 1.75\,v_3 = 0.0984 \quad \frac{m^3}{kg}, \qquad T_4 = \frac{p_4 v_4}{R} = \frac{38.67x10^5x0.0984}{298} = 1276.89 \quad K = 1003.74 \quad °C$$

Al termine della espansione del gas nel cilindro, il volume specifico é $v_5 = v_1 = 0.8438$ m^3/kg, la pressione p_5 é ricavata dalla equazione caratteristica della espansione politropica:

$$p_5 = p_4\left(\frac{v_4}{v_5}\right)^b = 38.67x10^5\left(\frac{1.75v_2}{v_1}\right)^{1.5} = 38.67x10^5\left(\frac{1.75}{15}\right)^{1.5} = 1.54x10^5 \quad Pa = 1.54 \quad bar$$

e la temperatura é fornita dall'equazione di stato:

$$T_5 = \frac{p_5 v_5}{R} = \frac{1.54x10^5x0.8438}{298} = 436.06 \quad K = 162.91 \quad °C$$

Il calore specifico c_a lungo la compressione politropica di esponente a é:

$$c_a = c_v \frac{a-\gamma}{a-1} = 745\frac{1.2-1.4}{1.2-1} = -745 \quad \frac{J}{kg\,K}$$

Il calore specifico c_b lungo l'espansione politropica di esponente b é:

$$c_b = c_v \frac{b-\gamma}{b-1} = 745\frac{1.5-1.4}{1.5-1} = 149 \quad \frac{J}{kg\,K}$$

Per calcolare l'entropia dei vari stati fisici, si considerano le trasformazioni reversibili che consentono di collegare, nel diagramma termodinamico, i punti iniziali ai punti finali. Partendo dallo stato iniziale 2, in cui $s_2 = 0$, risulta quindi per la combustione isocora 2-3:

$$s_3 - s_2 = \int_2^3 \frac{\delta q}{T} = \int_2^3 \frac{c_v dT}{T} = c_v \ln\frac{T_3}{T_2} = 745 \ln\frac{729.28}{486.19} = 302.07 \quad \frac{J}{kg\,K}$$

Per la combustione isobara 3-4:

$$s_4 = s_3 + \int_3^4 \frac{c_p dT}{T} = s_3 + c_p \ln\frac{T_4}{T_3} = 302.07 + 1043 \ln\frac{1276.89}{729.28} = 886.28 \quad \frac{J}{kg\,K}$$

Per l'espansione politropica 4-5:

$$s_5 = s_4 + \int_4^5 \frac{c_b\, dT}{T} = s_4 + c_b \ln\frac{T_5}{T_4} = 886.28 + 149 \ln\frac{436.06}{1276.89} = 726.19 \quad \frac{J}{kg\,K}$$

Per la fase di scarico isocoro 5-1:

$$s_1 = s_5 + \int_5^1 \frac{c_v\, dT}{T} = s_5 + c_v \ln\frac{T_1}{T_5} = 726.19 + 745 \ln\frac{283.15}{436.06} = 404.50 \quad \frac{J}{kg\,K}$$

2) Le quantità di calore scambiate dall'unità di massa del gas con l'ambiente esterno sono ricavabili in base ai calori specifici lungo le corrispondenti trasformazioni:

$$q_{12} = c_a(T_2 - T_1) = -745(486.19 - 283.15)\ \frac{J}{kg} = -151.265 \quad \frac{kJ}{kg}$$

$$q_{23} = c_v(T_3 - T_2) = 745(729.28 - 486.19)\ \frac{J}{kg} = 181.102 \quad \frac{kJ}{kg}$$

$$q_{34} = c_p(T_4 - T_3) = 1043(1276.89 - 729.28)\ \frac{J}{kg} = 571.157 \quad \frac{J}{kg}$$

$$q_{45} = c_b(T_5 - T_4) = 149(436.06 - 1276.89)\ \frac{J}{kg} = -125.284 \quad \frac{J}{kg}$$

$$q_{51} = c_v(T_1 - T_5) = 745(283.15 - 436.06)\ \frac{J}{kg} = -113.918 \quad \frac{kJ}{kg}$$

Le quantità di lavoro scambiate dall'unità di massa del gas con l'ambiente esterno sono ricavabili in base all'integrale di pdv lungo le corrispondenti trasformazioni:

$$l_{12} = \frac{R}{a-1}(T_1 - T_2) = \frac{298}{0.2}(283.15 - 486.19)\ \frac{J}{kg} = -302.530 \quad \frac{kJ}{kg}$$

$$l_{23} = 0 \quad \frac{J}{kg}$$

$$l_{34} = p_3(v_4 - v_3) = 38.67\text{x}10^5\,(0.0984 - 0.0562)\ \frac{J}{kg} = 163.187 \quad \frac{kJ}{kg}$$

$$l_{45} = \frac{R}{b-1}(T_4 - T_5) = \frac{298}{1.5-1}(1276.89 - 436.06)\ \frac{J}{kg} = 501.135 \quad \frac{kJ}{kg}$$

$$l_{51} = 0 \quad \frac{J}{kg}$$

Le quantità di calore e lavoro scambiate dall'unità di massa di gas nel ciclo termodinamico sono rispettivamente:

$$q = q_{12} + q_{23} + q_{34} + q_{45} + q_{51} = 361.792 \quad \frac{kJ}{kg}$$

$$l = l_{12} + l_{23} + l_{34} + l_{45} + l_{51} = 361.792 \quad \frac{kJ}{kg}$$

Ovviamente q ed l risultano uguali, come previsto dal 1° principio della termodinamica per sistemi chiusi, applicato al ciclo 1-2-3-4-5-1.

3) Il calore ricevuto dall'unità di massa di gas nel ciclo termodinamico é:

$$q_{23} + q_{34} = 181.102 + 571.157 \frac{kJ}{kg} = 752.259 \quad \frac{kJ}{kg}$$

Il coefficiente economico del ciclo é quindi:

$$\varepsilon = \frac{l}{q_{23} + q_{34}} = \frac{361.792}{752.259} = 0.481$$

La temperatura massima del ciclo é T_4, la temperatura minima é T_1, quindi il coefficiente economico del ciclo di Carnot é:

$$\varepsilon_{Carnot} = 1 - \frac{T_1}{T_4} = 1 - \frac{283.15}{1276.89} = 0.778$$

Il rendimento del ciclo termodinamico é:

$$\eta = \frac{\varepsilon}{\varepsilon_{Carnot}} = \frac{0.481}{0.778} = 0.618$$

4) I diagrammi p-v e T-s del ciclo termodinamico sono indicati nelle Figure 53 e 54.

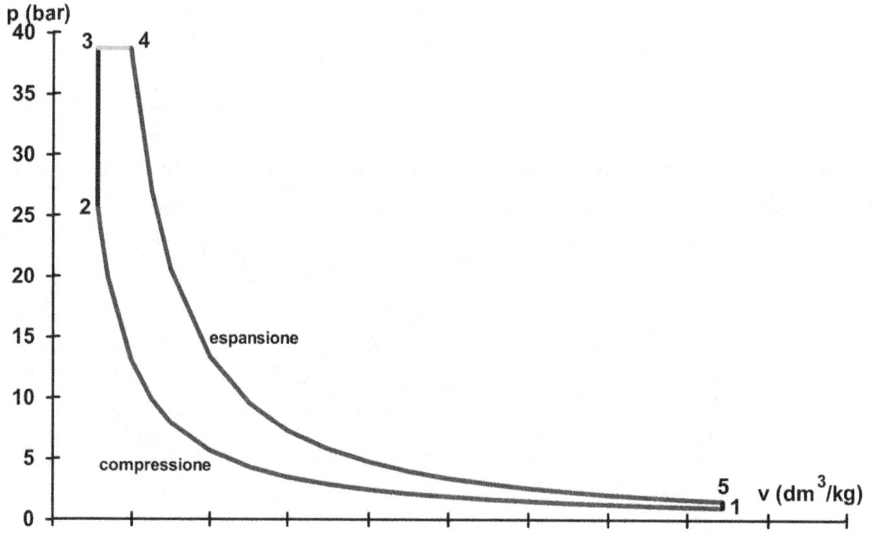

Figura 54. Diagramma p-v per il ciclo termodinamico.

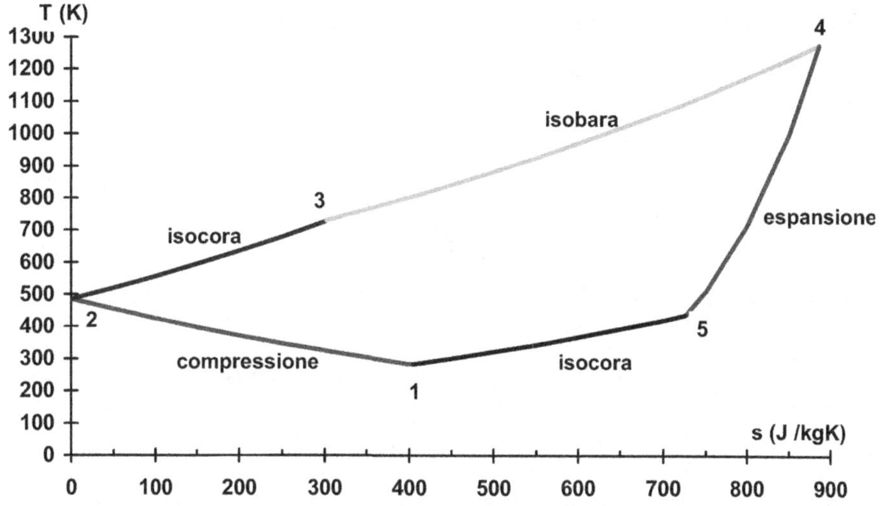

Figura 55. Diagramma T-s per il ciclo termodinamico.

ESERCIZIO 56

Nel cilindro di un motore a due tempi un gas inizialmente costituito da combustibile ed aria subisce una trasformazione ciclica. Il gas può essere considerato perfetto (sia prima sia dopo la combustione) con calori specifici a pressione ed a volume costante $c_p = 1015$ J/kg°C e $c_v = 720$ J/kg°C.

Il gas si trova inizialmente nel cilindro, alla pressione $p_1 = 1$ bar ed alla temperatura $T_1 = 15$ °C, occupando un volume $V_1 = 264$ cm^3; quindi il gas viene compresso fino alla pressione $p_2 = 20$ bar ed al volume $V_2 = 16.5$ cm^3, mediante una trasformazione politropica di equazione pV^m = costante (essendo $m = 1.08$). A questo punto la accensione della candela provoca lo scoppio del gas, innalzando la pressione, in una trasformazione isocora, fino a $p_3 = 76$ bar. Conseguentemente il gas subisce una espansione fino al volume $V_4 = V_1$, con una trasformazione politropica di equazione pV^n = costante (essendo $n = 1.42$). Infine avviene lo scarico del gas, rappresentato da una trasformazione isocora fino allo stato fisico iniziale 1.

1) Calcolare le coordinate termodinamiche (pressione, volume specifico, temperatura e entropia specifica) negli stati fisici 1, 2, 3, 4 e tracciare la trasformazione ciclica nei diagrammi termodinamici p-v e T-s, si consideri convenzionalmente $s_2 = 0$;

2) calcolare il lavoro, per unità di massa di gas, trasferito tra il sistema (il gas nel cilindro) e l'ambiente esterno in un ciclo e calcolare il numero di cicli al minuto necessari per ottenere una potenza $P = 4500$ W;

3) relativamente ad un ciclo, calcolare il calore Q_{23} fornito dalla combustione della benzina nella trasformazione isocora 2-3 ed il calore dissipato Q_{34} nella espansione 3-4, Q_{12} nella compressione 1-2 e Q_{41} nello scarico 4-1;

4) calcolare il consumo di benzina relativo ad un ciclo termodinamico (sapendo che il potere calorifico inferiore del combustibile utilizzato é $q_{benzina}$ *=* $44x10^6$ *J/kg) e la frazione f di benzina presente nel gas nello stato fisico 2;*

5) calcolare il coefficiente economico ε *ed il rendimento* η *del ciclo termodinamico;*

6) calcolare il lavoro ΔL *reso non utilizzabile dal ciclo termodinamico, rispetto ad un ciclo di Carnot, e l'aumento di entropia* ΔS *associato al ciclo .*

Soluzione

1) La costante del gas perfetto é $R = c_p - c_v = 1015\text{-}720 = 295$ J/kg K. Il rapporto γ é $c_p/c_v = 1.41$.

La pressione nello stato fisico 4 é dedotta dalla equazione caratteristica della politropica:

$$p_4 = p_3\left(\frac{V_3}{V_4}\right)^n = 76\left(\frac{16.5}{264}\right)^{1.42} = 1.48 \quad \text{bar}$$

Il volume specifico del gas nello stato fisico 1 é ricavabile dall'equazione di stato:

$$v_1 = \frac{RT_1}{p_1} = \frac{295x(15+273.15)}{10^5} = 0.850 \quad \frac{m^3}{kg}$$

Il volume v_2 soddisfa l'equazione della politropica di compressione:

$$v_2 = v_1\left(\frac{p_1}{p_2}\right)^{1/m} = 0.850\left(\frac{1}{20}\right)^{1/1.08} = 0.053 \quad \frac{m^3}{kg}$$

Dalla equazione di stato si desumono le temperature incognite T_2, T_3, T_4:

$$T_2 = \frac{p_2 v_2}{R} = \frac{20x10^5 x0.053}{295} = 359.3 \quad K = 86.2 \quad °C$$

$$T_3 = \frac{p_3 v_3}{R} = \frac{76x10^5 x0.053}{295} = 1365 \quad K = 1093 \quad °C$$

$$T_4 = \frac{p_4 v_4}{R} = \frac{1.48x10^5 x085}{295} = 426.4 \quad K = 153.3 \quad °C$$

Per calcolare l'entropia specifica del gas occorre considerare trasformazioni reversibili lungo le quali esprimere il calore scambiato tra gas ed ambiente esterno; inoltre, poiché é possibile valutare solo variazioni di entropia specifica, é opportuno iniziare dallo stato fisico 2, in cui si é posto arbitrariamente il valore $s_2 = 0$. Le variazioni di entropia Δs_{12}, Δs_{23}, Δs_{34} e Δs_{41} possono essere calcolate lungo qualsiasi trasformazione reversibile che consenta di passare dallo stato iniziale allo stato finale. Ad esempio, per il calcolo di Δs_{12} potrebbero essere considerate una trasformazione isocora reversibile ed una isobara reversibile che partendo da 1 giungessero a 2, oppure (sfruttando il fatto che i punti 1 e 2 giacciono sulla stessa politropica) é più immediato considerare una trasformazione politropica reversibile da 1 a 2 (la trasformazione politropica reale che avviene nel motore non sarà certamente reversibile, ma ciò non ha alcuna rilevanza ai fini del calcolo della variazione Δs_{12} che non dipende dalla trasformazione considerata ma solo dagli stati fisici iniziale e finale).

Le quantità infinitesime di calore scambiato nelle trasformazioni politropiche e isocore sono correlabili direttamente ai corrispondenti calori specifici ed ai differenziali della temperatura:

$$\delta q_{12} = c_m dT = c_v \frac{m-\gamma}{m-1} dT \delta q_{23} = c_v dT$$

$$\delta q_{34} = c_n dT = c_v \frac{n-\gamma}{n-1} dT \delta q_{41} = c_v dT$$

dove i calori specifici lungo le politropiche risultano c_m = -2970 J/kg °C per la compressione e c_n = 17 J/kg°C per l'espansione (i segni dei calori specifici indicano che nella compressione, poiché la temperatura aumenta, il gas cede calore all'esterno; anche nella espansione, poiché la temperatura diminuisce, il gas cede calore all'esterno).

Le variazioni infinitesime di entropia specifica lungo le 4 trasformazioni, considerate reversibili, sono quindi:

$$\Delta s_{12} = \int_1^2 \frac{c_m dT}{T} = c_v \frac{m-\gamma}{m-1} \ln\left(\frac{T_2}{T_1}\right) = -658.5 \frac{J}{kgK}$$

$$\Delta s_{23} = \int_2^3 \frac{c_v dT}{T} = c_v \ln\left(\frac{T_3}{T_2}\right) = 961.2 \frac{J}{kgK}$$

$$\Delta s_{34} = \int_3^4 \frac{c_n dT}{T} = c_v \frac{n-\gamma}{n-1} \ln\left(\frac{T_4}{T_3}\right) = -20.5 \frac{J}{kgK}$$

$$\Delta s_{41} = \int_4^1 \frac{c_v dT}{T} = c_v \ln\left(\frac{T_1}{T_4}\right) = -282.2 \frac{J}{kgK}$$

Quindi i valori di entropia degli stati fisici 1, 2, 3 e 4 sono:

$$s_1 = 658.5, \qquad s_2 = 0 \frac{J}{kgK}, \qquad s_3 = 961.2 \frac{J}{kgK}, \qquad s_4 = 940.7 \frac{J}{kgK}$$

I diagrammi p-v e T-s sono mostrati nelle Figure 55 e 56.

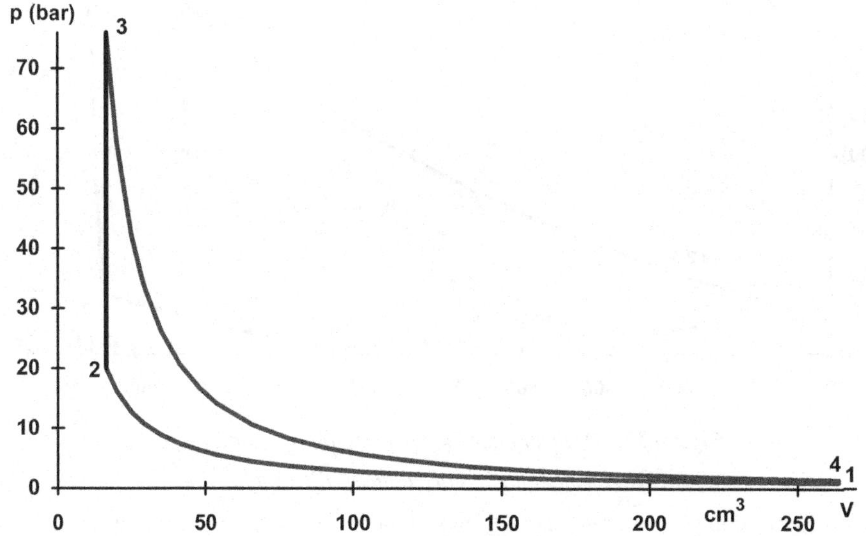

Figura 56. Diagramma p-v per il ciclo costituito da due trasformazioni isocore e due politropiche.

2) Il lavoro trasferito per ognuna delle 4 trasformazioni é ricavabile dall'integrale di pdv; per le trasformazioni isocore 2-3 e 4-1 tale lavoro é nullo, mentre per le trasformazioni politropiche é:

$$l_{12} = \int_1^2 pdv = \frac{p_1 v_1 - p_2 v_2}{m-1} = -262500 \frac{J}{kg}$$

$$l_{34} = \int_3^4 pdv = \frac{p_3 v_3 - p_4 v_4}{n-1} = 659524 \frac{J}{kg}$$

Il lavoro complessivamente trasferito dall'unità di massa di gas all'esterno é quindi:

$$l = l_{12} + l_{34} = -262500 + 659524 = 397024 \quad \frac{J}{kg}$$

La massa M di gas nel cilindro é ricavabile dalla conoscenza del volume totale e del volume specifico in uno stato fisico qualsiasi:

$$M = \frac{V_1}{v_1} = \frac{264 x 10^{-6}}{0.850} = 3.106 x 10^{-4} \quad kg$$

Il lavoro L complessivamente trasferito dal gas all'esterno in un ciclo é quindi:

$$L = lM = 397024 x 3.106 x 10^{-4} = 123.3 \quad J$$

Allo scopo di ottenere una potenza del motore di 4.5 kW, in 1 secondo occorre compiere un numero di cicli pari a P/L=4500/123.3=36.5. In un minuto il numero di cicli deve quindi essere N = 36.5x60 = 2190 cicli al minuto.

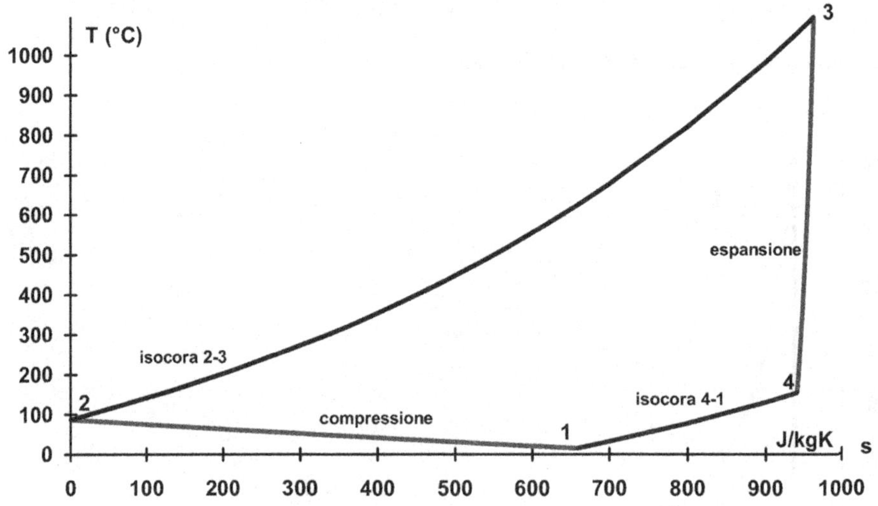

Figura 57. Diagramma T-s per il ciclo costituito da due trasformazioni isocore e due politropiche.

3) Per il sistema chiuso costituito dal gas nel cilindro del motore, il calore scambiato é determinato in base ai calori specifici nelle 4 trasformazioni ed alle variazioni di temperatura:

$$q_{12} = c_m(T_2 - T_1) = -2970\,(86.2 - 15) = -211464 \quad \frac{J}{kg}$$

$$q_{23} = c_v(T_3 - T_2) = 720\,(1093 - 86.2) = 724896 \quad \frac{J}{kg}$$

$$q_{34} = c_n(T_4 - T_3) = 17\,(426.4 - 1365) = -15956 \quad \frac{J}{kg}$$

$$q_{41} = c_v(T_1 - T_4) = 720\,(15 - 153.3) = -99576 \quad \frac{J}{kg}$$

Il calore ricevuto dall'unità di massa di gas in un ciclo termodinamico é la somma:

$$q = q_{12} + q_{23} + q_{34} + q_{41} = -211464 + 724896 - 15956 - 99576 = 397900 \quad \frac{J}{kg}$$

Si osservi che il valore l = 397024 J/kg e q = 397900 J/kg differiscono dello 0.2% a causa degli errori di troncamento per le operazioni di calcolo eseguite, in realtà l e q devono coincidere per il 1° principio della termodinamica. La massa di gas é $M = 3.106 \times 10^{-4}$ kg, in un ciclo il calore trasferito tra il gas e l'esterno é quindi:

$Q_{12} = M\, q_{12} = -65.7$ J $\qquad Q_{23} = M\, q_{23} = 225.2$ J

$Q_{34} = M\, q_{34} = -5.0$ J $\qquad Q_{41} = M\, q_{41} = -30.9$ J

4) Poiché la benzina fornisce $q_{benzina} = 44$ MJ/kg, la massa di benzina che occorre bruciare in un ciclo termodinamico é $M_{benzina} = Q_{23}/q_{benzina} = 225.2/44 \times 10^6 = 5 \times 10^{-6}$ kg. La frazione di benzina nel gas che opera nel ciclo é allora $f = M_{benzina}/M = 5 \times 10^{-6}/3.106 \times 10^{-4} = 0.016$ pari al 1.6%.

5) Il coefficiente ε economico del ciclo é:

$$\varepsilon = \frac{L}{Q_{23}} = \frac{123.3}{225.2} = 0.548$$

Il coefficiente economico di un ciclo di Carnot in cui il gas riceve calore da un serbatoio a temperatura $T_3 = 1365$ K e cede calore ad un serbatoio a temperatura $T_1 = 288.15$ K é:

$$\varepsilon_{Carnot} = 1 - \frac{T_1}{T_3} = 1 - \frac{288.15}{1365} = 0.789$$

Il rendimento η del motore considerato é quindi:

$$\eta = \frac{\varepsilon}{\varepsilon_{Carnot}} = \frac{0.548}{0.789} = 0.695$$

6) Il lavoro ΔL reso non utilizzabile dal ciclo termodinamico, rispetto al ciclo di Carnot, é:

$$\Delta L = Q_{23}(\varepsilon_{Carnot} - \varepsilon) = 225.2\,(0.789 - 0.548) = 54.3 \quad J$$

L'aumento di entropia ΔS associato al ciclo termodinamico del motore é:

$$\Delta S = \frac{\Delta L}{T_1} = \frac{54.3}{288.15} = 0.188 \quad \frac{J}{K}$$

ESERCIZIO 57

Una macchina termica a gas, con rapporto di compressione $\rho = 4$, opera con elio in un ciclo di Stirling. L'elio riceve calore q_{12} nella trasformazione isoterma 1-2 a 600 °C fino a raggiungere il volume specifico $v_2 = 4\ v_1$; quindi cede calore q_{23} al sistema di rigenerazione in una trasformazione isocora 2-3, raffreddandosi fino alla pressione $p_3 = 1$ bar ed alla temperatura $T_3 = 40$ °C. Quindi l'elio cede calore q_{34} all'ambiente circostante, in una trasformazione isoterma 3-4 a 40 °C fino a raggiungere la pressione p_4 ed il volume specifico $v_4 = v_1$. Infine l'elio riceve calore q_{41} dal sistema di rigenerazione in una trasformazione isocora 4-1, riscaldandosi fino alla pressione p_1 ed alla temperatura $T_1 = 600$ °C (Fig. 57).

1) Calcolare pressione, volume e temperatura negli stati fisici 1,2,3,4 considerando il sistema aperto costituito dall'elio (gas perfetto con costante dell'equazione di stato R = 2079 J/kgK);

2) rappresentare il ciclo termodinamico 1-2-3-4 nel diagramma termodinamico p-v;

3) calcolare il lavoro utile reso dalla macchina di Stirling ed il suo coefficiente economico;

4) calcolare il coefficiente economico di una macchina di Carnot che opera tra due serbatoi di calore a temperatura $T_1 = 600$ °C e $T_3 = 40$ °C.

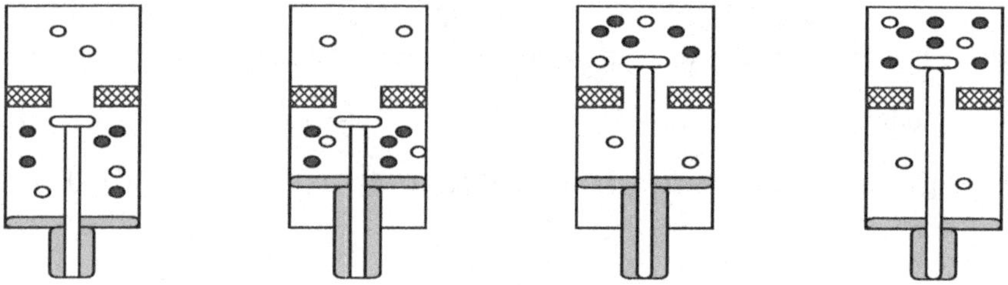

Figura 58. Cilindro con il gas negli stati fisici 1, 2, 3, 4 del ciclo Stirling.

Soluzione

1) Il volume specifico v_3 é fornito dall'equazione di stato:

$$v_3 = \frac{RT_3}{p_3} = \frac{2079 x 313}{10^5} = 6.5 \quad \frac{m^3}{kg}$$

Poiché le trasformazioni 2-3 e 4-1 sono isocore ed il rapporto di compressione é $\rho = v_3/v_1$, risulta:

$$v_2 = v_3 = 6.5 \frac{m^3}{kg} \qquad v_1 = v_4 = \frac{v_3}{\rho} = \frac{6.5}{4} \frac{m^3}{kg} = 1.63 \frac{m^3}{kg}$$

La pressione dell'elio negli stati fisici 1,2 e 4 può essere dedotta dall'equazione di stato dei gas perfetti:

$$p_1 = \frac{RT_1}{v_1} = \frac{2079 x 873}{1.63} \quad Pa = 11.13 x 10^5 \quad Pa$$

$$p_2 = \frac{RT_2}{v_2} = \frac{2079 x 873}{6.5} \quad Pa = 2.79 x 10^5 \quad Pa$$

$$p_4 = \frac{RT_4}{v_4} = \frac{2079 x 313}{1.63} \quad Pa = 3.99 x 10^5 \quad Pa$$

2) Il ciclo di Stirling nel diagramma p-v é mostrato in Figura 59.

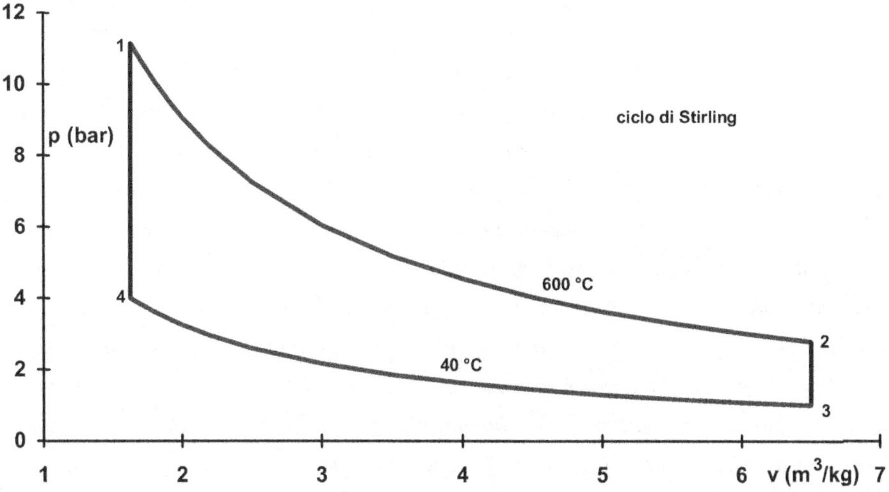

Figura 59. Diagramma p-v per il ciclo di Stirling.

3) Il lavoro reso utile dalla macchina di Stirling é:

$$l = \oint p dv = \int_1^2 p dv + \int_3^4 p dv = R\left(T_1 \int_{v_1}^{v_2} \frac{dv}{v} + T_3 \int_{v_3}^{v_4} \frac{dv}{v} \right) = R\left(T_1 \ln \frac{v_2}{v_1} + T_3 \ln \frac{v_4}{v_3} \right) =$$

$$= R \ln \rho (T_1 - T_3) = 2079 x \ln 4 x 560 \frac{J}{kg} = 1.614 x 10^6 \frac{J}{kg}$$

4) Il calore ricevuto dal sistema aperto costituito dal gas racchiuso tra le sezioni 1 e 2 é:

$$q_{12} = h_1 - h_2 - l_{12}$$

Per gas perfetti vale la relazione dh = c_p dT, quindi h_1 - h_2 = 0 (trasformazione isoterma), inoltre per il sistema aperto tra le sezioni 1 e 2 risulta:

$$l_{12} = \int_1^2 p dv - p_1 v_1 + p_2 v_2 = R T_1 \ln \frac{v_2}{v_1} - R(T_1 - T_2) = 2079 x 873 x \ln 4 \frac{J}{kg} = 2.516 x 10^6 \frac{J}{kg}$$

Quindi q_{12} = 2.516 MJ/kg.

Il coefficiente economico del ciclo é pertanto:

$$\varepsilon = \frac{l}{q_{12}} = \frac{R \ln \rho (T_1 - T_3)}{R \ln \rho T_1} = 1 - \frac{T_3}{T_1} = 1 - \frac{313}{873} = 0.641$$

ed é identico al coefficiente economico di un ciclo di Carnot in cui il serbatoio caldo si trova a temperatura T_1 ed il serbatoio freddo si trova a temperatura T_3. Ciò era prevedibile in quanto le trasformazioni che interessano i trasferimenti di calore tra gas e serbatoi sono isoterme in entrambi i cicli.

ESERCIZIO 58

Nel 1852, Barsanti e Matteucci idearono un motore a combustione interna, il cui funzionamento ideale è descrivibile mediante un ciclo costituito da tre trasformazioni: una isocora, un'isentropica ed una isobara. Il motore fu poi brevettato dal belga Jean Etienne Renoir nel 1860, ed il ciclo prese il nome di ciclo di Lenoir. Tale ciclo è riferibile a motori endotermici, dove in una cavità avviene la reazione di combustione (isocora come nel ciclo Otto) tra aria ed un gas combustibile, i gas prodotti dalla combustione vengono scaricati dalla cavità tramite un ugello (trasformazione isentropica), ottenendo un getto ad alta velocità. Infine la trasformazione isobara simula l'uscita dei gas di scarico dalla camera di combustione e la nuova introduzione di aria e combustibile. Questo motore (detto pulsoreattore) è tuttora utilizzato nell'aeromodellismo, dove la propulsione è fornita dal getto di gas di scarico uscente dalla parte posteriore dell'aeromodello. Durante la seconda guerra mondiale, i pulsoreattori guidavano le "bombe volanti" dalla Germania all'Inghilterra. Si consideri ora un ciclo di Lenoir, con un gas perfetto che entra in un cilindro chiuso alla pressione di p_1=1 bar ed alla temperatura T_1= 20 °C. Al termine della trasformazione isobara 1-2, la temperatura del gas è T_2=1000 °C. Il gas viene quindi espulso dall'ugello, fino a raggiungere la pressione p_3=p_1 al termine della trasformazione isentropica 2-3.

1) Calcolare le coordinate termodinamiche p, v, T del gas perfetto negli stati fisici 1, 2, 3.

2) Per ogni trasformazione, calcolare il calore ed il lavoro scambiato (per unità di massa).

3) Calcolare il coefficiente economico ed il rendimento termodinamico del ciclo di Lenoir.

Dati: calori specifici a pressione e volume costante: c_p = 1257 J/kgK, c_v = 967 J/kgK.

Soluzione

1) Nello stato fisico 1, conoscendo pressione e temperatura ed essendo R = c_p –c_v = 290 J/kgK, dalla equazione di stato per gas perfetti si ottiene:

$$v_1 = RT_1/p_1 = 290x293.15/105 = 0.850 \text{ m}^3/\text{kg}$$

Al termine della combustione nello stato fisico 2, conoscendo v_2=v_1 = 0.850 m^3/kg e T_2 = 1273.15 K, si ricava:

$$p_2 = RT_2/v_2 = 4{,}34300x10^5 \text{ Pa}$$

Al termine dello scarico dei prodotti della combustione (stato fisico 3), con p_3=p_1 = 10^5 Pa e sapendo che la trasformazione 2-3 è isentropica con $\gamma = c_p/c_v$ = 1257/967 = 1.3, si ottiene:

$$v_3 = v_2 \left(\frac{p_2}{p_3}\right)^{\frac{1}{\gamma}} = 2{,}631 \frac{\text{m}^3}{\text{kg}} \quad \text{e quindi} \quad T_3 = p_3v_3/R = 10^5x2.631/290 = 907.27 \text{ K} = 634.12 \text{ °C}$$

2) Per il sistema chiuso rappresentato dal gas all'interno della camera di combustione vale il primo principio della termodinamica, ed il lavoro dipende dalla variazione di volume. Quindi nella trasformazione 1-2, ricordando che du = c_v dT per gas perfetti:

$$l_{12} = \int^2 p\, dv = 0 \qquad q_{12} = u_2\text{-}u_1 + l_{12} = c_v\,(T_2\text{-}T_1) = 967x(1000\text{-}20) = 947.660 \text{ kJ/kg}$$

La trasformazione 2-3 è isentropica, quindi:

$$v_B = \frac{V_B}{M_B} = \frac{1}{232.29} = 0.0043 \frac{m^3}{kg}$$

$$v_F = \frac{V_A + V_B}{M_A + M_B} = \frac{30}{266.78} = 0.1125 \frac{m^3}{kg}$$

2) Il sistema costituito dai gas A e B é contenuto da pareti rigide e adiabatiche, pertanto tale sistema non scambia lavoro e calore con l'esterno nella trasformazione considerata. Dal primo principio della termodinamica ($dU=\delta Q-\delta L$) risulta che la variazione di energia per il sistema A+B é nulla; ricordando che per gas perfetti du = c_V dT e considerando la trasformazione dallo stato iniziale (a temperatura T_A e T_B per i due gas) allo stato finale (a temperatura T_F per entrambi i gas), risulta:

$$\Delta U = \Delta U_A + \Delta U_B = M_A c_v (T_F - T_A) + M_B c_v (T_F - T_B) = 0$$

da cui viene calcolata la temperatura nello stato finale, che risulta essere la media pesata delle temperature iniziali dei gas, dove le funzioni peso sono le capacità termiche dei singoli gas (in questo esercizio, poiché i gas hanno identico calore specifico, le funzioni peso divengono le masse):

$$T_F = \frac{M_A T_A + M_B T_B}{M_A + M_B} = \frac{34.49x20 + 232.29x27}{34.49 + 232.29} = 26.1\ °C$$

Si osservi che, nel calcolo precedente, le temperature possono essere espresse indifferentemente in gradi Celsius o Kelvin, in quanto derivano da una equazione in cui compare solo la differenza di temperatura.

3) La pressione finale dell'aria viene calcolata tramite l'equazione di stato dei gas perfetti, essendo noti il numero di moli ($n_A + n_B$), il volume ($V_A + V_B$) e la temperatura (T_F):

$$p_F = \frac{n_A + n_B}{V_A + V_B} R_0\, T_F = \frac{1189.3 + 8010}{29 + 1} 8.314\, x (273.15 + 26.10) = 7.63 x 10^5 \text{ Pa} = 7.63 \text{ bar}$$

4) La variazione di entropia del sistema A+B é la somma delle variazioni di entropia dei singoli gas perfetti A e B. Ricordando che per gas perfetti ds = c_p dT/T - R dp/p, si ottiene:

$$\Delta S_A = M_A \left(c_p \ln\frac{T_F}{T_A} - R \ln\frac{p_F}{p_A} \right) = 34.49 \left(1005 \ln\frac{299.25}{293.15} - 287 \ln\frac{7.6}{1} \right) = -19.362 x 10^3 \frac{J}{K}$$

$$\Delta S_B = M_B \left(c_p \ln\frac{T_F}{T_B} - R \ln\frac{p_F}{p_B} \right) = 232.29 \left(1005 \ln\frac{299.25}{300.15} - 287 \ln\frac{7.6}{200} \right) = 217.312 x 10^3 \frac{J}{K}$$

La variazione di entropia del sistema, in seguito al mescolamento dei due gas, é:

$$\Delta S = \Delta S_A + \Delta S_B = -19.362 + 217.312 = 197.950 \frac{kJ}{K}$$

Si osservi come il mescolamento adiabatico di gas, fenomeno tipicamente irreversibile, comporta un aumento di entropia del sistema.

ESERCIZIO 20

Un cilindro rigido di volume complessivo $V_{tot} = 0.1\ m^3$ é diviso in due parti uguali da un pistone mobile metallico di spessore trascurabile e privo di attrito.

Una parte del cilindro é occupata da azoto, l'altra da idrogeno; entrambi i gas si trovano inizialmente alla pressione $p_1 = 2$ bar ed alla temperatura $T_1 = 25$ °C.

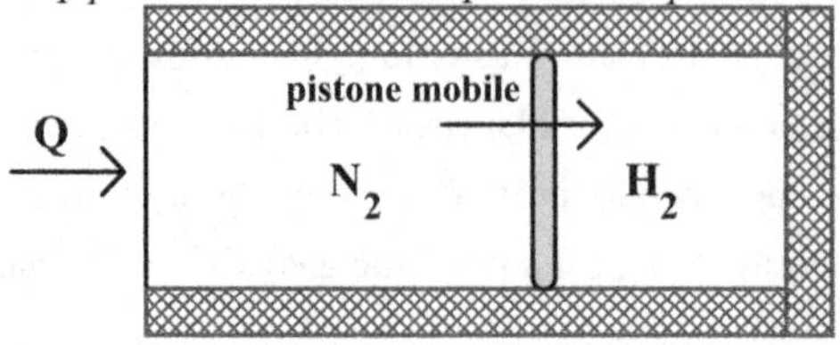

Figura 17. Cilindro diviso da pistone mobile metallico.

Le pareti che racchiudono l'idrogeno sono adiabatiche (Figura 17). Partendo da questo stato fisico iniziale, avviene una trasformazione nella quale l'azoto riceve calore Q, finché nel cilindro si stabilisce una pressione in entrambi i gas $p_2 = 10$ bar. Nell'ipotesi che i gas siano perfetti, le pareti indeformabili, la trasformazione reversibile, calcolare:

1) i volumi specifici v_1 e v_2 negli stati fisici iniziale e finale, sia per l'azoto sia per l'idrogeno;

2) la temperatura finale T_2, sia per l'azoto sia per l'idrogeno;

3) il calore Q ricevuto dall'azoto nella trasformazione 1-2;

Infine, considerando la trasformazione 1-2 per l'azoto come una politropica, calcolare:

4) l'esponente n della politropica per l'azoto.

Dati

	R (J/kg K)	c_v (J/kg K)	c_p (J/kg K)	γ
Azoto	*300*	*730*	*1030*	*1.41*
Idrogeno	*4120*	*10200*	*14320*	*1.40*

Soluzione

1) Nello stato iniziale i volumi specifici dell'idrogeno (H) e dell'azoto (N) vengono ricavati dalla equazione di stato:

$$v_1^H = \frac{R^H T_1^H}{p_1^H} = \frac{4120 x 298.15}{2 x 10^5} = 6.1419\ \frac{m^3}{kg}$$

$$v_1^N = \frac{R^N T_1^N}{p_1^N} = \frac{300 x 298.15}{2 x 10^5} = 0.4472\ \frac{m^3}{kg}$$

Conoscendo i volumi complessivi ed i volumi specifici si calcolano le masse dei gas:

$$M^H = \frac{V_1^H}{v_1^H} = \frac{0.05}{6.1419} = 8.14 x 10^{-3}\ kg$$

$$M^N = \frac{V_1^N}{v_1^N} = \frac{0.05}{0.4472} = 111.81 x 10^{-3}\ kg$$

La trasformazione 1-2 per l'idrogeno é isentropica, quindi l'equazione caratteristica fornisce il volume nello stato finale:

$q_{23} = 0$ $\qquad l_{23} = q_{23} - (u_3 - u_2) = - c_v (T_3 - T_2) = 967x(1000-634{,}12) = 353.806$ kJ/kg

La trasformazione 3-1 è isobara, quindi:

$$l_{31} = p_1 (v_1 - v_3) = 10^5(0{,}850-2{,}631) = - 178.100 \text{ kJ/kg}$$

$$q_{31} = c_p(T_1 - T_3) = 1257x(20-634{,}12) = -771.954 \text{ kJ/kg}$$

3) Il lavoro (per unità di massa di gas) di un ciclo è:

$$l_{ciclo} = l_{12} + l_{23} + l_{31} = 353.806 - 178.100 = 175.706 \quad \text{kJ / kg}$$

Il calore entrante nel ciclo (nella trasformazione di combustione 1-2) è q_{12} = 947.660 kJ. Pertanto il coefficiente economico del ciclo è:

$$\varepsilon = \frac{l_{ciclo}}{q_{12}} = \frac{175.706}{947.660} = 0{,}185$$

Il coefficiente economico di un ciclo di Carnot operante tra le temperature estreme T_1 e T_2 é:

$$\varepsilon_{Carnot} = 1 - \frac{T_1}{T_2} = 1 - \frac{293.15}{1273.15} = 0{,}770$$

Quindi il rendimento termodinamico del ciclo di Lenoir è

$$\eta = \frac{\varepsilon}{\varepsilon_{Carnot}} = \frac{0{,}185}{0{,}770} = 0{,}240$$

La rumorosità e le modeste prestazioni energetiche non hanno consentito una vasta diffusione e commercializzazione di motori con ciclo di Lenoir. Si confrontino i risultati ottenuti per il ciclo di Lenoir con i risultati dell'Esercizio 51, dove un motore a scoppio con ciclo Otto, operante con lo stesso gas e con le stesse temperature estreme (20 °C e 1000 °C), presenta un coefficiente economico circa quadruplo rispetto al ciclo di Lenoir, ed un rendimento termodinamico quasi triplo.

ESERCIZIO 59

Si confronti un ciclo di Rankine (LA234 nel ciclo indicato in Figura 60) con un ciclo di Carnot (1234) per un vapore saturo; le pressioni minima e massima sono rispettivamente p_1= 0.08 bar e p_2=100 bar. Per il ciclo di Rankine la trasformazione parte dal punto L sulla curva limite inferiore a 0.08 bar e giunge alla isobara a 100 bar nella regione del liquido, nel punto A. Per il ciclo di Carnot la trasformazione parte dal punto 1, nella regione del vapore saturo a 0.08 bar, e giunge al punto 2, sulla curva limite inferiore a 100 bar.

1) Per il ciclo di Rankine, calcolare il lavoro fornito dalla pompa all'unità di massa di liquido, nella trasformazione isentropica dallo stato L di liquido saturo a pressione p_1 allo stato A di liquido a pressione p_2.

2) Per il ciclo di Carnot, calcolare il volume specifico dello stato fisico 1, che rappresenta la condizione del vapore saturo in ingresso nella macchina preposta alla compressione isentropica; calcolare anche il lavoro fornito dalla macchina all'unità di massa di fluido nella trasformazione da vapore saturo 1 a liquido saturo 2.

3) Calcolare i coefficienti economici dei cicli di Rankine a vapore saturo e di Carnot.

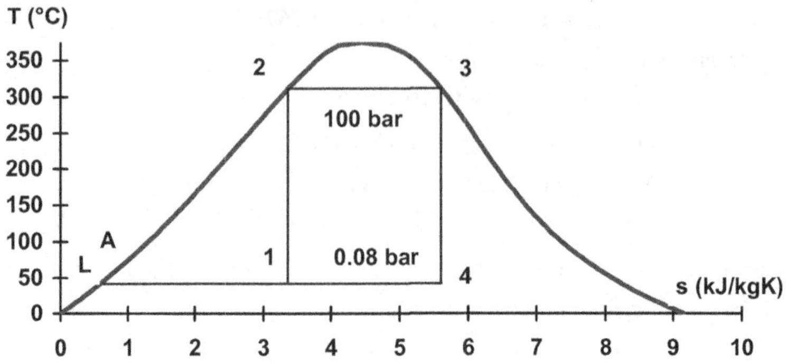

Figura 60. Trasformazioni 1-2 (ciclo di Carnot) e L-A (ciclo di Rankine) nel diagramma T-s.

DATI

temperatura di vaporizzazione a 0.08 bar	$T_1 = 41.5$ °C
temperatura di vaporizzazione a 100 bar	$T_2 = 311.1$ °C
volume specifico del liquido saturo a 0.08 bar	$v_L = 1.0084x10^{-3}\ m^3/kg$,
volume specifico del vapore saturo secco a 0.08 bar	$v_V = 18.103\ m^3/kg$,
calore latente di vaporizzazione a 0.08 bar	$r = 2403.1x10^3\ J/kg$,
entalpia specifica del liquido saturo a 0.08 bar	$h_L = 173.9x10^3\ J/kg$,
entropia specifica del liquido saturo a 0.08 bar	$s_L = 592.6\ J/kg\ K$,
entalpia specifica del liquido saturo a 100 bar	$h_2 = 1407.6x10^3\ J/kg$,
entropia specifica del liquido saturo a 100 bar	$s_2 = 3359.6\ J/kg\ K$,
entalpia specifica del vapore saturo secco a 100 bar	$h_3 = 2724.7x10^3\ J/kg$,
entropia specifica del vapore saturo secco a 100 bar	$s_3 = 5614.1\ J/kg\ K$,

Soluzione

1) Per il ciclo di Rankine la trasformazione isentropica di compressione inizia dalla curva limite inferiore (nel punto L a 0.08 bar) e giunge a intersecare l'isobara a 100 bar nel punto A. Il volume specifico del fluido entrante nella pompa é $v_L = 1.0084x10^{-3}$ m^3/kg. Per la trasformazione isentropica deve risultare $s_L = s_A$, poiché nella regione del liquido ds = c dT/T, risulta $T_A = T_L = 41.5$ °C.

Si osservi che i punti A e L nel diagramma T-s sono praticamente coincidenti, in quanto $T_A = T_L$, $s_A = s_L$ e l'isobara esponenziale a 100 bar é quasi coincidente con la curva limite inferiore. I punti A e L sarebbero invece ben distinguibili nel diagramma p-v, essendo $p_A = 100$ bar e $p_L = 0.08$ bar. (Si rammenti che nella realtà la trasformazione L-A non sarebbe isentropica, come invece previsto per lo svolgimento di questo esercizio). Dalla relazione $dh = \delta q + vdp$, integrando lungo la trasformazione L-A si ottiene:

$$h_A = h_L + v_L (p_A - p_L) = 173.9x10^3 + 1.0084x10^{-3}(100-0.08)x10^5 = 184.0x10^3\ \ J/kg$$

dove si é ritenuto costante il volume specifico del liquido. Per il sistema aperto tra le sezioni di ingresso L e di uscita A della pompa nel ciclo di Rankine, vale il 1° principio della termodinamica:

$$|l_{Rankine}| = h_A - h_L = (184.0\text{-}173.9)x10^3 = 10.1x10^3 \text{ J/kg}$$

in cui sono state trascurate le variazioni di energia cinetica e potenziale tra le sezioni L e A.

2) Nel ciclo di Carnot, per la compressione isentropica 1-2 risulta $s_1 = s_2$, essendo $s_1 = s_L + rx/T_1$ e $s_2 = 3359.6$; il titolo x_1 per lo stato fisico 1 é quindi:

$$x_1 = T_1 \frac{s_2 - s_L}{r} = 314.65 \frac{3359.6 - 592.6}{2403.1x10^3} = 0.362$$

Il volume specifico del fluido entrante nella macchina operatrice é dunque:

$$v_1 = v_L + x_1 (v_V\text{-}v_L) = 1.0084x10^{-3} + 0.362 (18.103 - 1.0084 \, x10^{-3}) = 7.1966 \text{ m}^3\text{/kg}$$

e risulta maggiore del volume specifico entrante nella pompa del ciclo di Rankine di un fattore 7137. L'entalpia specifica dello stato fisico 1 é:

$$h_1 = h_L + rx_1 = 173.9x10^3 + 2403.1x10^3x0.362 = 1043.8x10^3 \text{ J/kg}$$

Il lavoro fornito dalla macchina operatrice al fluido nella compressione 1-2 é ricavabile dal 1° principio per il sistema aperto compreso tra le sezioni di ingresso e di uscita nella macchina:

$$|l_{Carnot}| = h_2 - h_1 = (1407.6\text{-}1043.8)x10^3 = 363.8x10^3 \text{ J/kg}$$

A parità di serbatoi di calore, rispetto ad un ciclo di Rankine il ciclo di Carnot richiede un lavoro molto più elevato (di un fattore 36) della macchina operatrice, che deve ricevere inoltre una portata volumetrica di fluido enorme (essendo molto elevato il volume specifico del vapore saturo entrante).

3) Nel ciclo di Rankine, il lavoro trasferito dall'unità di massa del vapore alla macchina motrice nella trasformazione 3-4 é la differenza h_3- h_4.

Il lavoro richiesto dall'unità di massa di liquido nella trasformazione L-A é h_A- h_L . Il calore ricevuto dall'unità di massa di fluido nella trasformazione isobara di riscaldamento A-3 é h_3-h_A. Occorre calcolare l'entalpia specifica del vapore saturo nello stato fisico 4, $h_4 = h_L + rx_4$. Il titolo x_4 viene determinato osservando che la trasformazione 3-4 é isentropica, per cui $s_3 = s_4 = s_L + rx_4/T_1$. Risulta quindi:

$$x_4 = T_1 \frac{s_3 - s_L}{r} = 314.65 \frac{5614.1 - 592.6}{2403.1x10^3} = 0.657$$

L'entalpia specifica del vapore uscente dalla macchina motrice é pertanto:

$$h_4 = h_L + rx_4 = (173.9 + 2403.1x0.657)x10^3 = 1752.7x10^3 \text{ J/kg}$$

Il coefficiente economico del ciclo di Rankine é:

$$\varepsilon_{Rankine} = \frac{h_3 - h_4 - h_A + h_L}{h_3 - h_A} = \frac{2724.7 - 1752.7 - 184.0 + 173.9}{2724.7 - 184.0} = \frac{961.9}{2540.7} = 0.379$$

Per il ciclo di Carnot il coefficiente economico é maggiore e risulta:

$$\varepsilon_{Carnot} = 1 - \frac{T_1}{T_2} = 0.539$$

ESERCIZIO 60

In un ciclo di Rankine il liquido saturo esce dal condensatore nello stato fisico 1 alla pressione p_1 = 0.023 bar, quindi esce dalla pompa ed entra nell'economizzatore nello stato fisico 2. Esce dal bollitore ed entra in turbina nello stato fisico 3 di vapore saturo secco, esce dalla turbina ed entra nel condensatore nello stato fisico 4, con titolo x_4 = 0.80.

1) Utilizzando le Tabelle del Vapore, calcolare volume specifico, pressione e temperatura negli stati fisici 1,2,3,4.

2) Con riferimento all'unità di massa di fluido, calcolare il lavoro fornito dalla pompa, il calore fornito dal generatore di vapore saturo secco, il lavoro ceduto dal fluido alla turbina, il calore ceduto al condensatore.

3) Calcolare il coefficiente economico ed il rendimento del ciclo di Rankine.

4) Calcolare la portata in massa di fluido, per avere una potenza meccanica ceduta alla turbina P = 100 kW.

DATI

temperatura di vaporizzazione a 0.023 bar	$T_1 = 20\ °C$
entropia del vapore saturo secco a 0.023 bar	$s_{v1} = 8666.5\ J/kgK$
entropia del liquido saturo a 0.023 bar	$s_{L1} = 296.4\ J/kgK$
volume specifico del liquido	$v_L = 0.001\ m^3/kg$,
calore specifico del liquido	$c_L = 4192\ kJ/kgK$,
entalpia specifica del liquido saturo a 0.023 bar	$h_1 = 83.9\ kJ/kg$,
entalpia specifica del vapore saturo secco a 0.023 bar	$h_{V1} = 2537\ kJ/kg$,

Soluzione

1) Lo stato fisico 3 si trova sulla curva limite superiore, sulla isentropica passante per lo stato fisico 4 (s_3=s_4). L'entropia specifica del fluido nel punto 4 è:

$$s_4 = s_{L1} + x_4\,(s_{vl} - s_{L1}) = 296.4 + 0.80\,(8666.5 - 296.4) = 6992.5\ \frac{J}{kg\,K}$$

Il vapore saturo secco nello stato fisico 3, dalle Tabelle del Vapore, risulta allora alle seguenti pressione di saturazione, temperatura di vaporizzazione ed entalpia specifica:

$$p_3 = 3.00\ bar \qquad T_3 = 133.5\ °C \qquad h_3 = 2724.5\ kJ/kg$$

Attraversando la pompa il fluido mantiene inalterato il volume specifico e la temperatura, quindi in uscita si trova nello stato fisico 2 con:

$$p_2 = 3.00\ bar \qquad T_2 = 20\ °C$$

Nello stato fisico 4, risulta:

$$p_4 = p_1,\ T_4 = T_1,\ h_4 = h_1 + x\,(h_{v1}-h_1) = 83.9+0.8\,(2537-83.9) = 2046.4\ kJ/kg$$

Nell'economizzatore il liquido viene riscaldato isobaricamente fino alla temperatura di vaporizzazione di 133.5 °C.

2) Ricordando il primo principio della termodinamica per sistemi aperti, il lavoro fornito dalla pompa all'unità di massa di liquido risulta:

$$l_{pompa} = v_1 \, (p_2 - p_1) = 0.001\,(3.00 - 0.023)x10^5 = 0.3 \quad \frac{kJ}{kg}$$

Il calore ricevuto dal fluido nell'economizzatore è:

$$q_{econ} = c_L \, (T_3 - T_2) = 4192\,(133.5 - 20) = 475.8 \quad \frac{kJ}{kg}$$

Il calore ricevuto dal fluido nel bollitore è:

$$q_{boll} = h_3 - h_{L3} = 2724.5 - 561.1 = 2163.4 \quad \frac{kJ}{kg}$$

Il lavoro ceduto dal vapore alla turbina è:

$$l_{turb} = h_3 - h_4 = 2724.5 - 2046.4 = 678.1 \quad \frac{kJ}{kg}$$

Il calore ceduto dal vapore al condensatore è:

$$q_{cond} = h_4 - h_{L1} = 2046.4 - 83.9 = 1962.5 \quad \frac{kJ}{kg}$$

3) Il coefficiente economico del ciclo è:

$$\varepsilon = \frac{l_{turb} - l_{pompa}}{q_{econ} + q_{boll}} = \frac{678.1 - 0.3}{475.8 + 2163.4} = 0.26$$

Il ciclo economico del ciclo di Carnot di riferimento (a parità di temperature estreme) è:

$$\varepsilon_C = 1 - \frac{T_1}{T_3} = 1 - \frac{293.15}{406.65} = 0.28$$

Pertanto il rendimento termodinamico del ciclo di Rankine è:

$$\eta = \frac{\varepsilon}{\varepsilon_C} = \frac{0.26}{0.28} = 0.93$$

4) Per avere una potenza ceduta dal fluido alla turbina P = 100 kW, occorre una portata:

$$m = \frac{P}{l_{turb}} = \frac{100}{678.1} = 0.147 \, \frac{kg}{s} = 529{,}2 \quad \frac{kg}{h}$$

ESERCIZIO 61

L'energia dell'acqua dell'oceano può essere utilizzata da una macchina termica che utilizza l'acqua calda superficiale, riscaldata dal sole, come serbatoio caldo e l'acqua a grande profondità come serbatoio freddo. Lo schema del ciclo termodinamico (ciclo di Claude) per la utilizzazione dell'energia marina negli impianti OTEC (Ocean Thermal Energy Conversion) é mostrato in Figura 61.

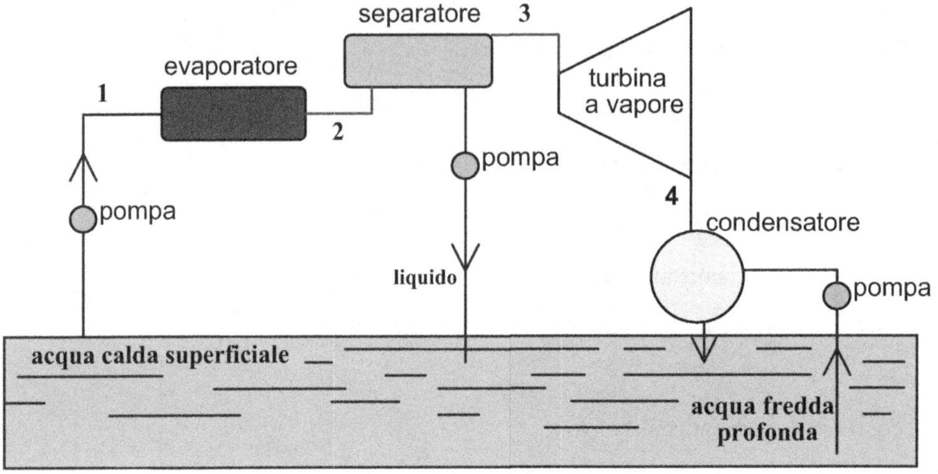

Figura 61. Schema di un impianto OTEC.

L'acqua a temperatura T_1 = 25 °C e pressione p_1 = 1013.3 hPa entra nell'evaporatore, dove viene mantenuta una bassa pressione p_2 = 2643 Pa. La diminuzione di pressione da p_1 a p_2 viene ottenuta mediante una valvola di strozzamento (h_1=h_2) e provoca la vaporizzazione dell'acqua fino alla temperatura T_2 = 22 °C. Il vapore saturo viene inviato ad un separatore a pressione p_2 = p_3, nel quale il liquido saturo (a temperatura T_2) viene separato isobaricamente dal vapore saturo secco (a temperatura T_3 = T_2). Il liquido viene scaricato al mare, mentre il vapore saturo secco viene inviato ad una speciale turbina a bassa pressione p_3. Nella turbina il fluido si espande isentropicamente ed il vapore saturo uscente dalla turbina con titolo x_4 entra nel condensatore, alla pressione p_4 = 1817 Pa, dove viene raffreddato isobaricamente, alla temperatura T_4 = 16 °C, dall'acqua fredda marina prelevata da una pompa a grande profondità (2000 m).

1) Calcolare l'entalpia specifica h_1 nello stato 1, il titolo x_2 nello stato 2, l'entalpia specifica h_3 nello stato 3, l'entropia specifica s_3 nello stato 3, il titolo x_4 ed il volume specifico v_4 nello stato 4;

2) rappresentare sul diagramma T-s gli stati fisici dell'acqua nelle sezioni 1,2,3,4;

3) calcolare il lavoro l_{34} trasferito alla turbina dall'unità di massa di fluido nella trasformazione isentropica 3-4.

DATI

calore specifico a pressione costante dell'acqua tra 0 e 25 °C c_p = 4192.3 J/kgK,

calore specifico a pressione costante dell'acqua tra 0 e 22 °C $c_p = 4194$ *J/kgK,*
calore specifico a pressione costante dell'acqua tra 0 e 16 °C $c_p = 4197$ *J/kgK,*
entropia specifica del liquido saturo a 22 °C $s_{L2} = 325$ *J/kgK,*

T vaporizzazione	*p saturazione*	v_L *liquido saturo*	v_G *vapore secco*	*r calore latente*
0.01 °C	*611 Pa*	*0.0010* m^3/kg	*206.30* m^3/kg	*2501 kJ/kg*
16 °C	*1817 Pa*	*0.0010* m^3/kg	*73.39* m^3/kg	*2463 kJ/kg*
22 °C	*2643 Pa*	*0.0010* m^3/kg	*51.50* m^3/kg	*2449 kJ/kg*

Soluzione

1) L'entalpia h_1 può essere calcolata considerando una trasformazione che conduce l'acqua dallo stato fisico di riferimento (punto triplo sulla curva limite inferiore) allo stato fisico 1:

$$h_1 = \int_0^1 \delta q + \int_0^1 v dp = c(T_1 - T_0) + v(p_1 - p_0) = 4192.3x25 + 0.001(1.01333x10^5 - 611) =$$

$$= 104808 + 101 \frac{J}{kg} = 104.91 \frac{kJ}{kg}$$

Analogamente si può esprimere h_2 in funzione del titolo incognito x_2:

$$h_2 = (h_{L_2} - h_0) + (h_2 - h_{L_2}) = c(T_2 - T_0) + v(p_2 - p_0) + r_2 x_2 \quad \text{da cui si ottiene:}$$

$$x_2 = \frac{h_2 - c(T_2 - T_0) - v(p_2 - p_0)}{r_2} = \frac{104.91 - 92.27 - 2.03x10^{-3}}{2449} = 0.0052$$

L'entropia specifica nello stato fisico 3 é:

$$s_3 = s_0 + (s_{L_2} - s_0) + \frac{r_2}{T_2} = 325 + \frac{2449x10^3}{295} = 325 + 8302 = 8627 \quad \frac{J}{kgK}$$

L'entropia specifica del liquido saturo alla temperatura di 16 °C é:

$$s_{L_4} = c_p \ln\frac{T_4}{T_0} = 4197x\ln\frac{289}{273} = 239 \frac{J}{kgK}$$

L'entropia specifica dell'acqua nello stato fisico 4 $s_4 = s_3$ può essere espressa in funzione del titolo incognito x_4:

$$s_4 = s_{L_4} + \frac{r_4 x_4}{T_4} \quad \text{da cui} \quad x_4 = \frac{T_4(s_4 - s_{L_4})}{r_4} = \frac{289(8627 - 239)}{2463x10^3} = 0.984$$

Il volume specifico v_4 é:

$$v_4 = v_{L_4} + x_4(v_4 - v_{L_4}) = 0.001 + 0.984x73.39 = 72.2 \quad \frac{m^3}{kg}$$

L'entalpia specifica nello stato fisico 4 é:

$$h_4 = (h_{L_4} - h_0) + r_4 x_4 = [4197x16 + 0.001(1817 - 611)] + 2.436x10^6 x0.984 = 2.491x10^6 \frac{J}{kg}$$

2) Nel diagramma T-s (Figura 62) le coordinate termodinamiche sono:

$$T_1 = 25\,°C \qquad s_1 = c\ln\frac{T_1}{T_0} = 4192.3\ln\frac{298}{273} = 367.3 \frac{J}{kgK}$$

$T_2 = 22\ °C \qquad s_2 = s_{L_2} + x_2 \frac{r_2}{T_2} = 325 + 0.0052 \frac{2449x10^3}{295} = 368.2 \frac{J}{kgK}$

$T_3 = 22\ °C \qquad s_3 = 8627 \frac{J}{kgK}$

$T_4 = 16\ °C \qquad s_4 = 8627 \frac{J}{kgK}$

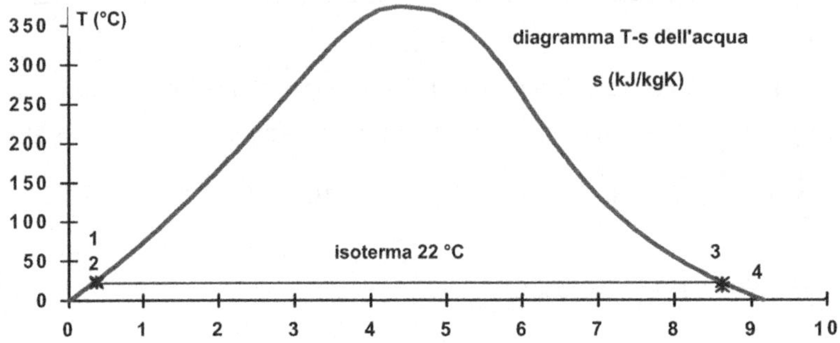

Figura 62. Trasformazione 1-2-3-4 nel diagramma T-s.

3) Dalla applicazione del principio di conservazione dell'energia per sistemi aperti si ottiene:

$$l_{34} = h_3 - h_4 = 2.541x10^6 - 2.491x10^6 \ \frac{J}{kg} = 50 \ \frac{kJ}{kg}$$

ESERCIZIO 62

In un frigorifero una portata di refrigerante R12 (diclorodifluorometano CCl_2F_2) nello stato fisico di liquido saturo alla temperatura T_1 = 32 °C subisce una diminuzione di pressione in una valvola di strozzamento fino a raggiungere uno stato fisico di vapore saturo con pressione p_2 = 4 bar e temperatura T_2 = 8.15 °C.

Quindi il refrigerante viene riscaldato isobaricamente nell'evaporatore, dall'aria dell'ambiente circostante, fino allo stato fisico caratterizzato dal titolo x_3 = 0.90.

Il calore latente di vaporizzazione del fluido a 4 bar é r = 147.33 kJ/kg; la pressione di saturazione a 32 °C é 7.85 bar, per il liquido saturo il volume specifico e l'entropia specifica sono rispettivamente $v_1 = 0.7785x10^{-3}\ m^3/kg$. e s_1 = 246.3 J/kgK.

1) Calcolare il titolo x_2 del refrigerante bifase nello stato fisico 2 ed il calore q ricevuto nell'evaporatore dal freon nella trasformazione 2-3, sapendo che le entalpie specifiche del liquido saturo a 32 °C e 8.15 °C sono rispettivamente h_1 = 66.57 kJ/kg e h_L = 43.64 kJ/kg;

2) indicare nei diagrammi termodinamici p-v, T-s, h-s, p-h e lnp-h i punti rappresentativi degli stati fisici 1, 2 e 3, sapendo che il volume specifico del liquido saturo e del vapore *saturo secco a 8.15 °C sono rispettivamente $v_L = 0.7299x10^{-3}$ m^3/kg e $v_V = 43.21x10^{-3}$ m^3/kg e l'entropia specifica del liquido saturo a 8.15 °C é s_L = 169.1 J/kgK;*

3) calcolare la portata di refrigerante necessaria per ricevere nell'evaporatore una potenza termica P = 600 W.

Soluzione

1) La valvola di strozzamento e l'evaporatore sono schematizzati nella Figura 63.

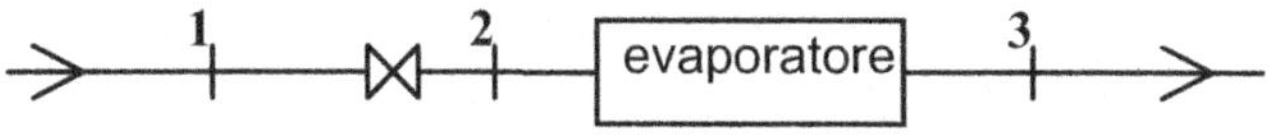

Figura 63. Schema della valvola e dell'evaporatore.

Si osserva che $h_1 = h_2 = 66.57$ kJ/kg, quindi é immediato calcolare il titolo x_2:

$$x_2 = \frac{h_2 - h_L}{r} = \frac{h_1 - h_L}{r} = \frac{66.57 - 43.64}{147.33} = 0.156$$

Dal 1° principio della termodinamica per sistemi aperti tra le sezioni 2 e 3 risulta:

$$q = h_3 - h_2 = r(x_3 - x_2) = 147.33(0.90 - 0.156)\ \frac{kJ}{kg} = 109.61\ \frac{kJ}{kg}$$

2) Le coordinate termodinamiche del freon negli stati fisici 1,2,3 sono:

$$p_1 = 7.85\ \text{bar} \qquad p_2 = 4\ \text{bar} \qquad p_3 = 4\ \text{bar}$$

$$T_1 = 32\ °C \qquad T_2 = 8.15\ °C \qquad T_3 = 8.15\ °C$$

$$v_1 = 0.7785x10^{-3}\ \frac{m^3}{kg} \qquad x_1 = 0 \qquad x_2 = 0.156 \qquad x_3 = 0.90$$

$$v_2 = v_L + x_2(v_V - v_L) = 0.7299x10^{-3} + 0.156(43.21 - 0.7299)x10^{-3}.\frac{m^3}{kg} = 7.357x10^{-3}\ \frac{m^3}{kg}$$

$$v_3 = v_L + x_3(v_V - v_L) = 0.7299x10^{-3} + 0.9(43.21 - 0.7299)x10^{-3}.\frac{m^3}{kg} = 38.962x10^{-3}\ \frac{m^3}{kg}$$

$$h_1 = 66.57\ \frac{kJ}{kg} \qquad h_2 = 66.57\ \frac{kJ}{kg} \qquad h_3 = h_2 + q = 176.18\ \frac{kJ}{kg}$$

$$s_1 = 246.3\ \frac{J}{kgK}$$

$$s_2 = s_L + x_2\frac{r}{T_2} = 169.1 + 0.156\frac{147330}{281.3}\ \frac{J}{kgK} = 250.8\ \frac{J}{kgK}$$

$$s_3 = s_L + x_3 \frac{r}{T_2} = 169.1 + 0.9 \frac{147330}{281.3} \cdot \frac{J}{kgK} = 640.5 \frac{J}{kgK}$$

I diagrammi termodinamici p-v, T-s, h-s, p-h, lnp-h sono riportati nelle Figure 63÷67.

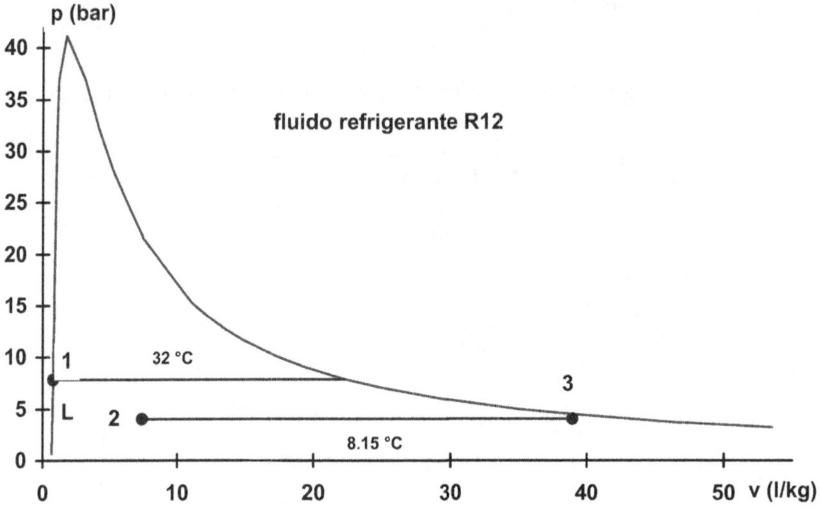

Figura 64. Diagramma p-v per il diclorodifluorometano (R 12).

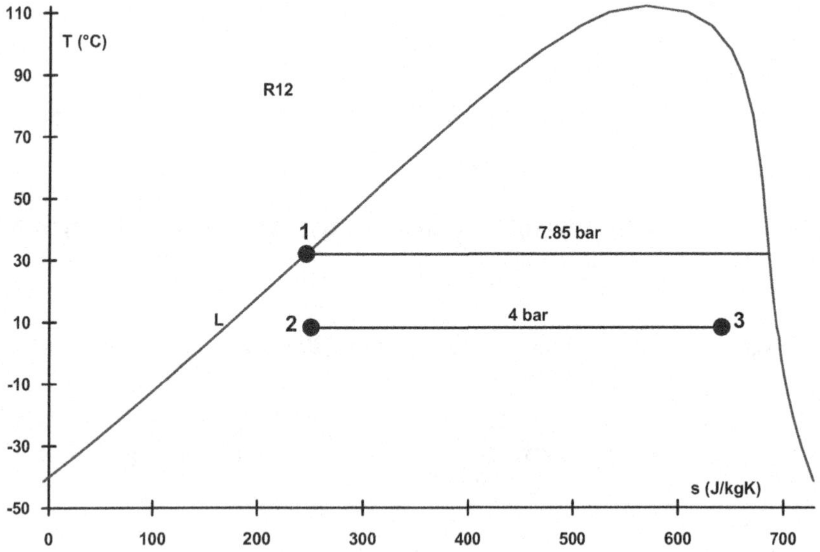

Figura 65. Diagramma T-s.

3) La potenza trasferita al freon é il prodotto tra la portata ed il lavoro ricevuto dall'unità di massa di freon nell'evaporatore; quindi la portata m é:

$$m = \frac{P}{q} = \frac{600}{109.61 x 10^3} = 5.47 x 10^{-3} \quad \frac{kg}{s}$$

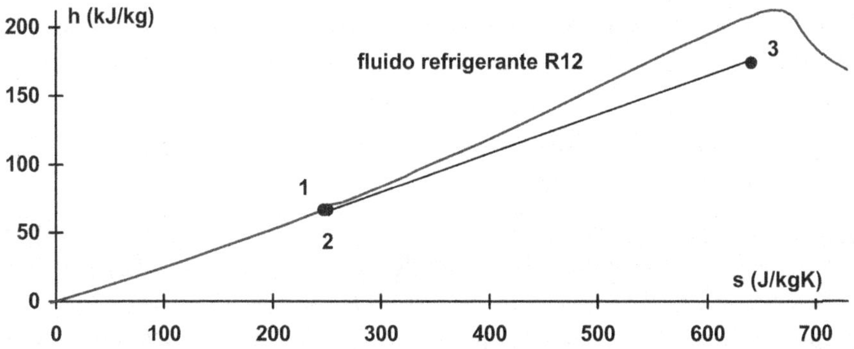

Figura 66. Diagramma h-s.

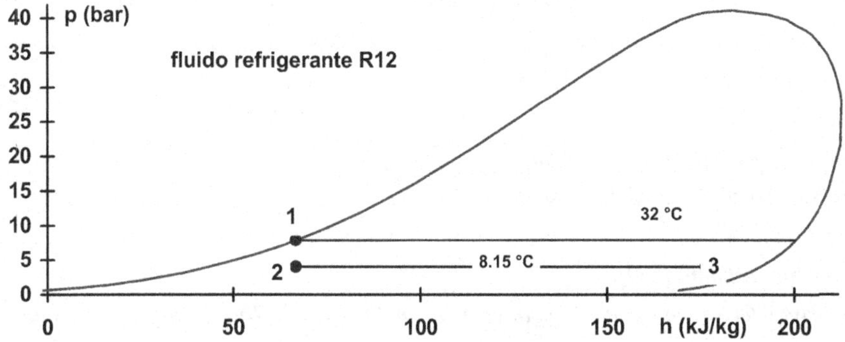

Figura 67. Diagramma p-h.

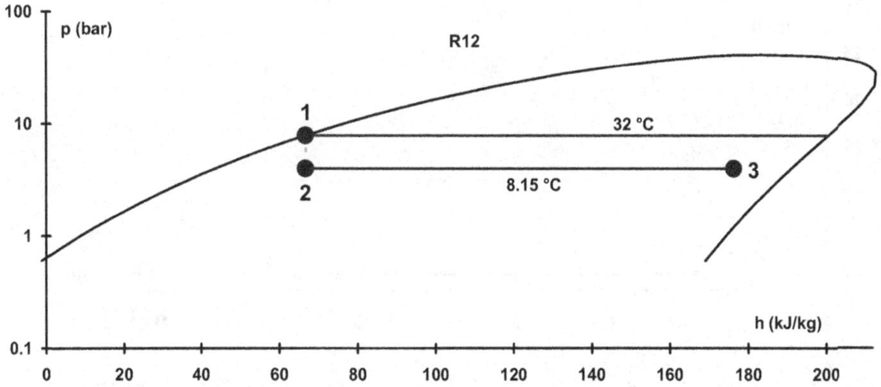

Figura 68. Diagramma ln p-h.

ESERCIZIO 63

In un ciclo frigorifero il vapore surriscaldato viene compresso nella trasformazione isentropica 1-2, condensa isobaricamente nella trasformazione 2-V-3, attraversa la valvola di strozzamento nella trasformazione 3-4 ed infine evapora nella trasformazione isobara 4-1. Scopo dell'impianto é il mantenimento di una temperatura di -10 °C al serbatoio freddo, con una temperatura di 20 °C al serbatoio caldo.

Per questo motivo la temperatura del fluido all'evaporatore deve essere $T_1 = T_4 = -20$ *°C, la temperatura finale nel condensatore deve essere* $T_3 = 30$ *°C (in modo tale che possa avvenire con buona efficienza il trasferimento di calore tra il fluido frigorigeno e l'esterno). Il ciclo frigorifero deve consentire di sottrarre una potenza termica* $W = 20$ *kW dal serbatoio di calore freddo.*

Calcolare la temperatura massima T_2 *del fluido refrigerante, il calore* q_{41} *sottratto dall'unità di massa di fluido al serbatoio freddo, il calore* $|q_{23}|$ *ceduto al serbatoio caldo, il lavoro* $|l_{12}|$ *ricevuto dal fluido tramite il compressore, l'effetto utile* η *del ciclo frigorifero e la portate in massa* P_m *ed in volume* P_v *del vapore saturo secco entrante nel compressore, nell'ipotesi che tale fluido sia:*

1) ammoniaca (NH_3),

2) diclorodifluorometano (refrigerante R12, CF_2Cl_2),

3) clorodifluorometano (refrigerante R22, CHF_2Cl),

4) propano (C_3H_8),

5) diossido di carbonio (CO_2).

Il ciclo frigorifero é mostrato indicativamente nelle Figura 70a e 69b, per l'ammoniaca (R717) e per il clorodifluorometano (R22).

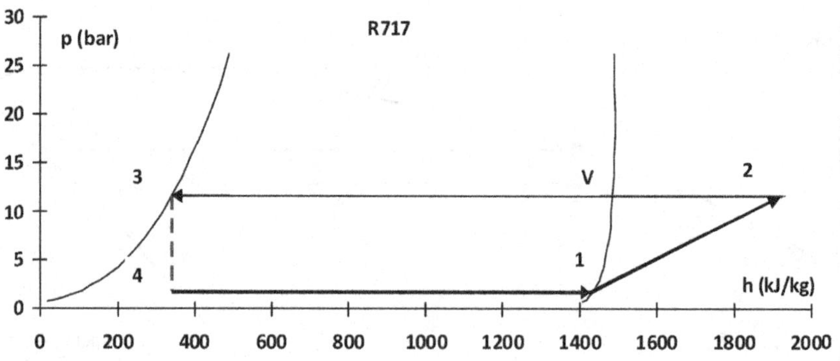

Figura 69. Ciclo frigorifero nel diagramma p-h per l'ammoniaca R717.

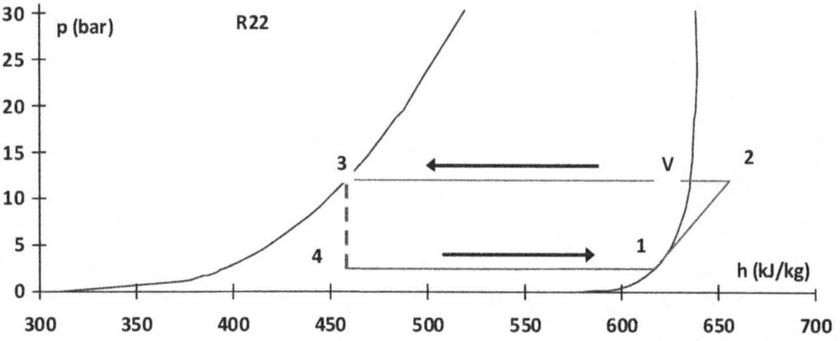

Figura 70. Ciclo frigorifero nel diagramma p-h per il clorodifluorometano R22.

	NH_3	CF_2Cl_2	CHF_2Cl	C_3H_8	CO_2
p_1=p_4	1.90 bar	1.51 bar	2.46 bar	2.42 bar	19.67 bar
p_3=p_V	11.67 bar	7.43 bar	12.02 bar	10.81 bar	71.92 bar
h_1	1655.71 kJ/kg	564.00 kJ/kg	616.93 kJ/kg	775.35 kJ/kg	656.41 kJ/kg
h_3=h_4	560.36 kJ/kg	447.86 kJ/kg	458.20 kJ/kg	493.37 kJ/kg	527.12 kJ/kg
h_V	1705.83 kJ/kg	586.49 kJ/kg	635.47 kJ/kg	824.42 kJ/kg	590.13 kJ/kg
s_1=s_2	9.09 kJ/kgK	4.765 kJ/kgK	4.970 kJ/kgK	5.603 kJ/kgK	5.138 kJ/kgK
s_V	8.454 kJ/kgK	4.744 kJ/kgK	4.907 kJ/kgK	5.537 kJ/kgK	4.752 kJ/kgK
v_1	0.6236 m^3/kg	0.1107 m^3/kg	0.0929 m^3/kg	0.1820 m^3/kg	0.0195 m^3/kg
c_p (vap surr.)	2160 J/kgK	660 J/kgK	640 J/kgK	1600 J/kgK	2300 J/kgK

Soluzione

1) Nella trasformazione isobara V-2 la variazione di entropia specifica é $c_p \ln T_2/T_V$, quindi la temperatura incognita T_2 é :

$$T_2 = T_V e^{\frac{s_2 - s_V}{c_p}}$$

dove s_2=s_1 in quanto la trasformazione 1-2 é, per ipotesi, isentropica. L'entalpia specifica degli stati fisici 1,V,3 é assegnata nella tabella dei dati, inoltre h_3=h_4 poiché la trasformazione 3-4, attraverso la valvola di strozzamento, é tale da mantenere invariata l'entalpia del fluido a valle ed a monte della valvola. L'unico valore incognito di entalpia specifica h_2 é deducibile considerando la trasformazione isobara 2-V, dove in base al primo principio della termodinamica risulta $dh=\delta q=c_p dT$, quindi:

$h_2 = h_V + c_p (T_2 - T_V)$

Il calore q_{41} ricevuto dall'unità di massa di vapore saturo dal serbatoio freddo, il calore $|q_{23}|$ ceduto dal fluido al serbatoio caldo ed il lavoro $|l_{12}|$ trasferito dal compressore al vapore surriscaldato sono quindi (per il principio di conservazione dell'energia dei sistemi aperti):

$q_{41} = h_1 - h_4$ $|q_{23}| = h_2 - h_3$ $|l_{12}| = h_2 - h_1$

L'effetto utile del ciclo frigorifero é pertanto:

$$\eta = \frac{q_{41}}{|l_{12}|} = \frac{h_1 - h_4}{h_2 - h_1}$$

Per trasferire la potenza W=20 kW dal serbatoio di calore freddo al fluido frigorigeno occorre una portata P_m di fluido pari a:

$P_m = W/|q_{41}|$

Tale portata in massa resta costante in tutto il circuito idraulico del fluido frigorigeno, mentre la portata in volume varia al variare del volume specifico del fluido. La massima portata in volume si riscontra all'ingresso del compressore, dove il volume specifico del fluido é massimo:

$P_v = P_m v_1$

Nella tabella sono riportati i risultati numerici relativi ai cinque fluidi frigorigeni considerati.

	NH_3	CF_2Cl_2	CHF_2Cl	C_3H_8	CO_2
T_2	133.79 °C	39.80 °C	61.36 °C	42.77 °C	85.3949 °C
q_{41}	1095.35 kJ/kg	116.14 kJ/kg	158.73 kJ/kg	281.98 kJ/kg	129.29 kJ/kg
$\lvert q_{23}\rvert$	1369.66 kJ/kg	145.10 kJ/kg	197.34 kJ/kg	351.48 kJ/kg	190.42 kJ/kg
$\lvert l_{12}\rvert$	274.31 kJ/kg	28.96 kJ/kg	38.61 kJ/kg	69.50 kJ/kg	61.13 kJ/kg
η	3.99	4.01	4.11	4.06	2.12
P_m	0.0183 kg/s	0.1722 kg/s	0.1260 kg/s	0.0709 kg/s	0.1547 kg/s
P_v	0.0114 m^3/s	0.0191 m^3/s	0.0117 m^3/s	0.0129 m^3/s	0.0030 m^3/s

La tabella pone in evidenza le caratteristiche principali dei fluidi refrigeranti; si rammenta che il diclorodifluorometano, dopo il protocollo di Montreal del 1987 tra paesi industrializzati, non viene più prodotto per i gravi problemi ambientali connessi alla reazione chimica tra ozono e cloro nella ozonosfera; anche il clorodifluorometano non verrà più prodotto per analoghi problemi. Il propano presenta l'inconveniente notevole della infiammabilità. Nuovi fluidi refrigeranti, costituiti da miscele di vari refrigeranti contenenti principalmente idrogeno, fluoro, carbonio, hanno sostituito i fluidi utilizzati fino agli anni '90.

ESERCIZIO 64

In un ciclo frigorifero a gas una portata di aria viene compressa nel trasformazione isentropica 1-2, cede calore isobaricamente al serbatoio caldo (mediante uno scambiatore di calore) nella trasformazione 2-3, si espande isentropicamente in una turbina coassiale con il compressore nella trasformazione 3-4 ed infine riceve calore isobaricamente in uno scambiatore di calore dal serbatoio freddo nella trasformazione 4-1. La trasformazione ciclica é un ciclo di Brayton inverso (due isobare e due isentropiche). Scopo dell'impianto é il *mantenimento di una temperatura di -10 °C al serbatoio freddo, con una temperatura di 20 °C al serbatoio caldo. Per questo motivo la temperatura dell'aria entrante nel compressore é T_1 = -20 °C, la temperatura dell'aria entrante nella turbina é T_3 = 30 °C. L'aria é considerata come un gas perfetto con calore specifico a pressione costante c_p= 1004 J/kgK e costante dell'equazione di stato R= 287 J/kgK. Nel compressore l'aria raggiunge una pressione finale $p_2=3p_1$= 2.4 bar. Il ciclo frigorifero deve consentire di sottrarre una potenza termica W = 20 kW dal serbatoio di calore freddo. Lo schema dell'impianto ed il ciclo frigorifero sono mostrati indicativamente in Figura 71.*

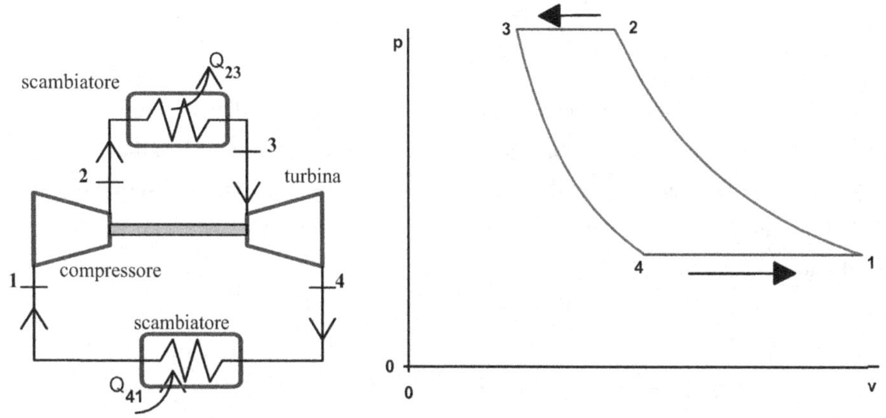

Figura 71. Impianto frigorifero a gas e ciclo termodinamico nel diagramma p-v.

Calcolare:

1) le temperature ed i volumi specifici dell'aria negli stati fisici 1,2,3 e 4;

2) il calore q_{41} sottratto dall'unità di massa di fluido al serbatoio freddo, il calore $|q_{23}|$ ceduto al serbatoio caldo, il lavoro $|l_{12}|$ trasferito dal compressore all'unità di massa di aria, il lavoro l_{34} ceduto alla turbina dall'unità di massa di aria, l'effetto utile η del ciclo frigorifero;

3) la portate in massa P_m ed in volume P_v dell'aria entrante nel compressore.

Soluzione

1) Nello stato fisico 1 il volume specifico dell'aria é ricavato dalla equazione di stato (essendo T_1=-20 °C e $p_1=p_2/3=2.4/3=0.8$ bar):

$$v_1 = \frac{RT_1}{p_1} = \frac{287x253.15}{0.8x10^5} = 0.9082 \quad \frac{m^3}{kg}$$

Il volume specifico dell'aria nello stato fisico 2 é ricavato dalla equazione caratteristica dell'isentropica (essendo $\gamma=c_p/c_v=c_p/(c_p-R)=1004/717=1.4$):

$$v_2 = v_1\left(\frac{p_1}{p_2}\right)^{\frac{1}{\gamma}} = 0.9082\left(\frac{1}{3}\right)^{0.714} = 0.4144 \quad \frac{m^3}{kg}$$

La temperatura dell'aria nello stato fisico 2 é quindi:

$$T_2 = \frac{p_2 v_2}{R} = \frac{2.4x10^5 x0.4144}{287} = 346.54 \quad K = 73.39 \quad °C$$

Il volume specifico dell'aria nello stato fisico 3 é, dalla equazione di stato:

$$v_3 = \frac{RT_3}{p_3} = \frac{287x303.15}{2.4x10^5} = 0.3625 \quad \frac{m^3}{kg}$$

Il volume specifico dell'aria nello stato fisico 4 é dedotto dalla equazione della isentropica:

$$v_4 = v_3\left(\frac{p_3}{p_4}\right)^{\frac{1}{\gamma}} = 0.3625x3^{0.714} = 0.7944 \quad \frac{m^3}{kg}$$

La temperatura nello stato fisico 4 é, dalla equazione di stato:

$$T_4 = \frac{p_4 v_4}{R} = \frac{0.8x10^5 x0.7944}{287} = 221.44 \quad K = -51.71 \quad °C$$

2) Dall'equazione di bilancio energetico per sistemi aperti, il calore ed il lavoro trasferito tra l'aria e l'esterno sono correlabili a variazioni di entalpia (le variazioni di energia cinetica e potenziale sono trascurabili), le quali sono valutabili dalla relazione $dh=c_p dT$, valida per gas perfetti. Quindi, con riferimento all'unità di massa di aria, il calore ricevuto dal serbatoio freddo, il calore ceduto al serbatoio caldo, il lavoro ricevuto dal compressore ed il lavoro ricevuto dalla turbina sono rispettivamente:

$$q_{41} = c_p(T_1 - T_4) = 1004(-20+51.71) = 31.84 \quad \frac{kJ}{kg}$$

$$|q_{23}| = c_p(T_2 - T_3) = 1004(73.39-30) = 43.56 \quad \frac{kJ}{kg}$$

$$|l_{12}| = c_p(T_2 - T_1) = 1004(73.39+20) = 93.76 \quad \frac{kJ}{kg}$$

$$l_{34} = c_p(T_3 - T_4) = 1004(30+51.71) = 82.04 \quad \frac{kJ}{kg}$$

Il lavoro complessivamente ricevuto dall'aria nel ciclo é il lavoro ricevuto dal compressore diminuito del lavoro ricevuto dalla turbina, l'effetto utile del ciclo frigorifero é pertanto:

$$\eta = \frac{q_{41}}{|l_{12}| - l_{34}} = \frac{31.84}{93.76-82.04} = 2.72$$

Si osservi che l'effetto utile di questo ciclo frigorifero a gas risulta inferiore all'effetto utile dei cicli frigoriferi a vapore considerati nell'esercizio precedente.

3) Per trasferire la potenza W=20 kW dal serbatoio di calore freddo al fluido frigorigeno occorre una portata P_m di fluido pari a:

$$P_m = W/|q_{41}| = 0.628 \ \ kg/s$$

Tale portata in massa resta costante in tutto il circuito idraulico del fluido frigorigeno, mentre la portata in volume varia al variare del volume specifico del fluido. La massima portata in volume si riscontra all'ingresso del compressore (massimo volume specifico del fluido):

$$P_v = P_m\, v_1 = 0.628 \text{ x } 0.9082 = 0.570 \ m^3/s$$

Con riferimento alla sezione di ingresso del compressore, si osservi che la portata volumetrica del gas in questo ciclo frigorifero é notevolmente maggiore della portata volumetrica dei cicli frigoriferi a vapore considerati nell'esercizio precedente.

ESERCIZIO 65

Si consideri il ciclo frigorifero a gas dell'esercizio precedente, in cui viene inserito uno scambiatore di calore rigenerativo per trasferire calore dall'aria calda (uscente dallo scambiatore di calore di alta pressione connesso al serbatoio caldo) all'aria fredda uscente dallo scambiatore di calore di bassa pressione connesso al serbatoio freddo). Lo schema dell'impianto e del ciclo B2'3A4'1B sono mostrati in Figura 72, insieme con il ciclo 1234 dell'esercizio precedente (privo di rigeneratore). Per confrontare tale impianto con quello dell'esercizio precedente si assuma T_1 = -20 °C, T_3 = 30 °C. Il rigeneratore sia tale da fare in modo che risulti T_B = 25 °C. L'aria é considerata come un gas perfetto con calore specifico a pressione costante c_p= 1004 J/kgK e costante dell'equazione di stato R= 287 J/kgK. Nel compressore l'aria raggiunge una pressione finale $p_{2'}=3p_B$= 2.4 bar. Il ciclo frigorifero deve consentire di sottrarre una potenza termica W = 20 kW dal serbatoio di calore freddo.

Calcolare:

1) le temperature ed i volumi specifici dell'aria negli stati fisici 1,B,2',3,A e 4';

2) il calore $q_{4'1}$ sottratto dall'unità di massa di fluido al serbatoio freddo, il calore $|q_{2'3}|$ ceduto al serbatoio caldo, il lavoro $|l_{B2'}|$ ricevuto dal compressore, il lavoro $l_{A4'}$ ceduto dall'aria alla turbina, l'effetto utile η del ciclo;

3) la portate in massa P_m ed in volume P_v dell'aria entrante nel compressore.

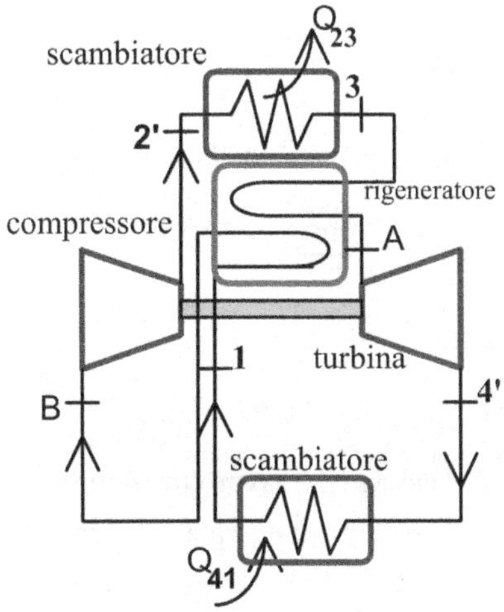

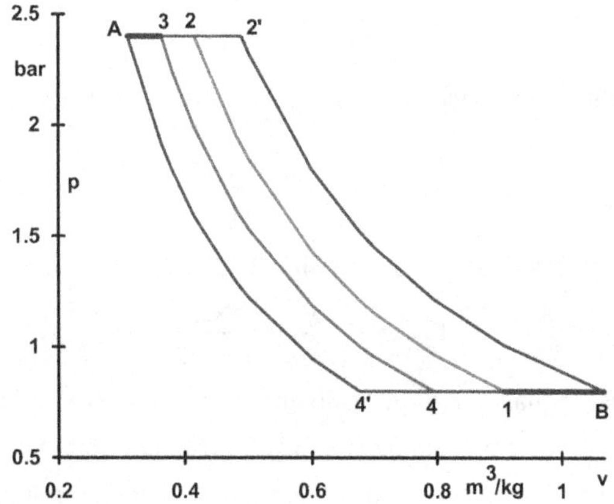

Figura 72. Schema dell'impianto e ciclo frigorifero con rigeneratore.

Soluzione

1) Nello stato fisico 1 il volume specifico dell'aria é ricavato dalla equazione di stato (essendo T_1=-20 °C e $p_1=p_2/3=2.4/3=0.8$ bar):

$$v_1 = \frac{RT_1}{p_1} = \frac{287x253.15}{0.8x10^5} = 0.9082 \quad \frac{m^3}{kg}$$

Il gas entrante dalla sezione 1 esce riscaldato dal rigeneratore alla temperatura T_B= 25 °C, con volume specifico:

$$v_B = \frac{RT_B}{p_1} = \frac{287x298.15}{0.8x10^5} = 1.0696 \quad \frac{m^3}{kg}$$

Il volume specifico dell'aria uscente dal compressore nello stato fisico 2' é ricavato dalla equazione caratteristica dell'isentropica (essendo $\gamma=c_p/c_v=c_p/(c_p-R)=1004/717=1.4$):

$$v_{2'} = v_B\left(\frac{p_1}{p_{2'}}\right)^{\frac{1}{\gamma}} = 1.0696\left(\frac{1}{3}\right)^{0.714} = 0.4881 \quad \frac{m^3}{kg}$$

La temperatura dell'aria nello stato fisico 2' é quindi:

$$T_{2'} = \frac{p_{2'}v_{2'}}{R} = \frac{2.4x10^5x0.4881}{287} = 408.17 \quad K = 135.02 \quad °C$$

Il volume specifico dell'aria nello stato fisico 3 é, dalla equazione di stato:

$$v_3 = \frac{RT_3}{p_3} = \frac{287x303.15}{2.4x10^5} = 0.3625 \quad \frac{m^3}{kg}$$

Nel rigeneratore risulta, in base al principio di conservazione dell'energia per sistemi aperti (trascurando variazioni di energia potenziale e cinetica) h_3-h_A = h_B-h_1, quindi (essendo $dh=c_pdT$ per gas perfetti):

$$T_A = T_3 + T_1 - T_B = 30 - 20 - 25 = -15 \quad °C$$

Dalla equazione di stato, risulta immediato il calcolo di v_A:

$$v_A = \frac{RT_A}{p_3} = \frac{287x258.15}{2.4x10^5} = 0.3087 \quad \frac{m^3}{kg}$$

Il volume specifico dell'aria nello stato fisico 4' é dedotto dalla equazione della isentropica:

$$v_{4'} = v_A\left(\frac{p_3}{p_{4'}}\right)^{\frac{1}{\gamma}} = 0.3087x3^{0.714} = 0.6764 \quad \frac{m^3}{kg}$$

La temperatura nello stato fisico 4' é, dalla equazione di stato:

$$T_{4'} = \frac{p_{4'}v_{4'}}{R} = \frac{0.8x10^5x0.6764}{287} = 188.54 \quad K = -84.61 \quad °C$$

2) Dall'equazione di bilancio energetico per sistemi aperti, il calore ed il lavoro trasferito tra l'aria e l'esterno sono correlabili a variazioni di entalpia (le variazioni di energia cinetica e potenziale sono trascurabili), le quali sono valutabili dalla relazione $dh=c_pdT$, valida per gas perfetti. Quindi, con riferimento all'unità di massa di aria, il calore ricevuto dal serbatoio freddo, il calore ceduto al serbatoio caldo, il lavoro ricevuto dal compressore ed il lavoro ricevuto dalla turbina sono rispettivamente:

$$q_{4'1} = c_p\left(T_1 - T_{4'}\right) = 1004\,(-20 + 84.61) = 64.87 \quad \frac{kJ}{kg}$$

$$\left|q_{2'3}\right| = c_p\left(T_{2'} - T_3\right) = 1004\,(135.02 - 30) = 105.44 \quad \frac{kJ}{kg}$$

$$|l_{B2'}| = c_p\left(T_{2'} - T_B\right) = 1004\,(135.02 - 25) = 110.46 \quad \frac{kJ}{kg}$$

$$l_{A4'} = c_p\left(T_A - T_{4'}\right) = 1004\,(-15 + 84.61) = 69.89 \quad \frac{kJ}{kg}$$

Il lavoro complessivamente ricevuto dall'aria nel ciclo é il lavoro ricevuto dal compressore diminuito del lavoro ricevuto dalla turbina, l'effetto utile del ciclo frigorifero é pertanto:

$$\eta = \frac{q_{4'1}}{|l_{B2'}| - l_{A4'}} = \frac{64.87}{110.46 - 69.89} = 1.59$$

Si osserva quindi, in questo caso, una diminuzione dell'effetto utile del ciclo frigorifero con rigeneratore, imputabile fondamentalmente alla diminuzione del lavoro trasferito dalla turbina all'aria. Per gli scopi prefissati nell'esercizio, é quindi da preferire l'impianto privo di rigeneratore, che risulta anche più semplice ed economico. Impianti frigoriferi con rigeneratori sono adottati in casi particolari, quando si desidera raggiungere temperature estremamente basse, come nel punto 4', ad esempio per la liquefazione di gas.

3) Per trasferire la potenza W=20 kW dal serbatoio di calore freddo al fluido frigorigeno occorre una portata P_m di fluido pari a:

$$P_m = W/|q_{4'1}| = 0.3083 \ \text{kg/s}$$

Tale portata in massa resta costante in tutto il circuito idraulico del fluido frigorigeno, mentre la portata in volume varia al variare del volume specifico del fluido. La massima portata in volume si riscontra all'ingresso del compressore (punto B), dove il volume specifico del fluido é massimo:

$$P_v = P_m\, v_1 = 0.3083 \times 1.0696 = 0.3298 \ \text{m}^3\text{/s}$$

Le portate in massa ed in volume di aria sono quindi minori nell'impianto frigorifero a gas con rigeneratore.

ESERCIZIO 66

Negli aeromobili il raffrescamento delle cabine può essere ottenuto con un impianto frigorifero a gas, in cui l'aria aumenta la propria temperatura in un compressore, trasferisce calore isobaricamente tramite uno scambiatore all'ambiente esterno, viene espansa (e raffreddata) in una turbina ed inviata direttamente all'interno dell'aeromobile.

Si assuma che l'aria entri nel compressore alla pressione p_1= 1 bar ed alla temperatura T_1 = 37 °C, esca alla pressione p_2= 3 bar, e che la temperatura e la pressione dell'aria da inviare nell'abitacolo siano rispettivamente T_4= 18 °C e p_4= 1 bar.

Lo schema di impianto e la relativa trasformazione termodinamica 1234 nel diagramma T-s sono mostrati in Figura 73.

L'aria é considerata come un gas perfetto con calore specifico a pressione costante c_p= 1004 J/kgK e $\gamma = c_p/c_v$= 1.4. Ipotizzando che le trasformazioni siano reversibili, con riferimento all'unità di massa di aria, calcolare:

1) temperatura ed entropia s dell'aria negli stati 1,2,3,4 assumendo $s_3=s_4=0$;

2) il calore $|q_{23}|$ trasferito dall'aria all'ambiente esterno, il lavoro $|l_{12}|$ fornito dal compressore all'aria ed il lavoro l_{34} trasferito dall'aria alla turbina.

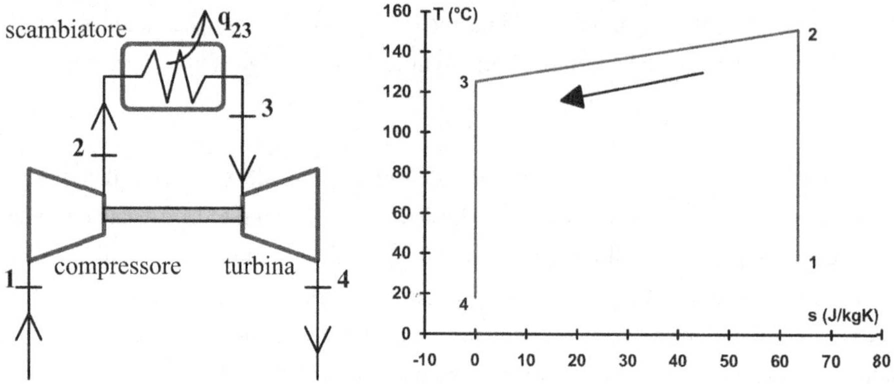

Figura 73. Schema di impianto del sistema di raffrescamento a gas e relativa trasformazione termodinamica nel diagramma T-s.

Soluzione

1) Nella compressione 1-2 vale l'equazione caratteristica della isentropica, che consente di ricavare l'incognita T_2:

$$T_2 = T_1\left(\frac{p_1}{p_2}\right)^{\frac{1-\gamma}{\gamma}} = 310.15(3)^{\frac{0.4}{1.4}} = 424.51 \quad K = 151.36 \quad °C$$

Analogamente nella espansione 3-4 vale la medesima equazione che fornisce l'incognita T_3:

$$T_3 = T_4\left(\frac{p_4}{p_3}\right)^{\frac{1-\gamma}{\gamma}} = 291.15(3)^{\frac{0.4}{1.4}} = 398.51 \quad K = 125..36 \quad °C$$

Poiché é assegnata l'entropia nello stato 3 ($s_3=0$), si consideri la trasformazione isobara 2-3; la relativa variazione di entropia é ricavabile dalla relazione $ds=c_p dT/T$, da cui:

$$s_2 = s_3 + c_p \ln\frac{T_2}{T_3} = 1004 \ln\frac{424.51}{398.51} = 63.46 \quad \frac{J}{kgK}$$

2) Dall'equazione di bilancio energetico per sistemi aperti, il calore ed il lavoro trasferito tra l'aria e l'esterno sono correlabili a variazioni di entalpia (le variazioni di energia cinetica e potenziale sono trascurabili), le quali sono valutabili dalla relazione $dh=c_p dT$, valida per gas perfetti.

Quindi, con riferimento all'unità di massa di aria, il calore ceduto dall'aria all'ambiente esterno, il lavoro ricevuto dal compressore ed il lavoro ceduto alla turbina sono rispettivamente:

$$|q_{23}| = c_p(T_2 - T_3) = 1004(151.36 - 125.36) = 26.10 \quad \frac{kJ}{kg}$$

$$|l_{12}| = c_p(T_2 - T_1) = 1004(151.36 - 37) = 114.82 \quad \frac{kJ}{kg}$$

$$l_{34} = c_p(T_3 - T_4) = 1004(125.36 - 18) = 107.79 \quad \frac{kJ}{kg}$$

ESERCIZIO 67

In un impianto per la produzione di ghiaccio secco (diossido di carbonio CO_2 allo stato solido), una portata m = 1 kg/s di gas a pressione p_1= 1 bar e temperatura T_1= 10 °C viene inviato ad un compressore (insieme con una portata m_6 di vapore saturo secco proveniente da un altro settore dell'impianto) e compresso isentropicamente fino alla pressione p_2= 71.9 bar ed alla temperatura T_2, poi viene raffreddato isobaricamente fino alla temperatura T_3, in un primo scambiatore di calore, da una portata M di acqua entrante alla temperatura T_{in}= 15 °C ed uscente alla temperatura T_{out}= 25 °C. Quindi il gas viene raffreddato isobaricamente in un secondo scambiatore di calore fino allo stato di liquido saturo a temperatura T_4, da una portata m_6 di vapore saturo secco freddo di diossido di carbonio entrante nello scambiatore alla temperatura $T_6 < T_4$ ed uscente alla temperatura T_1. Successivamente il fluido proveniente dalla sezione 4 attraversa una valvola di strozzamento, dove dissipa energia raggiungendo lo stato fisico bifase solido-gas 5, con pressione p_5= p_1= 1 bar. All'uscita dalla valvola, il sistema bifase entra in un separatore isobaro dove una portata m_6 di vapore viene estratto nello stato fisico 6, mentre una portata m_7 di solido sotto forma di polvere farinosa bianca viene estratta nello stato fisico 7. La portata m_6 di vapore uscente dal separatore viene inviata al secondo scambiatore, in cui riceve isobaricamente calore, esce nello stato fisico 1 e viene inviato all'ingresso del compressore (nel compressore entra quindi la portata totale m + m_6). Negli scambiatori di calore non avviene alcun mescolamento tra i fluidi che scambiano calore. Lo schema dell'impianto e le relative trasformazioni termodinamiche nel diagramma T-s sono mostrati in Figura 74.

1) Calcolare la temperatura e l'entalpia specifica del diossido di carbonio al termine della compressione (stato fisico 2).

2) Calcolare il rapporto x_5 tra portata di vapore saturo secco (stato fisico 6) e portata di totale di diossido di carbonio entrante nel separatore (stato fisico 5).

3) Calcolare la portata di vapore uscente dal separatore (stato fisico 6) e la portata di ghiaccio secco uscente dal separatore (stato fisico 7).

4) Calcolare entalpia specifica e temperatura del diossido di carbonio nella sezione 3.

5) Calcolare la portata M di acqua di refrigerazione necessaria al primo scambiatore, nell'ipotesi che tutto il calore sottratto al diossido di carbonio sia ricevuto dall'acqua. Determinare il rapporto tra portata di acqua M e portata di ghiaccio secco ottenuto.

6) Calcolare la potenza P trasferita dal compressore al diossido di carbonio ed il rapporto tra tale potenza e la portata di ghiaccio secco.

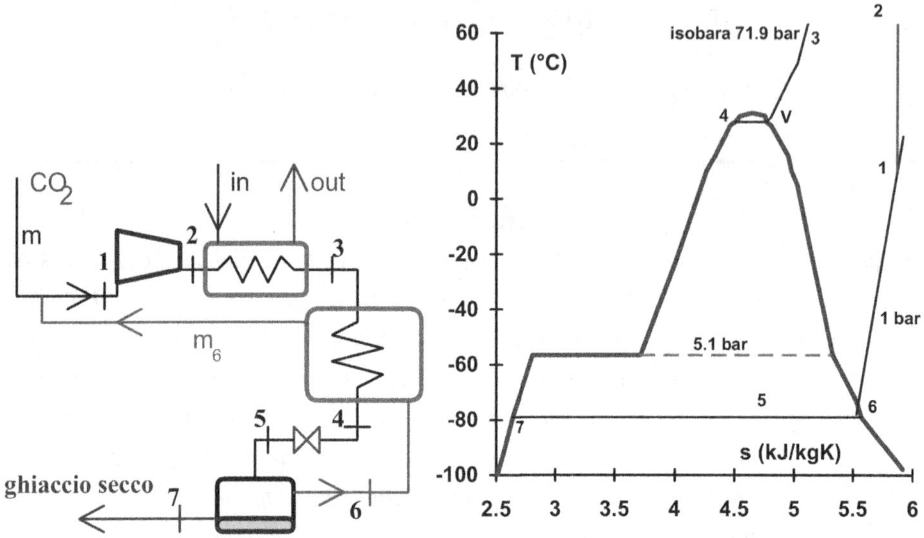

Figura 74. Schema di impianto e trasformazione termodinamica nel diagramma T-s per la produzione di ghiaccio secco.

Dati

temperatura di vaporizzazione a 71.9 bar	$T_V = 30$ °C
temperatura di sublimazione a 1 bar	$T_5 = -79$ °C
entropia specifica del gas a 1 bar e 10 °C	$s_1 = 5.88$ kJ/kgK
entropia specifica del vapore saturo secco a 71.9 bar	$s_V = 4.75$ kJ/kgK
entalpia specifica del gas a 1 bar e 10 °C	$h_1 = 715.00$ kJ/kg
entalpia specifica del vapore saturo secco a 71.9 bar	$h_V = 590.13$ kJ/kg
calore specifico del gas lungo la isobara V-2 a 71.9 bar	$c_p = 2.26$ kJ/kgK
entalpia specifica del liquido saturo a 71.9 bar	$h_4 = 527.12$ kJ/kg
entalpia specifica del solido saturo a 1 bar	$h_7 = 70.05$ kJ/kg
entalpia specifica del vapore saturo secco a 1 bar	$h_6 = 643.18$ kJ/kg
calore latente di sublimazione a 1 bar	$r = 575.13$ kJ/kg
calore specifico dell'acqua tra 15 e 25 °C	$c_a = 4.187$ kJ/kgK

Soluzione

1) Lo stato fisico dello stato 2 é individuato dalla intersezione della isentropica passante per 1 e della isobara a 71.9 bar: $s_1 = s_2$. Considerando la isobara V-2, assumendo c_p costante, la variazione di entropia risulta $s_2 - s_V = c_p \ln T_2/T_V$, da cui si ricava la temperatura incognita:

$$T_2 = T_V\, e^{\frac{s_2 - s_V}{c_p}} = 303\, e^{\frac{5.88-4.75}{2.26}} = 499.81\ \text{K} = 226.7\ °\text{C}$$

L'entalpia specifica del diossido di carbonio nello stato fisico 2 é ottenuta dalla relazione $dh = c_p\, dT$ per la isobara V-2:

$$h_2 = h_V + c_p\,(T_2 - T_V) = 590.13 + 2.26\,(226.7-30) = 1034.67\ \text{kJ/kg}$$

2) La trasformazione irreversibile 4-5 nella valvola di strozzamento avviene in modo tale che, per l'equazione di conservazione dell'energia per sistemi aperti, risulta $h_4 = h_5$, essendo $h_5 = h_7 + r\,x_5$; quindi é possibile determinare la frazione x_5:

$$x_5 = \frac{h_4 - h_7}{r} = \frac{527.12 - 70.05}{575.13} = 0.795$$

3) Si consideri il sistema aperto costituito dal diossido di carbonio nel separatore. In regime stazionario l'equazione di continuità (principio di conservazione della massa), osservando che $m_5 = m + m_6$, fornisce:

$$m_5 = m_6 + m_7 \qquad \text{cioè} \qquad m + m_6 = m_6 + m_7 \qquad \text{da cui} \qquad m_7 = m = 1 \text{ kg/s}$$

L'equazione di bilancio energetico, trascurando variazioni di energia cinetica e potenziale, consente di ricavare la portata di vapore m_6; infatti:

$$(m + m_6)h_5 = m_6 h_6 + m_7 h_7 \qquad \text{da cui} \qquad m_6 = m\frac{h_4 - h_7}{h_6 - h_4} = \frac{527.12 - 70.05}{643.18 - 527.12} = 3.94 \ \frac{\text{kg}}{\text{s}}$$

4) Nello scambiatore di calore il diossido di carbonio viene raffreddato dallo stato 3 allo stato 4, l'equazione di bilancio energetico per sistemi aperti fornisce:

$$(m + m_6)\,h_3 + m_6 h_6 = (m + m_6)\,h_4 + m_6 h_1$$

da cui si ricava l'incognita h_3:

$$h_3 = h_4 + \frac{m_6}{m + m_6}(h_1 - h_6) = 527.12 + \frac{3.94}{4.94}(715.0 - 643.18) = 584.4 \ \frac{\text{kJ}}{\text{kg}}$$

Poiché risulta $h_3 < h_V$, il fluido nella sezione 3, uscente dal primo scambiatore ad acqua ed entrante nel secondo scambiatore, é un vapore saturo a 30 °C.

5) La portata di acqua di raffreddamento del primo scambiatore viene determinata grazie ad un bilancio energetico (trascurando variazioni di energia cinetica e potenziale):

$$(m + m_6)\,h_2 + M c_a T_{in} = (m + m_6)\,h_3 + M c_a T_{out}$$

da cui si ricava l'incognita M:

$$M = \frac{(m + m_6)(h_2 - h_3)}{c_a (T_{out} - T_{in})} = \frac{4.94\,(1034.67 - 584.4)}{4.187\,(25 - 15)} = 53.12 \ \frac{\text{kg}}{\text{s}}$$

Il rapporto tra portata d'acqua e portata di ghiaccio secco é $M/m_6 = 53.12$.

6) Il lavoro trasferito dal compressore all'unità di massa di diossido di carbonio é:

$$l = h_2 - h_1 = 1034.67 - 715 = 319.67 \ \frac{\text{kJ}}{\text{kg}}$$

La portata che attraversa il compressore é $m + m_6$, quindi la potenza P trasferita dalla macchina operatrice al fluido é: $P = (m + m_6)\,l = 4.94 \times 319.67 = 1579.2$ kW

ESERCIZIO 68

Un sistema di raffrescamento estivo per una abitazione é realizzato mediante un ciclo a vapore di fluido refrigerante R22, indicato in Figura 75. All'evaporatore il fluido vaporizza a 8 °C e 6.44 bar, ricevendo calore dall'aria della abitazione, al condensatore il fluido condensa a 17.88 bar, cedendo calore all'aria calda esterna; a 17.88 bar la temperatura di *vaporizzazione del fluido é T_V= 46 °C. Al termine della compressione isentropica 1-2, il vapore surriscaldato raggiunge la temperatura massima T_2= 65 °C; il calore specifico a pressione costante c_p nella trasformazione 2-V é 882 J/kgK.*

Calcolare l'effetto utile del ciclo frigorifero. I dati a disposizione sono: per il liquido saturo a 46 °C h_3= 480.73 kJ/kg, per il vapore saturo secco a 46 °C h_V= 637.48 kJ/kg, per il vapore saturo secco a 8 °C h_1= 628.86 kJ/kg.

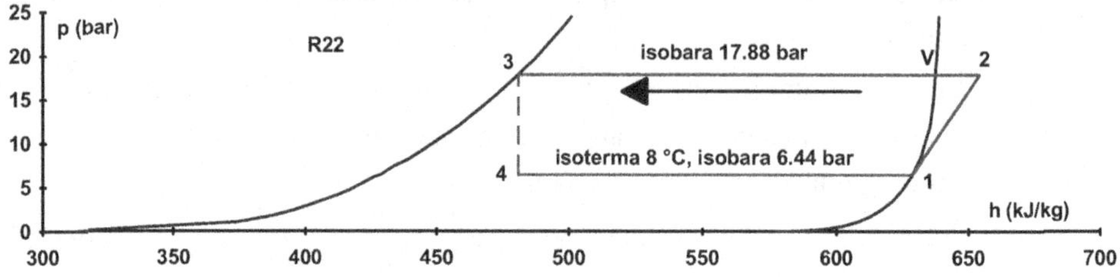

Figura 75. Ciclo frigorifero del sistema di raffrescamento nel diagramma p-h.

Soluzione

Al termine della compressione l'entalpia specifica del vapore surriscaldato é $h_2 = h_V + c_p (T_2 - T_V)$ = 637.48+0.882(65-46)=654.24 kJ/kg. L'effetto utile del ciclo frigorifero é quindi:

$$\eta = \frac{h_1 - h_4}{h_2 - h_1} = \frac{628.86 - 480.73}{654.24 - 628.86} = \frac{148.13}{25.38} = 5.84$$

ESERCIZIO 69

Due masse d'aria umida (indicate col termine sistema 1 e sistema 2) aventi uguale massa d'aria secca M_a, si mescolano adiabaticamente. La prima si trova a grado igrometrico φ_1 = 90% e temperatura t_1 = 20 °C; la seconda a titolo x_2 = 0.0020 e temperatura t_2 = 8 °C. La pressione resta costante e vale 1013 hPa. La pressione di saturazione del vapore a 20 °C é 23.37 hPa. Al termine del mescolamento, calcolare titolo x e temperatura t dell'aria.

Soluzione

Da un bilancio di massa di aria secca, la massa d'aria secca M presente nello stato finale é la somma delle masse d'aria secca dei due sistemi iniziali: $M = M_a + M_a$.

In assenza di cambiamenti di fase, la massa di vapore xM_a contenuto nel sistema finale é la somma delle masse di vapore dei due sistemi iniziali $x_1M_a + x_2M_a$, da cui é agevole calcolare x. Il titolo x_2 non é un dato del problema, ma si ricava osservando che la pressione parziale del vapore del sistema 1 é $p_v = \varphi_1\, p_s$ = 0.9x23.37= 21.03 hPa; ed il titolo é:

$$x_1 = 0.622 \frac{p_v}{p - p_v} = 0.622 \frac{21.03}{991.97} = 0.0132$$

Quindi il titolo al termine del mescolamento é:

$$x = \frac{x_1 M_a + x_2 M_a}{2M_a} = \frac{0.0132 + 0.0020}{2} = 0.0076$$

Per calcolare la temperatura occorre applicare l'equazione di bilancio energetico per sistemi aperti, che conduce ad un bilancio di entalpia in condizioni adiabatiche:

$$J = \frac{M_a J_1 + M_a J_2}{2M_a} = \frac{J_1 + J_2}{2}$$

Le entalpie dei due sistemi sono:

$$\begin{cases} J_1 = c_{pa} t_1 + x_1 (r_o + c_{pv} t_1) = 20 + 0.0132(2501 + 1.9x20) = 53.5 \quad kJ/kg \\ J_2 = c_{pa} t_2 + x_2 (r_o + c_{pv} t_2) = 8 + 0.002(2501 + 1.9x8) = 13.0 \quad kJ/kg \end{cases}$$

Quindi l'entalpia finale é J=0.5(53.5+13.1)=33.3 kJ/kg. Dal valore di entalpia si deduce la temperatura finale t:

$$t = \frac{J - r_o x}{c_{pa} + x c_{pv}} = \frac{33.3 - 2501 \times 0.0076}{1 + 0.0076 \times 1.9} = 14.1\,^{\circ}C$$

ESERCIZIO 70

Una massa d'aria umida, con 10 kg di aria secca, a umidità relativa $\varphi = 0.6$ e temperatura t di 8 °C si raffredda in prossimità di una superficie fredda, portandosi a 0 °C; si osserva la formazione di condensa. La pressione resta costante, uguale a 1013 hPa. Sapendo che la temperatura di rugiada é $t_r = 1$ °C, il titolo di saturazione a 0 °C é $x_s = 0.0038$, la pressione di saturazione a 8 °C é $p_s = 10.9$ hPa, calcolare la massa di vapore m condensato sulla superficie fredda e la variazione di entalpia dell'aria nel corso del raffreddamento.

Soluzione

Lo stato fisico iniziale dell'aria é individuato, in quanto si conosce l'umidità relativa, la temperatura e la pressione. La pressione parziale iniziale del vapore é $p_v = \varphi p_s = 0.6x10.9 = 6.54$ hPa ed il titolo é:

$$x = 0.622 \frac{p_v}{p - p_v} = 0.622 \frac{6.54}{1013 - 6.54} = 0.0040$$

La massa di vapore contenuta nell'aria nello stato iniziale é $M_{v,inizio} = x\ M_a = 0.0040x10 = 0.04$ kg.

Nello stato finale l'aria si trova alla temperatura di 0 °C con titolo $x_s = 0.0038$; quindi la massa di vapore contenuto nell'aria é $M_{v,fine} = x_s\ M_a = 0.0038x10 = 0.038$ kg. Il vapore non più contenuto nell'aria é condensato sulla superficie fredda ed é quindi $m = M_{v,inizio} - M_{v,fine} = 0.040 - 0.038$ kg = 0.002 kg.

Le entalpie nello stato iniziale e finale sono rispettivamente:

$$\begin{cases} J_{inizio} = c_{pa} t_{inizio} + x_{inizio}(r_o + c_{pv} t_{inizio}) = 8 + 0.004(2501 + 1.9x8) = 18.1 \quad kJ/kg \\ J_{fine} = c_{pa} t_{fine} + x_{fine}(r_o + c_{pv} t_{fine}) = -1 + 0.0036(2501 - 1.9) = 8.0 \quad kJ/kg \end{cases}$$

Quindi la variazione di entalpia dell'aria umida é:

$$M_a\ (J_{fine} - J_{inizio}) = 10\ x\ (9.5 - 18.1) = -86\ kJ$$

Il segno negativo indica che l'entalpia é diminuita, cioè l'aria si é raffreddata. Il calore scambiato é in parte latente (per la condensazione di 0.002 kg di vapore) ed in parte sensibile (per la diminuzione di temperatura della massa d'aria umida da 8 °C a 0 °C).

ESERCIZIO 71

In una torre di raffreddamento una portata m_1 = 200 kg/s di acqua alla temperatura t_1 = 45 °C deve essere raffreddata fino alla temperatura t_2 = 30 °C mediante un flusso ascensionale di aria atmosferica.

L'acqua viene fatta cadere sotto forma di gocce dall'alto della torre e viene raccolta alla base in un apposito collettore, l'aria atmosferica viene inviata da condotte forzate alla base della torre ed esce dalla sommità della torre, ricevendo calore per contatto diretto dalla cascata di acqua. La temperatura di ingresso dell'aria atmosferica alla base della torre é t_3 = 18 °C e l'umidità relativa é φ_3 = 0.45; la temperatura e l'umidità relativa dell'aria umidificata uscente dalla sommità della torre sono rispettivamente t_4 = 38 °C e φ_4 = 0.96. Una portata m_2 di acqua raffreddata esce alla base della torre (Figura 76).

In regime stazionario, calcolare la portata $m_e = m_1 - m_2$ di acqua che evapora nella torre e la portata M di aria secca necessaria per raffreddare l'acqua.

I dati del problema sono:

pressione di saturazione del vapore a 18 e 38 °C:	p_3 = 0.02064 bar, p_4 = 0.06632 bar,
calore specifico dell'acqua:	c_{acqua} = 4.180 kJ/kgK,
calore specifico del vapore surriscaldato:	c_{vapore} = 1.820 kJ/kgK,
calore specifico dell'aria secca:	c_{aria} = 1.005 kJ/kgK,
calore latente di vaporizzazione dell'acqua a 0 °C:	r = 2501.7 kJ/kg,
pressione dell'aria atmosferica:	p = 1 bar.

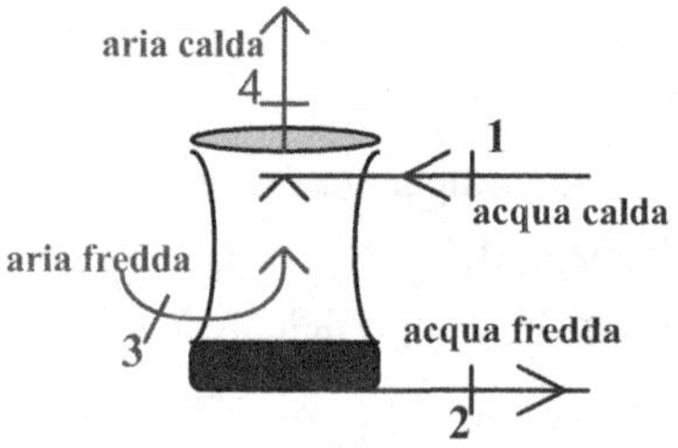

Figura 76. Schema della torre evaporativa

Soluzione

L'entalpia specifica dell'acqua nelle sezioni 1 e 2 é rispettivamente:

$$h_1 = c_{acqua} t_1 = 4.18x45 = 188.1 \frac{kJ}{kg} \qquad h_2 = c_{acqua} t_2 = 4.18x30 = 125.4 \frac{kJ}{kg}$$

Il titolo della miscela aria vapore nello stato fisico 3 (in ingresso nella torre di raffreddamento) e nello stato fisico 4 (in uscita dalla torre di raffreddamento) é:

$$x_3 = \frac{0.622\,\varphi_3\,p_3}{p-\varphi_3 p_3} = \frac{0.622x0.45x0.02064}{1-0.45x0.02064} = 0.00583 = 5.83\ \frac{\text{g vapore}}{\text{kg aria secca}}$$

$$x_4 = \frac{0.622\,\varphi_4\,p_4}{p-\varphi_4 p_4} = \frac{0.622x0.96x0.06632}{1-0.96x0.06632} = 0.04229 = 42.29\ \frac{\text{g vapore}}{\text{kg aria secca}}$$

L'entalpia specifica (riferita all'unità di massa di aria secca) della miscela aria vapore negli stati fisici 3 e 4 é:

$$J_3 = c_{aria}t_3 + x_3\left(r + c_{vapore}t_3\right) = 18 + 0.00583\,(2501 + 1.9x18) = 32.78\ \frac{kJ}{kg_a}$$

$$J_4 = c_{aria}t_4 + x_4\left(r + c_{vapore}t_4\right) = 38 + 0.04229\,(2501 + 1.9x38) = 146.82\ \frac{kJ}{kg_a}$$

In regime stazionario, le equazioni di conservazione della massa e dell'energia costituiscono il sistema di due equazioni nelle due incognite m_2 ed M:

$$\begin{cases} Mx_3 + m_1 = Mx_4 + m_2 \\ M(J_4 - J_3) = m_1 h_1 - m_2 h_2 \end{cases}$$

la cui soluzione é:

$$\begin{cases} M = \dfrac{m_1(h_1 - h_2)}{J_4 - J_3 - h_2(x_4 - x_3)} = \dfrac{200\,(188.1 - 125.4)}{146.82 - 32.78 - 125.4(0.04229 - 0.00583)} = 114.52\ \dfrac{kg}{s} \\ m_2 = m_1 - M\,(x_4 - x_3) = 200 - 114.55\,(0.04229 - 0.00583) = 195.82\ \dfrac{kg}{s} \end{cases}$$

La portata di acqua evaporata nella torre é quindi:

$$m_e = m_1 - m_2 = 200 - 195.82 = 4.18\ \frac{kg}{s}$$

Risolvendo il problema con differenti valori dell'umidità relativa dell'aria atmosferica φ_3 si giunge ad un risultato per le portate di aria secca M e di acqua evaporata m_1 -m_2 rappresentato nelle Figure 77 e 78.

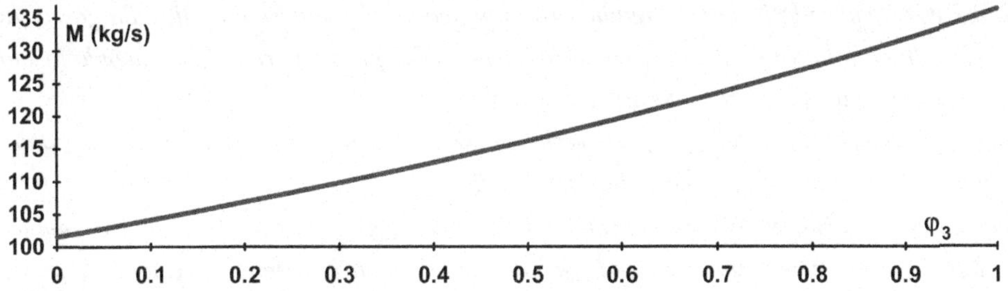

Figura 77. Portata di aria secca al variare dell'umidità relativa dell'aria atmosferica.

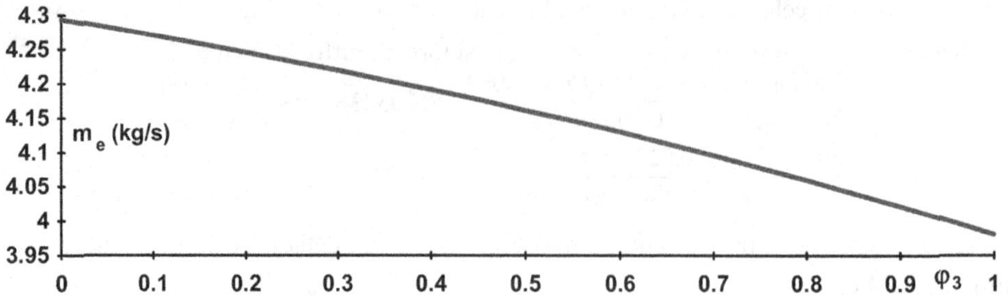

Figura 78. Portata di acqua evaporata nella torre in funzione dell'umidità relativa φ_3.

ESERCIZIO 72

L'igrometro di Assmann, utilizzato per misurare l'umidità dell'aria, é costituito da due termometri, con i bulbi situati all'interno di condotti attraverso i quali circola aria prelevata dall'ambiente da una piccola ventola (Figura 79).

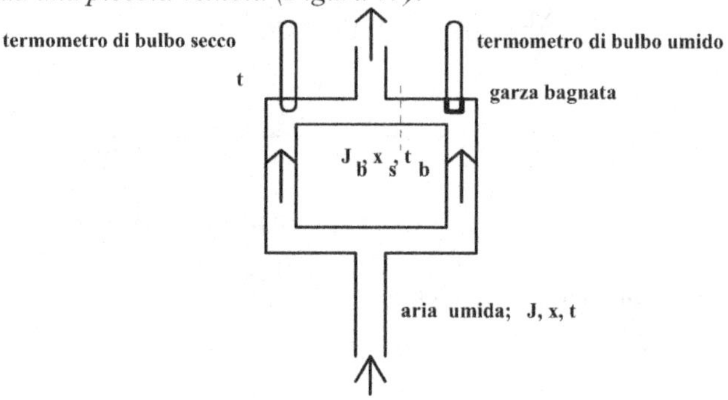

Figura 79. Igrometro di Assman.

Uno dei bulbi é ricoperto da una garza bagnata di acqua. Il termometro col bulbo secco, lambito dall'aria dell'ambiente, ne misura la temperatura; il termometro col bulbo bagnato indica una temperatura minore (o uguale se l'aria in ingresso é satura).

Infatti l'aria, lambendo il bulbo bagnato, trascina acqua, che sottrae energia alla garza, la quale si raffredda (dovendo trasferire calore latente all'acqua evaporata), diminuendo la sua temperatura fino al valore indicato dal termometro.

A regime la temperatura della garza t_b resta costante ed una portata di acqua, passa dalla garza (allo stato di liquido a temperatura t_b) all'aria.

Si consideri il sistema aperto in cui scorre una piccola portata di aria che giunge a lambire la garza bagnata, con sezione di ingresso all'imbocco dell'igrometro e sezione di uscita immediatamente a valle del bulbo bagnato, ed introduzione di acqua con calore specifico c_l e temperatura t_b. Sia m la portata di acqua trasferita dalla garza all'unità di portata di aria. Nell'ipotesi che la piccola quantità di aria a contatto con il bulbo bagnato, diventi satura *(processo di saturazione adiabatica), si consideri la trasformazione che conduce l'aria dallo stato iniziale con entalpia specifica J(x,t) allo stato finale con entalpia specifica $J_b(x_s,t_b)$.*

1) Dimostrare che tutti gli stati fisici dell'aria aventi la stessa temperatura di bulbo umido sono rappresentati da punti che si trovano su una retta nel diagramma psicrometrico, e che tale retta (detta isoterma di bulbo umido o bagnato) é approssimativamente parallela alle isentalpiche.

2) Conoscendo la temperatura di bulbo secco t e la temperatura di bulbo bagnato t_b, calcolare il titolo x ed il grado igrometrico φ dell'aria.

3) Dimostrare che le isoterme di bulbo umido intersecano la curva di saturazione φ = 1 in un punto che rappresenta aria satura con temperatura uguale alla temperatura di bulbo umido.

4) Nell'ipotesi, ragionevole fino a temperature di parecchie decine di gradi Celsius, che il prodotto tra i calori specifici e le temperature siano molto minori del calore latente di vaporizzazione dell'acqua al punto triplo (2501 kJ/kg) determinare un'espressione semplificata per calcolare il titolo x.

5) In un locale, un igrometro di Assmann fornisce i seguenti dati: temperatura di bulbo secco t = 25 °C, temperatura di bulbo umido t_b= 19.5 °C; la pressione dell'aria é p = 1013 hPa. Calcolare il titolo e l'umidità relativa dell'aria sia utilizzando le risposte alla domanda 1, sia graficamente utilizzando il diagramma psicrometrico.

Dati

calore specifico del liquido	$c_l = 4.18$ *kJ/kg K*
pressione di saturazione a 19.5 °C	$p_s(19.5) = 0.022665$ *bar*
pressione di saturazione a 25 °C	$p_s(25) = 0.03166$ *bar*

Soluzione

1) Nel sistema aperto entra ed esce una portata unitaria di aria secca. L'equazione di conservazione della massa di vapore, considerando una portata unitaria di aria secca, fornisce la portata di acqua (per unità di portata di aria secca) trasferita dal bulbo bagnato all'aria:

$$m = x_s - x.$$

Nel sistema aperto entrano aria umida a entalpia specifica J e acqua liquida a entalpia specifica $h = c_l\, t_b$, esce aria umida a entalpia specifica J_b L'equazione di bilancio energetico, trascurando variazioni di energia cinetica e potenziale, diviene allora:

$$J_b = J + (x_s - x)\, c_l\, t_b \qquad \text{ovvero:} \quad \frac{J_b - J}{x_s - x} = c_l\, t_b$$

Quindi, tutti gli stati fisici con medesima temperatura di bulbo umido t_b sono rappresentati, nel diagramma psicrometrico, da punti che giacciono su una stessa retta. La temperatura di bulbo umido é una coordinata termodinamica del sistema perché é univocamente determinata dallo stato fisico della miscela ed é funzione di altre coordinate termodinamiche.

Per valori di temperature di alcune decine di gradi Celsius, la quantità (x_s-x) c_l t_b risulta molto prossima a zero, per cui l'equazione precedente coincide con l'isentalpica J = J_b = t_b + x_s (2501+1.863 t_b) = costante.

2) Ricordando che J=t+x(2501+1.9 t) kJ/kg, essendo ricavabile dalle tabelle termodinamiche x_s (poiché é nota la temperatura t_b), dalla equazione precedente si determina l'incognita x:

$$x = x_s \frac{2501 + 1.9\, t_b - c_l t_b}{2501 + 1.9\, t - c_l t_b} \frac{t - t_b}{2501 + 1.9\, t - c_l t_b}$$

Conoscendo la pressione dell'aria, l'umidità relativa é ottenuta dalla equazione che la correla al titolo:

$$x = 0.622 \frac{\varphi\, p_s(t)}{p - \varphi\, p_s(t)} \qquad \text{da cui} \qquad \varphi = \frac{p}{p_s(t)} \frac{x}{0.622 + x}$$

Dalle misure di t e t_b si determina quindi l'umidità dell'aria.

3) L'isoterma di bulbo umido interseca la curva di saturazione in un punto in cui x = x_s; dalla precedente equazione che consente di determinare il titolo x in funzione di t, x_s e t_b, si osserva che deve necessariamente essere t = t_b. Ciò consente di tracciare le isoterme di bulbo umido nei diagramma psicrometrico o di Mollier; infatti fissata arbitrariamente una temperatura t, si individua il punto a temperatura t sulla curva di saturazione, quindi si traccia una retta parallela alle isentalpiche, ottenendo l'isoterma di bulbo umido t_b = t.

4) Nell'ipotesi che (1.9-c_l) t_b sia trascurabile rispetto a 2501, il titolo si riduce a:

$$x \cong x_s - \frac{t - t_b}{2501}$$

5) Il titolo di saturazione a 19.5 °C risulta:

$$x_s = 0.622 \frac{p_s(19.5)}{p - p_s(19.5)} = 0.622 \frac{0.022665}{1.013 - 0.022665} = 0.014235$$

Il titolo della miscela aria vapore, utilizzando l'espressione ricavata alla risposta 2, é:

$$x = x_s \frac{2501 + 1.9\, t_b - c_l t_b}{2501 + 1.9\, t - c_l t_b} - \frac{t - t_b}{2501 + 1.9\, t - c_l t_b} =$$

$$= 0.014235 \frac{2501 + 1.9x19.5 - 4.18x19.5}{2501 + 1.9x25 - 4.18x19.5} - \frac{25 - 19.5}{2501 + 1.9x25 - 4.18x19.5} =$$

$$= 0.014235 \frac{2501 - 45.18}{2501 - 34.94} - \frac{5.5}{2501 - 34.94} = 0.014176 - 0.002230 = 0.011946$$

L'equazione approssimata indicata alla risposta 4) fornirebbe il risultato:

$$x \cong x_s - \frac{t - t_b}{2501} = 0.014235 - \frac{5.5}{2501} = 0.012036$$

che ha uno scostamento relativo, rispetto al risultato più preciso, inferiore allo 0.8%.

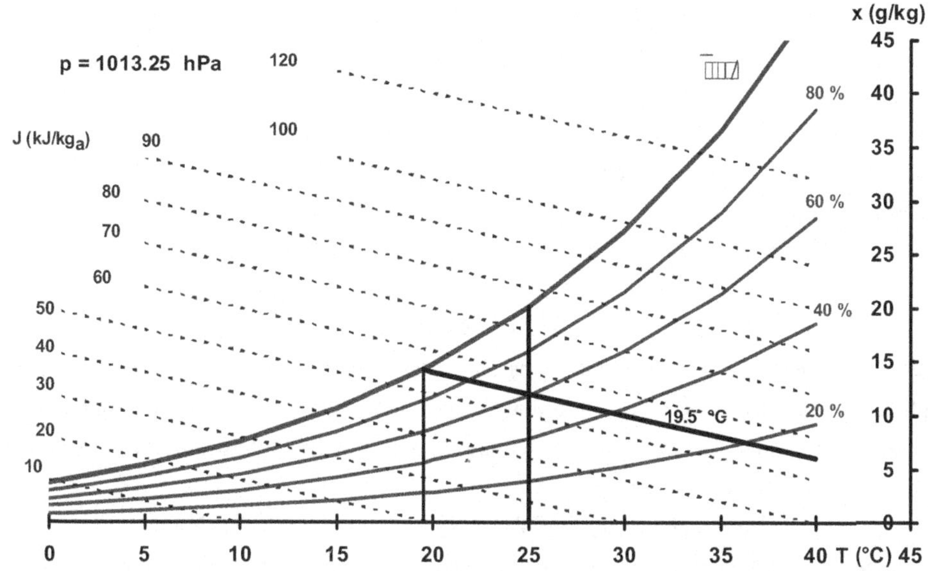

Figura 80. Isoterme di bulbo umido e di bulbo secco nel diagramma psicrometrico.

L'umidità relativa risulta:

$$\varphi = \frac{p}{p_s(t)} \frac{x}{0.622 + x} = \frac{1.013}{0.03166} \frac{0.011946}{0.622 + 0.011946} = 0.603$$

La soluzione grafica consente di individuare il punto rappresentativo nel diagramma psicrometrico, dal quale é immediato risalire al valore del grado igrometrico φ. La soluzione é rappresentata dal punto intersezione tra l'isoterma di bulbo secco t = 25 °C e l'isoterma di bulbo bagnato t_b = 19.5 °C. Dalla lettura del diagramma di Figura 80 risulta φ = 60%. La soluzione grafica consente di ottenere rapidamente il risultato finale, evitando laboriosi calcoli; per questo motivo é largamente utilizzata nei calcoli tecnici.

ESERCIZIO 73

In una caldaia a gas metano CH_4 il combustibile viene bruciato con un eccesso d'aria del 5%. I gas di scarico vengono rilasciati al camino ad una pressione p = 1013 hPa. Il comburente é aria, formata da ossigeno ed azoto atmosferico (si definisce azoto atmosferico l'insieme di gas presenti nell'atmosfera, ad eccezione di ossigeno e vapore acqueo; quindi l'azoto atmosferico contiene prevalentemente azoto e piccole quantità di argon, diossido di carbonio, ecc.). Si trascuri la presenza di vapore acqueo nel comburente. Considerando i gas di scarico come una miscela di gas perfetti, formati dal vapore acqueo derivante dalla combustione e gas secco (formato da diossido di carbonio, ossigeno ed azoto atmosferico), calcolare:

1) il titolo x e la pressione parziale p_v del vapore acqueo nei gas di scarico,

2) la temperatura di rugiada T_R della miscela di gas uscenti dal camino.

Dati

frazione molare dell'ossigeno 21 %,	*frazione molare dell'azoto atmosferico 79 %*
massa molare dell'ossigeno	$\mu_{O2}= 32.00x10^{-3}$ *kg/mol*
massa molare dell'azoto atmosferico	$\mu_{N2}= 28.16x10^{-3}$ *kg/mol*
massa molare del metano	$\mu_{CH4}= 16.00x10^{-3}$ *kg/mol*
massa molare del diossido di carbonio	$\mu_{CO2}= 44.00x10^{-3}$ *kg/mol*
massa molare del vapore acqueo	$\mu_{H2O}= 18.00x10^{-3}$ *kg/mol*

Soluzione

1) Nella combustione, per ogni mole di ossigeno comburente entrano in caldaia anche 79/21 moli di azoto atmosferico. La quantità d'aria necessaria per la combustione é maggiorata del 5% rispetto alla quantità stechiometrica. Quindi la reazione di combustione che avviene nella caldaia, con eccesso d'aria 1.05, é:

$$CH_4 + (1.05)\,2\,O_2 + (1.05)\,(79/21)\,2\,N_2 = CO_2 + 2\,H_2O + 7.9\,N_2 + 0.1\,O_2$$

Considerando una mole di combustibile si ottengono quindi n = 11 moli di prodotti, di cui 1 mole di diossido di carbonio (44 g), 2 moli di vapore acqueo (2x18=36 g), 7.9 moli di azoto atmosferico (7.9x28.16=222.464 g), 0.1 moli di ossigeno (0.1x32=3.2 g). Le moli di vapore sono n_v= 2, le moli di gas secco sono n_{sec}= 9. Le masse totali del gas M, del gas secco M_{sec} e del vapore acqueo M_v sono rispettivamente:

M = 44+36+222.464+3.2= 305.664 g , M_{sec}= 44+222.464+3.2= 269.664 g , M_v= 36 g

La massa molare del gas secco é pertanto:

$$\mu_{sec} = \frac{M_{sec}}{n_{sec}} = \frac{269.664}{9} = 29.96 \frac{g}{mole}$$

Il titolo di vapore nei gas di scarico é:

$$x = \frac{M_v}{M_{sec}} = \frac{\mu_v\, n_v}{\mu_{sec}\, n_{sec}} = \frac{18}{29.96}\frac{n_v}{n_{sec}} = 0.601\frac{2}{9} = 0.1335$$

Si osservi che il titolo non dipende dalla temperatura. La pressione parziale del vapore é, dalla legge di Dalton:

$$p_v = \frac{n_v}{n}\,p = \frac{2}{11}\,1013 = 184.182 \text{ hPa}$$

2) La temperatura di rugiada é la temperatura minima raggiunta dalla miscela di gas in una trasformazione a titolo costante fino alla curva di saturazione (dove la pressione parziale del vapore p_s é una funzione nota della temperatura, ricavabile dalle Tavole del vapore in Appendice); i titoli nello stato fisico iniziale e finale sono esprimibili rispettivamente come:

$$x = \frac{\mu_v}{\mu_{sec}}\frac{p_v}{p - p_v} \qquad\qquad x = \frac{\mu_v}{\mu_{sec}}\frac{p_s}{p - p_s}$$

Affinché tali titoli siano uguali occorre che risulti p_s=p_v=184.182 hPa. Dalla Tabella del vapore in Appendice risulta che la temperatura di condensazione dell'acqua alla pressione di 184.182 hPa é pari a T_R=58.3 °C.

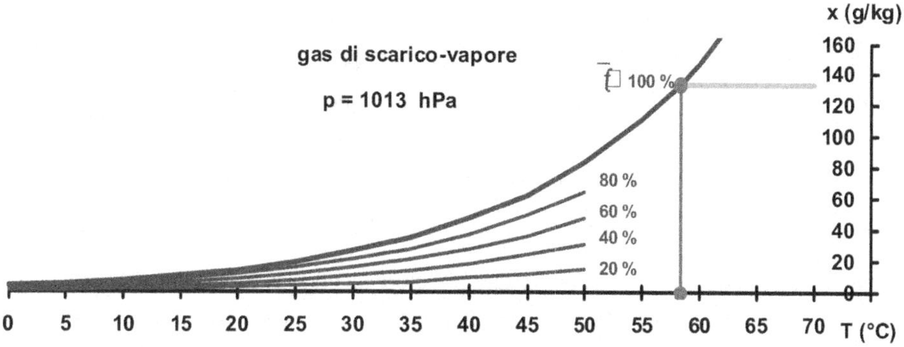

Figura 81. Soluzione grafica nel diagramma psicrometrico per i gas di scarico.

Avendo a disposizione un diagramma psicrometrico per la miscela gas di scarico-vapore a 1013 hPa (Figura 81), noto il titolo della miscela, é possibile individuare graficamente le temperatura di rugiada, indicata dalla intersezione della retta a titolo costante con la curva di saturazione $\varphi = 1$. Si osservi che utilizzando il diagramma psicrometrico della miscela aria-vapore si otterrebbe un risultato non perfetto ma accettabile, poiché il titolo per la miscela aria-vapore é $0.622\ p_V/(p-p_V)$, mentre per la miscela gas di scarico-vapore il titolo é $0.601\ p_V/(p-p_V)$ (quindi a parità di p_V il titolo differisce del 3.5 % circa).

ESERCIZIO 74

Nel motore a scoppio di una automobile il combustibile é benzina, costituita da una miscela di idrocarburi con formula chimica media $C_{7.92}H_{14.8}$, che viene bruciata con un eccesso d'aria del 14%.

I gas di scarico vengono rilasciati all'ambiente ad una pressione p = 1013 hPa. Il comburente é aria, formata da ossigeno ed azoto atmosferico (cioè insieme di gas presenti nell'atmosfera, ad eccezione di ossigeno e vapore acqueo, costituito prevalentemente da azoto e da piccole quantità di argon, diossido di carbonio, ecc.). Si trascuri la presenza di vapore acqueo nel comburente.

Considerando i gas di scarico come una miscela di gas perfetti, formati dal vapore acqueo (derivante dalla combustione) e dal gas secco (formato da diossido di carbonio, ossigeno ed azoto atmosferico), calcolare a quale temperatura condensa il vapore acqueo uscente dal tubo di scarico dell'automobile. La frazione molare dell'ossigeno nell'aria é 21 %; la frazione molare dell'azoto atmosferico nell'aria é 79 %.

Soluzione

Nella combustione, per ogni mole di ossigeno comburente entrano nella camera di scoppio anche 79/21 moli di azoto atmosferico. La quantità d'aria necessaria per la combustione é maggiorata del 14% rispetto alla quantità stechiometrica. Quindi la reazione di combustione che avviene nel motore, con eccesso d'aria 1.14, é:

$$C_{7.92}H_{14.8} + (1.14)\,(7.92+14.8/4)\,O_2 + (1.14)\,(79/21)\,(7.92+14.8/4)\,N_2 =$$
$$= 7.92\,CO_2 + 7.4\,H_2O + 49.8332\,N_2 + 1.6268\,O_2$$

Considerando una mole di combustibile si ottengono quindi n = 66.78 moli di prodotti, di cui 7.92 moli di diossido di carbonio, n_v= 7.4 moli di vapore acqueo, 49.8332 moli di azoto atmosferico, 1.6268 moli di ossigeno. La pressione parziale del vapore è (legge di Dalton):

$$p_v = \frac{n_v}{n}\,p = \frac{7.4}{66.78}\,1013 = 112.252 \text{ hPa}$$

La temperatura alla quale inizia a condensare il vapore acqueo in una trasformazione a titolo x costante é la temperatura di rugiada. Si considera allora una trasformazione dallo stato iniziale a titolo x fino allo stato finale sulla curva di saturazione a stesso titolo x (dove la pressione parziale del vapore p_s é una funzione nota della temperatura, ricavabile dalle Tavole del vapore in Appendice). I titoli nello stato fisico iniziale e finale sono esprimibili rispettivamente in funzione delle pressioni e delle masse molari μ:

$$x = \frac{\mu_v}{\mu_{sec}}\frac{p_v}{p - p_v} \qquad\qquad x = \frac{\mu_v}{\mu_{sec}}\frac{p_s}{p - p_s}$$

Affinché tali titoli siano uguali occorre che risulti p_s=p_v=112.252 hPa. Dalla Tabella del vapore in Appendice risulta che la temperatura di condensazione dell'acqua alla pressione di saturazione p_s = 112.252 hPa é pari a T_R= 48.1 °C.

Se nella marmitta i gas di scarico giungono ad una temperatura inferiore o uguale a 48.1 °C, il vapore acqueo condensa.

ESERCIZIO 75

Aria atmosferica a pressione ambiente si trova alla temperatura T_1 = 32 °C con umidità relativa φ_1 = 80%. Prima di essere inviata in una abitazione, l'aria viene deumidificata mediante una unità di trattamento dell'aria (UTA), costituita da una prima sezione in cui l'aria viene deumidificata e raffreddata in uno scambiatore di calore, e da una seconda sezione in cui l'aria viene riscaldata in un secondo scambiatore di calore (Figura 82). Per eliminare vapore acqueo dall'aria umida, l'aria esce dalla prima sezione in condizioni di saturazione (φ_2=1) ma ad una temperatura T_2 eccessivamente bassa. Per essere inviata nella abitazione l'aria umida viene riscaldata nella seconda sezione dell'UTA, fino a raggiungere la temperatura desiderata T_3=22 °C, con umidità relativa φ_3=40 %.

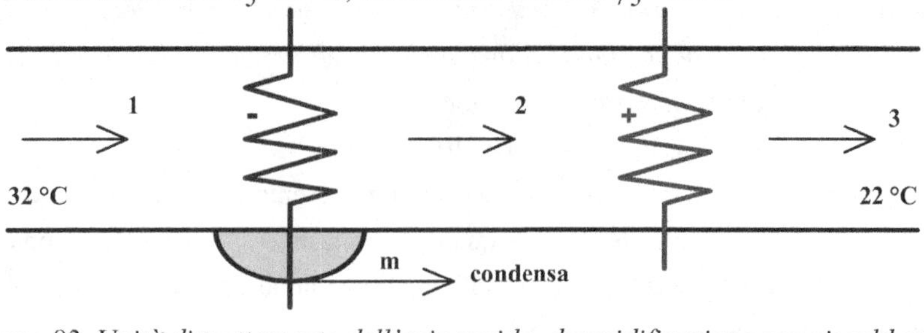

Figura 82. Unità di trattamento dell'aria umida, deumidificazione con riscaldamento.

La portata m di condensa si trovi alla temperatura T_2. Con riferimento ad una massa unitaria di aria secca entrante nell'UTA, calcolare

1) il titolo dell'aria nella sezione di ingresso x_1 e di uscita x_3, la massa m di acqua condensata nella sezione di raffreddamento nella trasformazione 1-2,

2) la temperatura T_2 dell'aria uscente dalla sezione di raffreddamento (si deduca la temperatura di rugiada dal diagramma psicrometrico),

3) il calore $|q_{12}|$ ceduto dall'aria allo scambiatore nella trasformazione 1-2, specificando le quantità di calore ceduto nelle trasformazioni 1-S e S-2,

4) il calore q_{23} ricevuto dall'aria nella sezione riscaldante, nella trasformazione 2-3 ed il fattore termico R_{23} (rapporto tra contributo sensibile e calore totale). I dati disponibili sono:

pressione di saturazione a 32 °C ed a 22 °C $p_{s1}=0.04759$ *bar* $p_{s3}=0.02645$ *bar*

calore specifico dell'acqua uscente dalla prima sezione dell'UTA $c=4.2$ *kJ/kgK*

Soluzione

1) Il titolo nella sezione di ingresso dell'UTA é:

$$x_1 = 0.622\frac{\varphi_1 p_{s1}}{p-\varphi_1 p_{s1}} = 0.622\frac{0.8\,(0.04759)}{1.013-0.8\,(0.04759)} = 0.02429$$

mentre nella sezione di uscita é:

$$x_3 = 0.622\frac{\varphi_3 p_{s3}}{p-\varphi_3 p_{s3}} = 0.622\frac{0.4\,(0.02645)}{1.013-0.4\,(0.02645)} = 0.00656$$

Nella trasformazione 2-3 il titolo non varia, quindi $x_2=x_3$. La massa m di acqua condensata nella prima sezione dell'UTA é ricavabile da un bilancio di massa nella trasformazione 1-2:

$$m = x_1 - x_2 = 0.02429-0.00656 = 0.01773 \quad kg/kg_a.$$

2) Nella trasformazione 1-2 l'aria viene raffreddata a titolo costante fino alla temperatura di rugiada (trasformazione 1-S nel diagramma psicrometrico di Figura 80), quindi la temperatura decresce in una trasformazione S-2 che procede sulla curva di saturazione fino a raggiungere il titolo x_2 (si veda il diagramma psicrometrico di Figura 83).

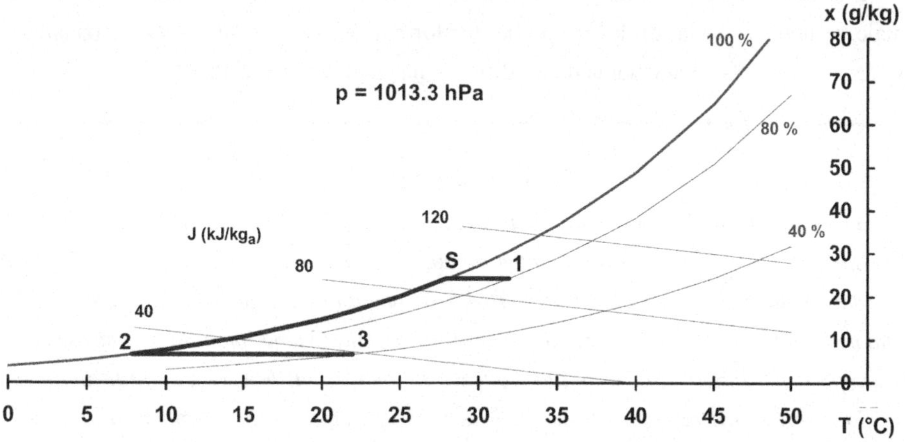

Figura 83. Trasformazione 1-S-2-3 nel diagramma psicrometrico.

Infine l'aria fredda satura (punto 2) viene riscaldata a titolo costante fino allo stato fisico finale desiderato (punto 3). Dal diagramma psicrometrico si deduce la temperatura T_2= 8 °C, che rappresenta la temperatura di rugiada a titolo x_2=0.00656.

3) Il calore ceduto dall'unità di massa di aria al primo scambiatore nella sezione 1, viene ricavata dall'equazione di bilancio energetico in regime stazionario per il sistema aperto tra le sezioni 1 e 2 (trascurando variazioni di energia cinetica e potenziale), osservando che nel sistema aperto entra aria umida dalla sezione 1, esce aria umida dalla sezione 2 ed esce una massa m (per ogni chilogrammo di aria secca entrante in 1) di acqua liquida condensata alla temperatura T_2 ed entalpia h:

$$|q_{12}| = J_1 - J_2 - m\,h = T_1 + x_1\,(2501+1.9\,T_1) - T_2 - x_2\,(2501+1.9\,T_2) - mcT_2 =$$
$$= 69.8 - 0.01773 \times 4.2 \times 8 = 69.2 \ \text{kJ/kg}_a$$

Si osservi che l'entalpia associata alla massa m di acqua condensata é quasi trascurabile.
La temperatura di rugiada a titolo x_1= 0.02429 é, dal diagramma psicrometrico, T_S= 28.1 °C.
Quindi il calore ceduto dall'unità di massa di aria nella trasformazione 1-S a titolo costante é:

$$|q_{1S}| = J_1 - J_S = T_1 + x_1\,(2501+1.9\,T_1) - T_S - x_S\,(2501+1.9\,T_S) = 4.1 \ \text{kJ/kg}_a$$

Si osservi che in questa trasformazione il calore scambiato coincide con il calore sensibile, essendo nullo il calore latente 2501 (x_1-x_S); il rapporto R_{1S} tra calore sensibile e calore totale é quindi uguale ad uno.

Nella trasformazione S-2 lungo la curva di saturazione, in cui la temperatura diminuisce da 28.1 °C a 8 °C e la massa m esce dal sistema, risulta:

$$|q_{S2}| = J_S - J_2 - mh = T_S + x_S\,(2501+1.9\,T_S) - T_2 - x_2\,(2501+1.9\,T_2) - mcT_2 =$$
$$= 65.7 - 0.01773 \times 4.2 \times 8 = 65.1 \ \text{kJ/kg}_a$$

4) Il calore ricevuto dall'unità di massa di aria nella trasformazione a titolo costante 2-3, da 8 °C a 22 °C, é dedotto dalla usuale equazione di bilancio energetico:

$$q_{23} = J_3 - J_2 = T_3 + x_3\,(2501+1.9\,T_3) - T_2 - x_2\,(2501+1.9\,T_2) = 14.2 \ \text{kJ/kg}_a$$

In questa trasformazione il calore latente scambiato é nullo, pertanto il fattore termico R_{23} é uguale a uno; la retta di lavoro della trasformazione 2-3 é una retta orizzontale. La trasformazione 1-S-2-3 si chiama deumidificazione con riscaldamento.

ESERCIZIO 76

In climi desertici l'aria atmosferica é spesso calda ed a bassi valori dell'umidità relativa φ. Per ottenere il benessere termoigrometrico, anziché ricorrere a costosi sistemi di raffreddamento, é possibile effettuare un raffrescamento evaporativo utilizzando un'unità di trattamento dell'aria in cui in una corrente di aria umida viene iniettato uno spray di acqua che evapora nel flusso di aria umida, sottraendo energia all'aria (che quindi diminuisce la propria temperatura ed aumenta la propria umidità relativa). Si consideri allora un'UTA, dove entra aria alla pressione p = 1.013 bar, a temperatura T_1= 36 °C con umidità relativa

φ_1= 20%, in cui viene iniettato uno spray di acqua alla temperatura T_a=20 °C per ottenere in uscita aria a temperatura T_2= 22 °C (Figura 84). Calcolare:

1) per ogni chilogrammo di aria secca entrante nell'UTA, la massa m di acqua da iniettare e l'umidità relativa φ_2 dell'aria umida uscente,

2) il calore totale, sensibile e latente trasferito dall'aria entrante (per 1 kg_a di aria secca) nella trasformazione 1-2, nonché il fattore termico R, rapporto tra contributo sensibile e calore totale,

3) la temperatura minima T_3 che sarebbe possibile ottenere in corrispondenza della condizione di saturazione φ_3= 1. I dati sono: pressione di saturazione a 36 °C p_{s1}=0.05947 bar, pressione di saturazione a 22 °C p_{s2}=0.02645 bar, calore specifico dell'acqua uscente dalla prima sezione dell'UTA c=4.183 kJ/kgK.

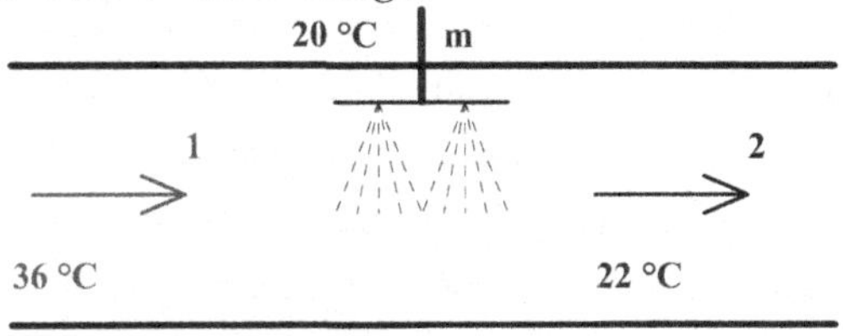

Figura 84. Unità di trattamento dell'aria umida, raffrescamento evaporativo.

Soluzione

1) Il titolo nella sezione di ingresso dell'UTA é:

$$x_1 = 0.622\frac{\varphi_1 p_{s1}}{p-\varphi_1 p_{s1}} = 0.622\frac{0.2\,(0.05947)}{1.013-0.2\,(0.05947)} = 0.00739$$

Le equazioni di bilancio di massa e di energia per il sistema aperto (incognite x_2 e m), sono:

$$x_1 + m = x_2 \qquad\qquad J_1 + mcT_a = J_2$$

Dal sistema si determina:

$$x_2 = \frac{x_1(2501+1.9T_1)-(T_2-T_1)-x_1cT_a}{(2501+1.9T_2)-cT_a} = \frac{18.97+14.07-0.62}{2541.74-83.66} = 0.01319$$

Si osservi che il contributo energetico dell'acqua introdotta é trascurabile (mcT_a) per cui l'equazione di bilancio energetico diviene approssimativamente J_1=J_2 e la trasformazione risulta quasi isentalpica. L'entalpia specifica J_1 risulta:

$$J_1 = T_1 + x_1(2501+1.9T_1) = 36.18+18.97 = 55.15 \quad kJ/kg_a$$

La massa m di acqua che occorre iniettare, per ogni chilogrammo di aria secca, é:

$$m = x_2 - x_1 = 0.01319 - 0.00739 = 0.0058 \; kg/kg_a$$

Dalla relazione tra titolo e umidità relativa, si ricava φ_2:

$$\varphi_2 = \frac{px_2}{(0.622+x_2)p_{s2}} = \frac{1.013x0.01319}{(0.622+0.01319)0.02645} = 79.5\%$$

2) La variazione di entalpia J_2-J_1, derivante dall'evaporazione della massa m di acqua introdotta nell'UTA, corrisponde al calore complessivamente trasferito dal flusso di aria umida nella trasformazione 1-2. Tale calore é la somma del contributo sensibile, associato alla variazione di temperatura, e del calore latente, associato alla variazione di titolo. Quindi:

$$q_{totale} = J_2 - J_1 = mcT_a = 0.48 \quad \frac{kJ}{kg_a} \approx 0$$

$$q_{sensibile} = (T_2 - T_1) + 1.9(x_2 T_2 - x_1 T_1) = (22 - 36) + 1.9(0.01319x22 - 0.00739x36) = -14.03 \frac{kJ}{kg_a}$$

$$q_{latente} = 2501(x_2 - x_1) = 2501(0.01319 - 0.00739) = 14.51 \quad \frac{kJ}{kg_a}$$

Il rapporto tra calore sensibile e calore totale (fattore termico) vale quindi R = -14.03/0.48=-29.2, nel diagramma psicrometrico (Figura 82) la retta di lavoro R=-29.2 é ben approssimata dalla retta isentalpica R=-∞.

3) La temperatura minima T_3 viene raggiunta quando la trasformazione 1-3 (quasi isentalpica) raggiunge la curva di saturazione $\varphi_3=1$ (T_3 approssima molto bene la temperatura di bulbo umido). Tale temperatura può essere dedotta graficamente dal diagramma psicrometrico (dal diagramma psicrometrico riportato in Figura 85 risulta T_3= 19.5 °C), oppure può essere calcolata mediante metodi iterativi, considerando la equazione $J_1=J_3 = T_3 + x_3 (2501 + 1.9 T_3)$, dove il titolo x_3 dipende dall'incognita T_3 tramite l'equazione non lineare $x_3 = 0.622 p_{s3}/(p-p_{s3})$. Fissando ragionevolmente un valore di tentativo per T_3 si valuta la pressione di saturazione p_{s3} dalle tabelle del vapore saturo, quindi, utilizzando le equazioni, vengono determinati x_3 e T_3. Se il valore così calcolato per T_3 risulta sufficientemente prossimo al valore di tentativo inizialmente prescelto, il problema é risolto, altrimenti si fissa un nuovo valore di tentativo per T_3 e si itera il procedimento fino ad ottenere la precisione desiderata.

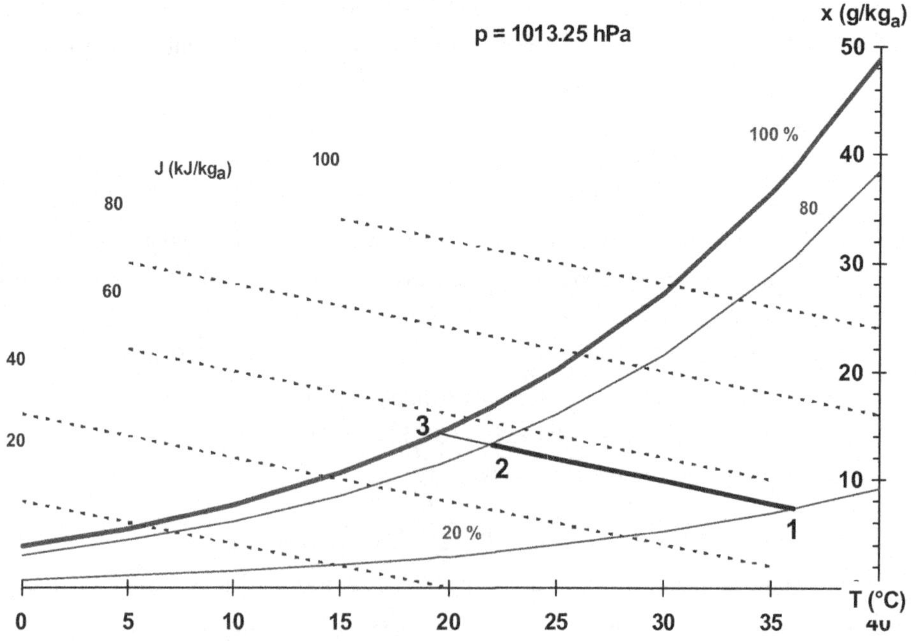

Figura 85. Diagramma psicrometrico, raffrescamento evaporativo.

ESERCIZIO 77

In alta montagna a volte l'aria atmosferica é fresca ed a bassa umidità. Per raggiungere le condizioni di benessere termoigrometrico nelle abitazioni, una corrente d'aria viene inviata in un'unità di trattamento dell'aria, dove viene prima riscaldata in una batteria di riscaldamento e quindi umidificata mediante uno spray di acqua o di vapore. Si consideri allora un'UTA, in cui entra aria alla pressione p = 0.600 bar, a temperatura T_1*= 12 °C con umidità relativa* φ_1*= 20%; l'aria viene riscaldata in uno scambiatore di calore fino alla temperatura* T_2*= 24 °C, quindi riceve in una seconda batteria dell'UTA uno spray di vapore alla pressione* p_v*=2 bar per ottenere in uscita aria a temperatura* T_3*= 25 °C e umidità relativa* φ_3*= 60% (Figura 86). Calcolare:*

1) per ogni chilogrammo di aria secca entrante nell'UTA, la massa m di vapore da iniettare,

2) il calore q_{12} *ricevuto da 1 kg di aria secca nella trasformazione 1-2, nella batteria riscaldante,*

3) la temperatura del vapore iniettato nella seconda sezione dell'UTA,

4) i fattori termici R_{12} *e* R_{23} *(rapporti tra calore sensibile e calore totale trasferito dall'aria umida nelle trasformazioni 1-2 e 2-3).*

Dati

pressione di saturazione a 12 °C	p_{s1}*=0.01402 bar*
pressione di saturazione a 25 °C	p_{s3}*=0.03169 bar*
temperatura di vaporizzazione dell'acqua a 2 bar	T_V*= 120.2 °C*
entalpia specifica del vapore saturo secco (acqua) a 2 bar	h_V *= 2706.7 kJ/kg*
calore latente di vaporizzazione dell'acqua a 2 bar	*r = 2201.9 kJ/kg*

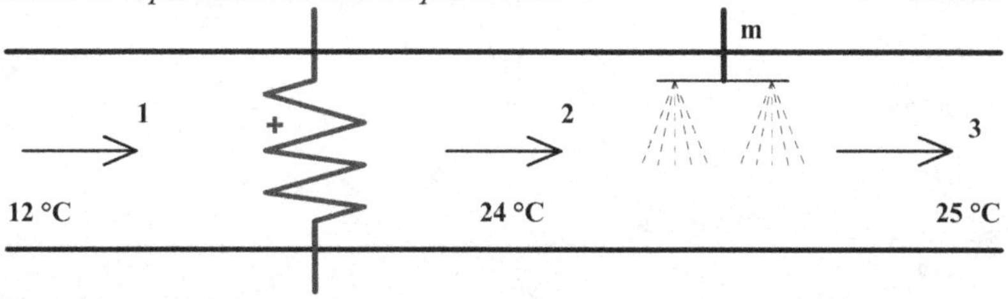

Figura 86. Unità di trattamento dell'aria umida, riscaldamento con umidificazione.

Soluzione

1) Il titolo nella sezione di ingresso dell'UTA é:

$$x_1 = 0.622\frac{\varphi_1 p_{s1}}{p-\varphi_1 p_{s1}} = 0.622\frac{0.2\,(0.01402)}{0.6-0.2\,(0.01402)} = 0.00292$$

Il titolo nella sezione di uscita é:

$$x_3 = 0.622\frac{\varphi_3 p_{s3}}{p-\varphi_3 p_{s3}} = 0.622\frac{0.6\,(0.03169)}{0.6-0.6\,(0.03169)} = 0.02036$$

Per il principio di conservazione della massa, la massa di vapore introdotta nella corrente d'aria nella trasformazione 1-2-3 é:

$$m = x_3 - x_1 = 0.02036-0.00292 = 0.01744\ kg/kg_a$$

2) L'entalpia specifica dell'aria nella sezione di ingresso 1 é:

$$J_1 = T_1 + x_1(2501 + 1.9\,T_1) = 12 + 0.00292\,(2501 + 1.9x12) = 19.37 \quad \frac{kJ}{kg_a}$$

Nella sezione 2, l'aria umida riscaldata si trova alla temperatura T_2= 24 °C ed il titolo é invariato (x_2=x_1), quindi l'entalpia specifica é:

$$J_2 = T_2 + x_1(2501 + 1.9\,T_2) = 24 + 0.00292\,(2501 + 1.9x24) = 31.44 \quad \frac{kJ}{kg_a}$$

L'equazione di bilancio energetico tra le sezioni 1 e 2 per sistemi aperti fornisce:

$$q_{12} = J_2 - J_1 = 31.44 - 19.37 = 12.07 \text{ kJ/kg}_a$$

3) L'entalpia specifica dell'aria nella sezione di uscita 3 é:

$$J_3 = T_3 + x_3(2501 + 1.9\,T_3) = 25 + 0.02036\,(2501 + 1.9x25) = 76.89 \quad \frac{kJ}{kg_a}$$

L'entalpia specifica h del vapore iniettato nella corrente d'aria umida viene ricavato dalla equazione di bilancio energetico tra le sezioni 2 e 3: $J_2 + m\,h = J_3$ che fornisce:

$$h = \frac{J_3 - J_2}{m} = \frac{76.89 - 31.44}{0.01744} = 2606.1 \quad \frac{kJ}{kg}$$

Tale valore di entalpia é intermedio tra l'entalpia specifica del vapore saturo secco h_V (h_V=2706.7 kJ/kg) e l'entalpia specifica del liquido saturo h_L (h_L=h_V- r = 2706.7-2201.9 = 504.8 kJ/kg); pertanto il fluido iniettato nella corrente d'aria é un vapore saturo, alla temperatura T_V = 120.2 °C. Il titolo di tale vapore saturo é:

$$x = \frac{h - h_L}{r} = \frac{2606.1 - 504.8}{2201.9} = 0.91$$

La trasformazione 1-2-3 é mostrata nel diagramma psicrometrico di Figura 87.

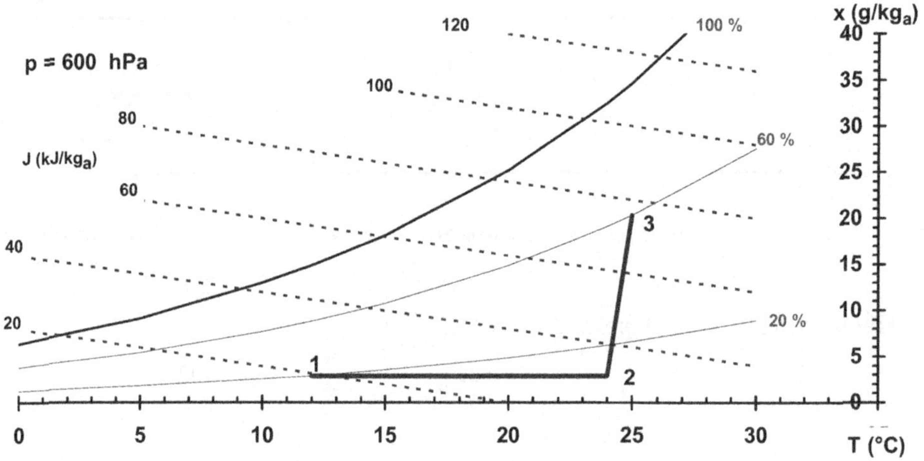

Figura 87. Diagramma psicrometrico, riscaldamento con umidificazione.

4) Nella trasformazione 1-2 il titolo dell'aria umida non varia, quindi la quantità di calore latente é nulla. Il calore totale coincide con il calore sensibile, quindi $R_{12} = 1$ e la trasformazione segue una retta orizzontale nel diagramma psicrometrico.

Nella trasformazione 2-3 il calore scambiato dall'aria umida é:

$$q_{totale} = J_3 - J_2 = 76.89 - 31.44 = 45.45 \frac{kJ}{kg_a}$$

mentre il calore sensibile (associato alla variazione di temperatura dell'aria) é:

$$q_{sensibile} = q_{totale} - q_{latente} = J_3 - J_2 - 2501(x_3 - x_2) = 45.45 - 43.62 = 1.83 \frac{kJ}{kg_a}$$

Il fattore termico R_{23} é pertanto:

$$R_{23} = \frac{q_{sensibile}}{q_{totale}} = \frac{1.83}{45.45} = 0.04$$

ESERCIZIO 78

In un recipiente chiuso, una massa di aria umida riceve una potenza termica Q=10 kW ed una portata di vapore m = 1 g/s. L'aria nel recipiente viene mantenuta alla temperatura T_1= 22 °C con umidità relativa φ_1= 50% mediante una unità di trattamento dell'aria costituita da una batteria di raffreddamento, nella quale una portata m_a= 0.5 kg/s di aria secca cede una potenza Q, e una portata m di vapore condensa nel suo interno. L'aria, a pressione p = 1.01325 bar, entra nell'UTA nello stato fisico 1 ed esce nello stato fisico 2 alla temperatura T_2 (Figura 88). Poiché nella trasformazione 1-2 l'aria deve essere raffreddata e umidificata per ottenere la condensazione della portata m, necessariamente nello stato fisico 2 l'umidità relativa é φ_2= 1. Calcolare:

1) la temperatura T_2 dell'aria entrante nel recipiente ed uscente dall'UTA,

2) il fattore termico R_{21} rapporto tra calore sensibile e calore totale trasferito nella trasformazione 2-1,

3) la portata in volume V dell'aria entrante nell'UTA.

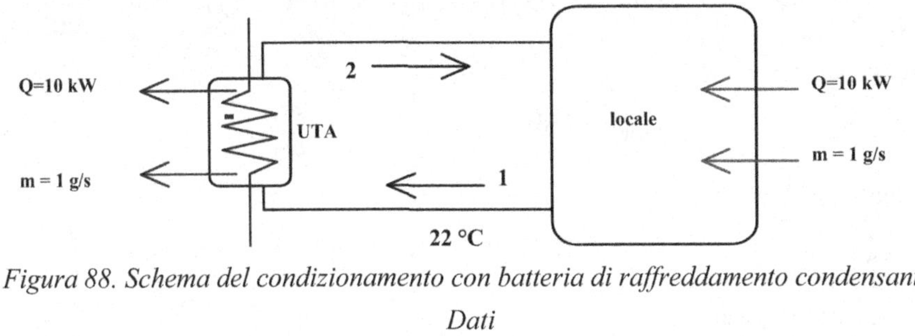

Figura 88. Schema del condizionamento con batteria di raffreddamento condensante.

Dati

pressione di saturazione a 22 °C	p_{s1}=0.02645 bar
entalpia specifica del vapore introdotto nel recipiente	r = 2501 kJ/kg K
costante universale dei gas perfetti	R_0= 8.314 J/mol K

massa molare dell'aria secca $\mu_a = 29\ g/mol$

massa molare del vapore $\mu_v = 18\ g/mol$

Soluzione

1) Il titolo nella sezione di ingresso dell'UTA é:

$$x_1 = 0.622 \frac{\varphi_1 p_{s1}}{p - \varphi_1 p_{s1}} = 0.622 \frac{0.5(0.02645)}{1.01325 - 0.5(0.02645)} = 0.00823$$

Per il principio di conservazione della massa di vapore tra le sezioni 1 e 2 risulta l'equazione $m_a\, x_2 = m_a\, x_1 - m$, dalla quale si ricava il titolo incognito x_2:

$$x_2 = x_1 - \frac{m}{m_a} = 0.00823 - \frac{0.001}{0.5} = 0.00623$$

L'entalpia specifica dell'aria umida nella sezione 1 é:

$$J_1 = T_1 + x_1(2501 + 1.9\ T_1) = 22 + 0.00823\ (2501 + 41.8) = 42.92\ \frac{kJ}{kg_a}$$

L'equazione di bilancio di potenza per il sistema aperto tra le sezioni 2 e 1 tra ingresso ed uscita dal recipiente, in regime stazionario, trascurando variazioni di energia cinetica e potenziale, diviene:

$$m_a J_2 = m_a J_1 - mh - Q$$

da cui, esplicitando il termine J_2, si ottiene la temperatura incognita T_2:

$$T_2 = \frac{J_1 - \frac{m}{m_a} h - \frac{Q}{m_a} - 2501\ x_2}{1 + 1.9\ x_2} = \frac{42.92 - 5{,}00 - 20 - 15.57}{1.012} = 2.3\ °C$$

La trasformazione 1-2 nell'UTA é a titolo costante fino alla curva di saturazione $\varphi=1$ (dove la temperatura di rugiada risulta di circa 11 °C, dal diagramma psicrometrico), quindi procede lungo tale curva fino al punto 2 (a 2.3 °C).

La trasformazione termodinamica 2-1 dell'aria nel recipiente é indicata dal segmento di retta 2-1, in cui titolo e temperatura aumentano con continuità (Figura 89).

2) Il calore totale (per unità di massa) trasferito dall'aria nella trasformazione 2-1 é:

$$q_{totale} = J_1 - J_2 = (T_1 - T_2) + 1.9(x_1 T_1 - x_2 T_2) + 2501(x_1 - x_2) = 25.00\ \frac{kJ}{kg_a}$$

Il contributo latente é:

$$q_{latente} = 2501\ (x_1 - x_2) = 5.00\ \frac{kJ}{kg_a}$$

Il contributo sensibile é:

$$q_{sensibile} = (T_1 - T_2) + 1.9\,(x_1 T_1 - x_2 T_2) = J_1 - J_2 - 2501\ (x_1 - x_2) = 20\ \frac{kJ}{kg_a}$$

Il fattore termico R_{21} é dunque:

$$R_{21} = \frac{J_1 - J_2 - 2501\,(x_1 - x_2)}{J_1 - J_2} = 1 - \frac{2501\,(x_1 - x_2)}{J_1 - J_2} = 0.80$$

3) Nell'unità di trattamento dell'aria, in 1 secondo, entra una massa totale di 0.5 kg (aria secca) + 0.001 kg (vapore). Essendo entrambi gas perfetti, il volume specifico può essere determinato considerando il gas che si trova ad una pressione pari alla sua pressione parziale, alla temperatura T_1. I volumi specifici per l'aria secca v_a e per il vapore v_v risultano quindi, dalla equazione di stato dei gas perfetti:

$$v_a = \frac{R_0}{\mu_a} \frac{T_1}{p_a} = \frac{8.314}{29x10^{-3}} \frac{273.15+22}{(1.01325-0.5x0.02645)x10^5} = 0.846 \ \frac{m^3}{kg}$$

$$v_v = \frac{R_0}{\mu_v} \frac{T_1}{p_v} = \frac{8.314}{18x10^{-3}} \frac{273.15+22}{0.5x0.02645x10^5} = 461.89 \, x \, 0.223 = 103.08 \frac{m^3}{kg}$$

La portata in volume di aria secca V_a é il rapporto tra portata in massa e volume specifico:

$$V_a = m_a \ v_a = 0.5x0.846 = 0.423 \ \frac{m^3}{s}$$

Analogamente, la portata in volume di vapore acqueo V_v diviene:

$$V_v = m_v \ v_v = 0.001x103.08 = 0.103 \ \frac{m^3}{s}$$

La portata totale in volume V entrante nell'UTA é la somma $V_a + V_v$; risulta pertanto V = 0.526 m^3/s.

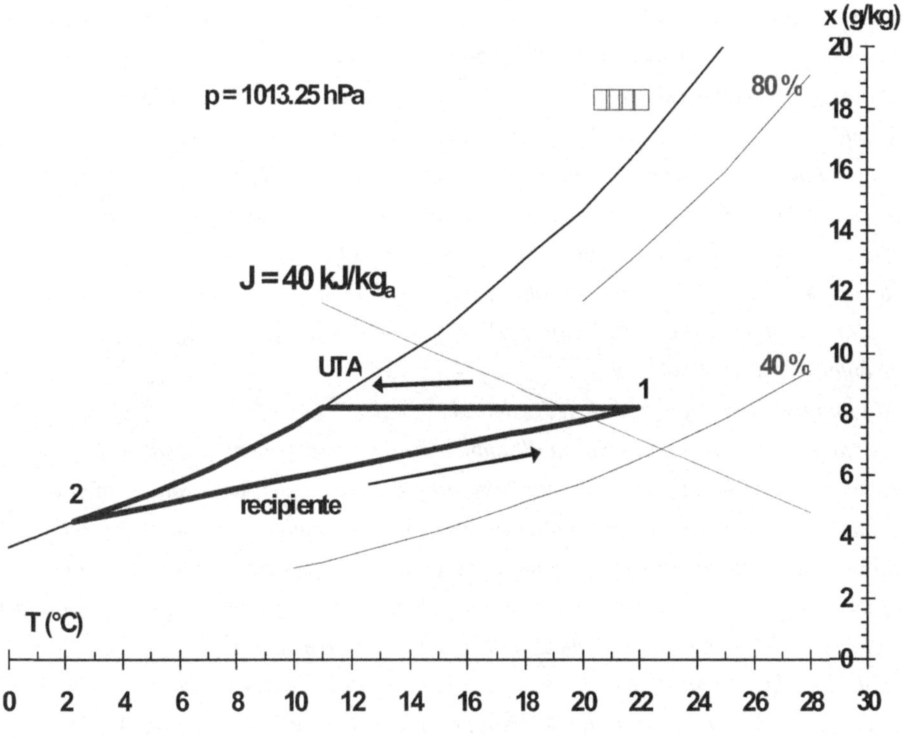

Figura 89. Trasformazione 1-2 (UTA) e 2-1 (recipiente) nel diagramma psicrometrico.

ESERCIZIO 79

Un'abitazione è climatizzata in estate mediante un sistema di UTA costituito da un ventilatore (sezione ventilante di ripresa), che aspira aria esterna da inviare alle UTA successive, da una batteria di raffreddamento-deumidificazione, da una batteria di riscaldamento, da un ventilatore (sezione ventilante di mandata) che invia l'aria all'interno dell'abitazione alla temperatura $t_{UTA}=16$ °C (Figura 90). La pressione dell'aria è considerata costante, pari a $p_{tot}=1.01325$ bar. Il volume netto dell'abitazione è 300 m^3. La portata in massa m_a di aria secca uscente dall'ambiente è uguale alla portata di aria secca immessa nell'ambiente dal sistema di climatizzazione a tutt'aria. All'interno dell'ambiente la potenza termica entrante (trasmessa attraverso strutture di separazione con l'esterno e da apporti solari e interni) è Q_{sens} = 1500 W, la massa di vapore generata da attività umane è m_w= 0.9 kg/h, con entalpia specifica valutata pari a h_w = 2501 kJ/kg. Per l'aria esterna t_{est} = 30 °C e φ_{est} = 0.65. Per l'aria dell'ambiente interno t_{int}=26 °C, φ_{int}=0.50. Le costanti di gas perfetto per l'aria secca e per il vapore acqueo sono R_a = 287 J/kgK e R_v= 462 J/kgK. I calori specifici a pressione costante per l'aria e per il vapore acqueo sono c_a = 1 kJ/kgK e c_v = 1.9 kJ/kgK. L'entalpia specifica dell'acqua condensata nella batteria di raffreddamento-deumidificazione è calcolata come prodotto $c_L\ t_{RUG}$, dove c_L=4,18 kJ/kgK è il calore specifico del liquido, t_{RUG} è la temperatura dell'acqua uscente dalla batteria. Le pressioni di saturazione del vapore a t_{est}, t_{int} e t_{UTA} sono rispettivamente 4241 Pa, 3360 Pa, 1817 Pa. Calcolare:

1) il titolo x_{int}, il volume specifico v_{int}, e la pressione parziale dell'aria nell'ambiente interno,

2) il calore specifico a pressione costante c_p dell'aria nell'ambiente interno,

3) il carico latente associato alla portata di vapore generato all'interno,

4) il carico totale $Q_{tot}=Q_{sens}+Q_{lat}$, che occorre sottrarre all'ambiente tramite il sistema di climatizzazione, ed il fattore termico dell'ambiente $R=Q_{sens}/Q_{tot}$,

5) la massa di aria secca M_a nell'abitazione, il titolo x_{UTA} e la portata m_a di aria secca sottratta all'ambiente e in circolazione nelle UTA, l'umidità relativa φ_{UTA},

6) le entalpie specifiche J_{int} e J_{UTA} ,

7) il titolo x_{est} e l'entalpia specifica J_{est} dell'aria esterna.

La portata di aria fresca uscente dall'ambiente climatizzato viene divisa in due parti, una parte viene dispersa in atmosfera per garantire il rinnovo dell'aria salubre nell'ambiente, una parte viene recuperata (per motivi di risparmio energetico) e viene inviata all'ingresso della sezione ventilante di ripresa, dove si mescola con una portata di aria esterna calda. La portata di aria umida che deve essere eliminata dall'ambiente sia, in base alla norma UNI 11300, pari a 0,5 V m^3/h (cioè il numero di ricambi orari è n=0,5 h^{-1})

8) Calcolare la portata di aria secca m_{vent} che viene dispersa all'esterno, la portata di aria secca m_{rec} che viene recuperata (cioè inviata alla sezione ventilante di ripresa).

9) La portata di aria fresca m_{rec} recuperata dall'ambiente, all'ingresso della sezione ventilante di ripresa, si mescola adiabaticamente con la portata di aria secca calda m_a-m_{rec}

proveniente dall'esterno. Calcolare titolo x_1, entalpia J_1, temperatura t_1, umidità relativa φ_1 dell'aria entrante nella sezione ventilante e quindi nella batteria di raffreddamento-deumidificazione (si trascuri ogni trasformazione all'interno della sezione ventilante). Si utilizzi la Norma UNI-EN-ISO 13788:2003 per calcolare la p_s (Pa) e la temperatura di vaporizzazione (°C), valida per $p_s \geq 610$ Pa e $t_s \geq 0$ °C:

$$p_s = 610.5 \exp\left(\frac{17.269\ t}{237.3 + t}\right), \qquad t = \frac{237.3\ \ln\left(\dfrac{p_s}{610.5}\right)}{17.269 - \ln\left(\dfrac{p_s}{610.5}\right)}$$

10) il titolo x_2 dell'aria uscente dalla batteria di raffreddamento-deumidificazione e la portata di acqua m_{acqua} condensata nella batteria di raffreddamento-deumidificazione,

11) la pressione di saturazione $p_s(t_{RUG})$ del vapore con titolo x_{UTA} sulla curva si saturazione del diagramma psicrometrico, e la temperatura t_2 per l'aria uscente dalla batteria di raffreddamento-deumidificazione,

12) l'entalpia specifica J_2 dell'aria uscente dalla batteria di raffreddamento-deumidificazione,

13) la potenza Q_{raffr} sottratta all'aria nella batteria di raffreddamento-deumidificazione, e la potenza Q_{risc} fornita all'aria dalla batteria di riscaldamento.

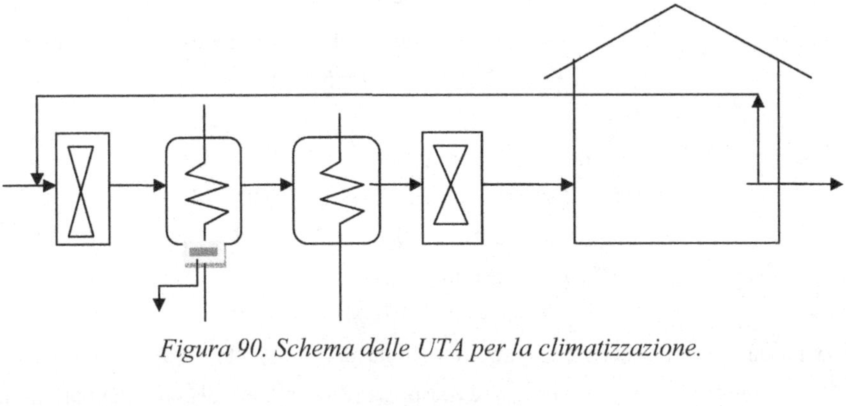

Figura 90. Schema delle UTA per la climatizzazione.

Soluzione

1) Per l'ambiente interno, essendo $p_s(t_{int})$ =3360 Pa, il titolo è:

$$x_{int} = 0.622\ \frac{\varphi_{int}\ p_s(t_{int})}{p_{tot} - \varphi_{int}\ p_s(t_{int})} = 0.01049$$

La costante di gas perfetto per l'aria umida è:

$$R = R_a + x_{int}\ Rv = 291.8\ \text{J/kgK}$$

quindi il volume specifico dell'aria umida nell'ambiente è:

$$v_{int} = R\ T_{int} / p_{tot} = 0.862\ \text{m}^3/\text{kg}$$

La pressione parziale del'aria secca all'interno dell'ambiente è:

$$p_a = p_{tot} - \varphi_{int}\ p_s(t_{int}) = 99645\ \text{Pa}$$

2) Il calore specifico dell'aria umida nell'ambiente é:

$$c_p = c_a + x_{int}\, c_v = 1019.9 \quad J/kgK$$

3) Il carico latente interno, associato alla produzione di vapore, è:

$$Q_{lat} = 2501 \; m_w = 625.3 \; W$$

4) Il carico sensibile è Q_{sens}= 1500 W, quindi il carico totale ed il fattore termico R sono:

$$Q_{tot} = Q_{sens} + Q_{lat} = 2125 \; W \qquad\qquad R = Q_{sens}/Q_{tot} = 0.71$$

5) La massa di aria secca presente nel volume V é:

$$M_a = p_a\, V/R_a\, T_{int} = 348.182 \; kg$$

Le incognite x_{UTA} e m_a compaiono nelle due equazioni di conservazione della portata di vapore e di energia:

$$x_{int} - x_{UTA} = m_w/m_a$$

$$t_{int}\text{-}t_{UTA}+x_{int}(2501+1{,}9t_{int})\text{-}x_{UTA}(2501+1{,}9\; t_{UTA})=Q_{tot}/m_a,$$

Ricavando x_{UTA} dalla prima equazione ed inserendola nella seconda si ottiene:

$$m_a = (Q_{sens}\text{-}1{,}9\; m_w\, t_{UTA})/[c_p(t_{int} - t_{UTA})] = 0.146 \; kg/s = 527 \; kg/h$$

Il titolo dell'aria entrante nell'abitazione è:

$$x_{UTA} = x_{int} - m_w/m_a = 0{,}0088$$

L'umidità relativa dell'aria entrante nell'abitazione è:

$$\varphi_{UTA} = \frac{p_{tot}}{p_s(t_{UTA})}\,\frac{x_{UTA}}{0.622 + x_{UTA}} = 77.6\;\%$$

6) Le entalpie specifiche dell'aria uscente ed entrante nell'abitazione sono rispettivamente:

$$J_{int} = t_{int} + x_{int}\,(2501+1{,}9\; t_{int}) = 52.7 \; kJ/kg_a$$

$$J_{UTA} = t_{UTA} + x_{UTA}\,(2501+1{,}9\; t_{UTA}) = 38.2 \; kJ/kg_a$$

7) il titolo e l'entalpia specifica dell'aria esterna sono:

$$x_{est} = 0{,}622\; \varphi_{est}\, p_s(t_{est})/[p_{tot}\text{-}\varphi_{est}\, p_s(t_{est})] = 0{,}0174$$

$$J_{est} = t_{est} + x_{est}\,(2501 + 1{,}9\; t_{est}) = 74.5 \; kJ/kg_a$$

8) La portata di aria secca che deve essere eliminata dall'ambiente è:

$$m_{vent} = 0{,}5\; V/3600 = 0{,}0417 \; m^3/s$$

Poiché la portata di aria secca entrante ed uscente dall'ambiente è m_a, la portata di aria recuperata ed inviata alla sezione ventilante di ripresa (dove si mescola con una portata di aria esterna) è:

$$m_{rec} = m_a - m_{vent} = 0{,}1047 \; m^3/s$$

9) All'ingresso della sezione ventilante di ripresa, la portata m_{rec}, alla temperatura t_{int} e titolo x_{int}, si mescola diabaticamente con la portata m_a - m_{rec}, alla temperatura t_{est} e titolo x_{est}.

Al termine del mescolamento adiabatico, le equazioni di conservazione della massa di vapore e di energia forniscono le due soluzioni (essendo x_{rec}= x_{int} e J_{rec}= J_{int}):

$$x_1 = \frac{m_{rec}\, x_{rec}}{m_a} + \frac{(m_a - m_{rec})\, x_{est}}{m_a} = 0.0125$$

$$J_1 = \frac{m_{rec}\, J_{rec}}{m_a} + \frac{(m_a - m_{rec})\, J_{est}}{m_a} = 58.9 \quad \frac{kJ}{kg_a}$$

Quindi, nell'ipotesi semplificativa che le sezioni ventilanti non modifichino lo stato fisico dell'aria, la temperatura t_1 dell'aria che attraversa la sezione ventilante di ripresa ed entra nella batteria di raffreddamento-deumidificazione è:

$$t_1 = \frac{J_1 - 2501\, x_1}{1 + 1{,}9\, x_1} = 27.1 \quad \frac{kJ}{kg_a}$$

La pressione di saturazione alla temperatura t_1 è:

$$p_s(t_1) = 610.5 \exp\left(\frac{17.269\ t_1}{237.3 + t_1}\right) = 3595 \ \ Pa$$

Quindi l'umidità relativa φ_1 dell'aria attraverso la sezione ventilante ed entrante nella batteria di raffreddamento-deumidificazione é:

$$\varphi_1 = \frac{p_{tot}}{p_s(t_1)} \frac{x_1}{0.622 + x_1} = 55.3\ \%$$

10) Il titolo x_2 dell'aria umida uscente dalla batteria di raffreddamento- deumidificazione deve coincidere con il titolo dell'aria entrante nell'abitazione:

$$x_2 = x_{UTA} = 0.0088 = 8.8\ g/kg_a$$

La portata di acqua condensata all'interno del deumidificatore è:

$$m_{acqua} = m_a(x_1 - x_2) = 0.00054\ kg/s = 1.94\ kg/h$$

11) La pressione di saturazione del vapore, per lo stato fisico situato sulla curva di saturazione del diagramma psicrometrico con titolo x_{UTA}, è ottenuta dalla equazione che correla titolo e umidità relativa:

$$p_s(t_{RUG}) = p_{tot}\ x_{UTA} /(0{,}622 + x_{UTA}) = 1410.1 \ \ Pa$$

La temperatura di rugiada, cioè la temperatura dell'aria nello stato fisico di saturazione con titolo x_{UTA}, può essere determinate dalle Tabelle del Vapore (essendo nota la corrispondente pressione di saturazione) oppure dalla correlazione numerica indicata dalla Norma UNI-EN-ISO 13788:2003:

$$t_{RUG} = \frac{237.3\ \ln\left(\frac{p_s(t_{RUG})}{610.5}\right)}{17.269 - \ln\left(\frac{p_s(t_{RUG})}{610.5}\right)} = 12.1 \quad °C$$

12) L'aria esce dalla batteria di raffreddamento-deumidificazione in condizioni di saturazione, con titolo $x_2 = x_{UTA}$, umidità relative $\varphi_2 = 1$, e quindi temperatura $t_2 = t_{RUG}$. La sua entalpia specifica è:

$$J_2 = t_2 + x_2\,(2501 + 1{,}9\ t_2) = 34{,}25 \ \ kJ/kg_a$$

13) La potenza Q_{raffr} sottratta all'aria nella batteria di raffreddamento-deumidificazione è:

$$Q_{raff} = m_a\,(J_1 - J_2) - m_{acqua}\, c_L\ t_2 = 3.59 \quad kW$$

Nella batteria di riscaldamento l'aria viene riscaldata a titolo costante, dalla temperatura t_2 alla temperatura t_{UTA}, quindi:

$$Q_{risc} = m_a\,(J_{UTA} - J_2) = 0.58 \quad kW$$

Nel diagramma psicrometrico di Figura 91 sono mostrate la trasformazione 1-2 (batteria di raffreddamento-deumidificazione), la trasformazione 2-UTA (batteria di riscaldamento) e gli stati fisici dell'aria nelle varie trasformazioni. Nel diagramma psicrometrico, si definisce "retta ambiente" la retta passante per il punto rappresentativo dell'aria nell'ambiente e per il punto rappresentativo dell'aria entrante nell'ambiente (UTA).

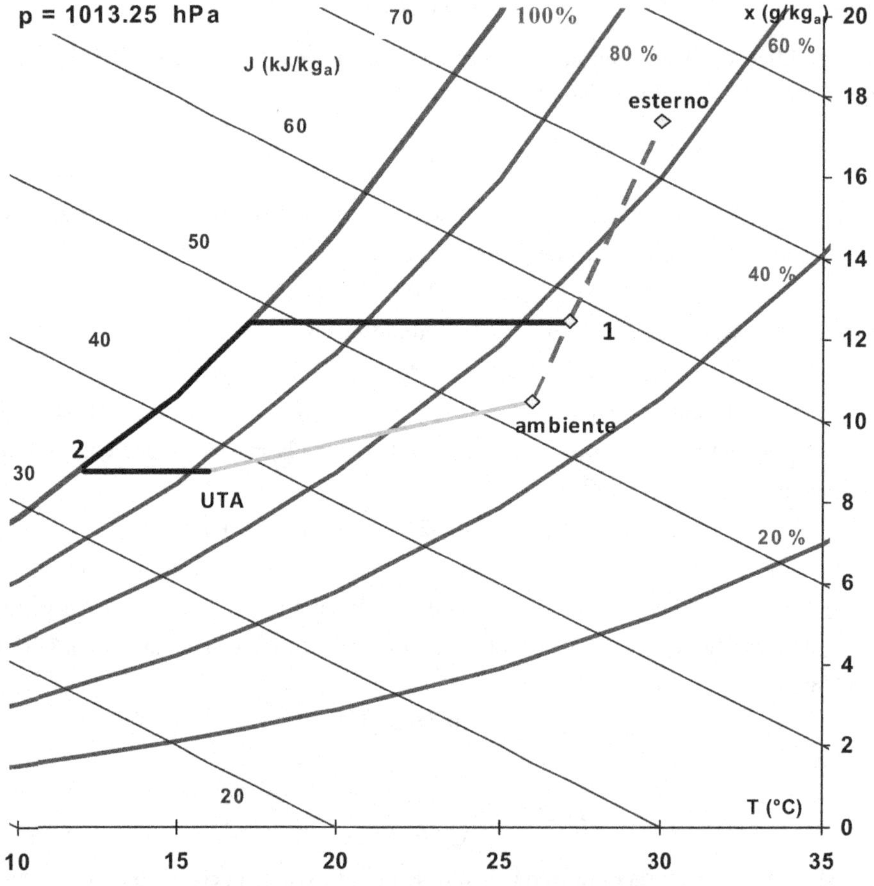

Figura 91. Diagramma psicrometrico per la climatizzazione estiva.

ESERCIZIO 80

In un'aula di volume $V = 1000\ m^3$ si trovano N=120 studenti, l'aula è riscaldata in inverno mediante una portata di aria calda proveniente da un'UTA alla temperatura t_1= 30 °C e umidità relativa φ_1, che mantiene l'aria dell'aula alla temperatura t_2 = 20 °C con umidità relativa φ_2= 50%. In inverno l'aula disperde una potenza Q_d= 25 kW verso l'esterno, ogni *studente produce un calore sensibile $q = 120$ W ed una portata di vapore $g_w = 50$ g/h (con entalpia specifica $r = 2501$ kJ/kg); siano trascurabili gli apporti di energia solare. I ricambi orari di aria nell'aula, necessari per la salubrità ed il controllo dell'umidità, sono pari a $n = 2h^{-1}$. La pressione dell'aria è 1.01325 bar. Le pressioni di saturazione del'acqua a 20 °C e 30 °C sono rispettivamente 2337 Pa e 4241 Pa. La costante per l'aria secca è $R_a = 287$ J/kgK.*

1) Calcolare la portata di aria secca m_{ric} (per i ricambi di aria),

2) calcolare la portata di aria secca m_a e l'umidità relativa φ_1 dell'aria entrante nell'aula,

3) calcolare il fattore termico dell'ambiente $R = Q_{sens}/Q_{tot}$,

4) calcolare le temperature di rugiada t_{RUG1} e t_{RUG2} dell'aria uscente entrante ed uscente dall'aula. Si utilizzi la Norma UNI-EN-ISO 13788:2003 per calcolare la p_s (Pa) e la temperatura di vaporizzazione (°C), valida per $p_s \geq 610$ Pa e $t_s \geq 0$ °C:

$$p_s = 610.5 \exp\left(\frac{17.269\ t}{237.3 + t}\right) \quad , \qquad t = \frac{237.3\ \ln\left(\dfrac{p_s}{610.5}\right)}{17.269 - \ln\left(\dfrac{p_s}{610.5}\right)}$$

5) Il sistema di UTA preleva aria esterna, alla temperatura $t_{est} = -5$ °C e $\varphi_{est} = 80\%$, la riscalda fino allo stato fisico A, la umidifica adiabaticamente fino a saturazione con titolo x_1, (stato fisico B) e infine la riscalda ulteriormente fino a raggiungere la temperatura t_1 e l'umidità relativa φ_1. Calcolare il titolo x_A, la temperatura t_A e l'umidità relativa φ_A dell'aria nello stato fisico A al termine del primo riscaldamento, la temperatura t_B nello stato fisico B, le potenze Q_1 e Q_2 fornite all'aria nelle batterie di riscaldamento e di post-riscaldamento. La pressione di saturazione del vapore a -5°C è $p_s(-5) = 400$ Pa.

Soluzione

1) La pressione parziale del'aria secca all'interno dell'aula è:

$$p_a = p_{tot} - \varphi_2\, p_s(t_2) = 101325 - 0,5\ 2337 = 100156,5 \ \text{Pa}$$

La massa di aria secca presente nel volume V dell'aula é:

$$M_a = p_a\, V/R_a\, T_1 = \ 100156,5*1000/(287x293.15) = 1190,440 \ \text{kg}$$

Tale massa viene rinnovata due volte all'ora, quindi la portata di aria secca di ricambio per mantenere la salubrità è:

$$m_{ric} = n\, M_a/3600 = 0,661 \ \text{kg/s}$$

2) La portata di vapore prodotto per traspirazione e respirazione dagli N studenti è:

$$m_w = N\, g_w = 120x50/(3600x1000) = 1.667x10^{-3} \ \text{kg/s}$$

Le potenze sensibile e latente apportate dagli studenti all'aria interna sono:

$$Q_{sens} = N\, q = 120x0,120 = 14,400 \ \text{kW} \qquad e \qquad Q_{lat} = m_w x2501 = 4,168 \ \text{kW}$$

Il titolo dell'aria uscente dall'aula è:

$$x_2 = 0.622 \ \frac{\varphi_2\ p_s(t_2)}{p_{tot} - \varphi_2\ p_s(t_2)} = 0.622 \frac{0,5x2337}{101300 - 0,5x2337} = 0,00726$$

L'entalpia specifica dell'aria uscente dall'aula è:

$$J_2 = t_2 + x_2\,(2501 + 1.9\ t_2) = 38.42 \ \text{kJ/kg}_a$$

Le equazioni di conservazione della massa di vapore e di energia forniscono le due equazioni:

$$m_a\, x_1 + m_w = m_a\, x_2$$

$$m_a\, J_1 + Q_{lat} + Q_{sens} = Q_d + m_a\, J_2$$

La cui soluzione fornisce le incognite x_1 e m_a:

$$m_a = \frac{Q_d - Q_{lat} - Q_{sens} + m_w\,(2501 + 1.9\, t_1)}{(t_1 - t_2)\,(1 + 1.9\, x_2)} = 1.055\ \frac{kg}{s}$$

$$x_1 = x_2 - m_w/m_a = 0{,}00568$$

L'entalpia specifica dell'aria entrante nell'aula è:

$$J_1 = t_1 + x_1\,(2501 + 1.9\, t_1) = 44{,}5\ \ kJ/kg_a$$

con umidità relativa:

$$\varphi_1 = p_{tot}\, x_1/[(x_1 + 0{,}622)\, p_s(t_1)] = 21{,}6\ \%$$

3) Il fattore termico è:

$$R = Q_{sens}/(Q_{sens} + Q_{lat}) = 0{,}776$$

4) Le temperature di rugiada per l'aria entrante nell'aula nello stato fisico 1 è calcolata tramite la relazione (valida sulla curva di saturazione $\varphi = 1$ e titolo x_1):

$$x_1 = 0.622\ \frac{p_s(t_{R1})}{p_{tot} - p_s(t_{R1})} = 0.00568$$

da cui si ricava:

$$p_s(t_{R1}) = p_{tot}\ \frac{x_1}{0.622 + x_1} = 916\quad Pa$$

Utilizzando la correlazione indicata dalla Norma UNI 13788 si

$$t_{R1} = \frac{237.3\ \ln\left(\dfrac{p_s(t_{R1})}{610.5}\right)}{17.269 - \ln\left(\dfrac{p_s(t_{R1})}{610.5}\right)} = 5.7\quad °C$$

Analogamente per l'aria all'interno dell'aula ed uscente dal sistema di ventilazione si ottiene:

$$p_s(t_{R2}) = p_{tot}\ \frac{x_2}{0.622 + x_2} = 1169\quad Pa \qquad\qquad t_{R2} = \frac{237.3\ \ln\left(\dfrac{p_s(t_{R2})}{610.5}\right)}{17.269 - \ln\left(\dfrac{p_s(t_{R2})}{610.5}\right)} = 9{,}3\quad °C$$

5) Il titolo dell'aria esterna coincide con il titolo dell'aria uscente dalla prima batteria di riscaldamento:

$$x_A = 0.622\ \frac{\varphi_{est}\, p_s(t_{est})}{p_{tot} - \varphi_{est}\, p_s(t_{est})} = 0{,}00197$$

La trasformazione AB rappresenta una saturazione adiabatica ed è approssimativamente un'isentalpica.. Nel punto B la temperatura t_B coincide con la temperatura di rugiada t_{R1} ed il titolo è $x_B = x_1$. L'entalpia nel punto A è quindi

$$J_A = J_B = t_B + x_B\,(2501 + 1.9\, t_B) = 19{,}98\ kJ/kg_a$$

La temperatura nel punto A è quindi:

$$t_A = \frac{J_A - 2501\, x_A}{1 + 1.9\, x_A} = 15.0 \quad °C$$

La potenza fornita nella prima batteria di riscaldamento è:

$$Q_1 = m_a\,(J_A - J_{est}) = m_a\,[t_A - t_{est} + x_A\,(2501{+}1.9\,t_A) - x_{est}\,(2501{+}1.9\,t_{est}) = 21{,}168 \text{ kW}$$

La potenza fornita nella batteria di post-riscaldamento è:

$$Q_2 = m_a\,(J_1 - J_B) = m_a\,[t_1 - t_B + x_1\,(2501{+}1.9\,t_1) - x_B\,(2501{+}1.9\,t_B) = 25{,}895 \text{ kW}$$

La potenza fornita dal sistema di UTA all'aria è: $Q_1+Q_2 = 47.063$ kW.

Nella Figura 92 sono mostrate le trasformazioni psicrometriche. Un notevole risparmio energetico potrebbe essere conseguito evacuando dall'aula solo la portata m_{ric} e recuperando la portata di aria calda (a 20 °C) $m_a - m_{ric}$ inviandola all'ingresso delle UTA del sistema di riscaldamento, mescolandola con la portata m_{ric} di aria fredda (a -5°C).

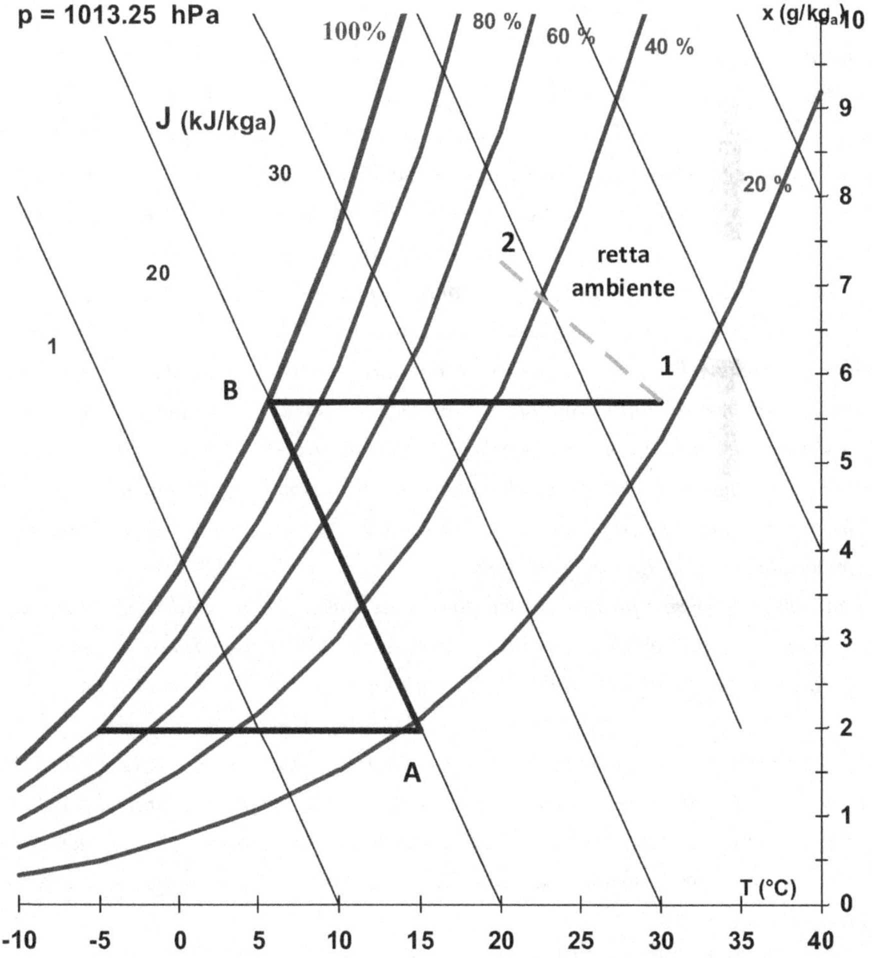

Figura 92. Riscaldamento, umidificazione, post-riscaldamento.

ESERCIZIO 81

Grazie alla ossidazione di glucidi, grassi e proteine l'organismo umano libera energia in fasi successive. Una parte dell'energia è utilizzata nel processo di sintesi di molecole di ATP (adenosin-trifosfato), nelle quali l'energia chimica accumulata viene successivamente rilasciata sotto forma di lavoro e calore. I prodotti della combustione sono acqua e diossido di carbonio (anche urea per i protidi). La potenza termica metabolica M generata per i processi ossidativi del corpo umano dipende dall'attività svolta e dalla superficie corporea A. La superficie A (m^2) di un individuo alto H (m) e di massa m (kg) può essere valutata dalla relazione empirica (proposta da Du Bois):

$$A = 0.2025\, m^{0.425}\, H^{0.725}$$

La potenza metabolica M/A fornita dall'unità di superficie di corpo umano ha come unità di misura il W/m^2; nella tecnica si utilizza il met (metabolic equivalent of task, ovvero equivalente metabolico di attività), corrispondente a 58.2 W/m^2, pari alla potenza metabolica per unità di superficie di un uomo seduto a riposo. Un individuo che dorme sviluppa una potenza metabolica di 0.6 met, un individuo in attività fisica intensissima sviluppa 4-5 met. Indipendentemente dal tipo di attività praticata, la potenza metabolica può essere variata dal sistema di termoregolazione del corpo umano, in seguito a modificazioni del flusso sanguineo (vasocostrizione e vasodilatazione) o, nel caso di temperature corporee eccessivamente basse, mediante brividi e tremori. Il corpo umano dissipa il calore generato internamente verso l'ambiente circostante, per respirazione (calore sensibile e latente), traspirazione (calore latente), convezione e irraggiamento (calore sensibile).

La potenza termica dispersa per traspirazione dalla pelle deriva dal contributo della perspirazione insensibile (diffusione del vapore acqueo attraverso la pelle, non controllata dalla termoregolazione), e dalla sudorazione (controllata dalla termoregolazione corporea allo scopo di mantenere le condizioni di stato termico stazionario). La potenza dispersa per convezione e irraggiamento dipende dai coefficienti di scambio termico, dall'abbigliamento, dalle temperature della pelle e dell'ambiente.

La potenza dispersa per respirazione è valutata come variazione di entalpia della corrente di aria di ventilazione nell'unità di tempo. La portata di aria m_{vent} immessa nei polmoni, per unità di massa corporea, dipende dall'attività svolta, ed è quantificabile come:

$$m_{vent}\ (kg/m^2\, s) = 1.333\ 10^{-4}\ M/A$$

con la potenza metabolica per unità di superficie M/A espressa in met. L'aria inspirata viene riscaldata e umidificata nell'apparato respiratorio. L'aria viene inspirata alle condizioni dell'ambiente circostante a temperatura t_1 (°C), titolo x e entalpia specifica J_1, mentre l'aria espirata esce dal corpo umano ad una temperatura t_2 (°C) e titolo x_2 forniti dalle correlazioni:

$$t_2 = 32.6 + 0.066\, t_1 + 32\, x_1\,; \qquad x_2 = 0.0277 + 0.000065\, t_1 + 0{,}20\, x_1$$

Si consideri ora un uomo seduto a riposo, che sviluppa una potenza di 1 met. L'uomo è alto H=1.75 m, con massa m=68 kg. La pressione dell'aria è p_{tot}= 1.01325 bar. La temperatura e l'umidità relativa dell'aria nell'ambiente sono rispettivamente t_1= 20 °C e φ_1= 50 %.

1) Calcolare la superficie dell'uomo e la portata di aria umida (Am_{vent}) entrante nei suoi polmoni.

2) Calcolare i titoli x_1 e x_2 dell'aria entrante ed uscente dall'uomo, la temperatura dell'aria emessa, la portata di aria secca (m_a) entrante nei suoi polmoni. La pressione di saturazione del vapore a 20 °C è $p_s(t_1)$ = 2337 Pa.

3) Calcolare la portata di vapore m_w emesso nell'ambiente per respirazione, la potenza totale (Q_{tot}), sensibile (Q_{sens}) e latente (Q_{lat}) dispersa per respirazione.

SOLUZIONE

1) La superficie corporea è $A = 0.2025\,(68)^{0.425}\,(1.75)^{0.725} = 1.826\ \text{m}^2$.

La portata di ventilazione polmonare è $A\,m_{vent} = 0.000243$ kg/s = 0.876 kg/h

2) Il titolo dell'aria nell'ambiente è:

$$x_1 = 0.622\ \varphi_1\ p_s(t_1)/[p_{tot} - \varphi_1\ p_s(t_1)] = 0.00725$$

Il titolo e la temperatura dell'aria emessa sono:

$$x_2 = 0.0277 + 0.000065\,t_1 + 0.20\,x_1 = 0.03045 \qquad t_2 = 32.6 + 0.066\,t_1 + 32\,x_1 = 34.2\ °C$$

La portata di aria secca che attraversa i polmoni dell'uomo è:

$$m_a = A\,m_{vent}/(x_1+1) = 0.000242\ \text{kg/s}$$

3) Dalle equazioni di conservazione della massa di vapore e di energia risulta:

$$m_a\,x_2 = ma\,x_1 + m_w$$

$$m_a\,J_2 = m_a\,J_1 + Q_{tot}$$

La soluzione è:

$$m_w = m_a\,(x_2 - x_1) = 5.604x10\text{-}6\ \text{kg/s} = 20.2\ \text{g/h}$$

$$Q_{tot} = m_a\,(J_2 - J_1) = m_a\,(t_2 - t_1) + m_a\,[x_2(2501+1.9\,t_2) - x_1\,(2501 + 1.9\,t_1)] = 0.0178\ \text{kW}$$

Quindi:

$$Q_{lat} = m_a\,[x_2(2501+1.9\,t_2) - x_1\,(2501 + 1.9\,t_1)] = 0.0144\ \text{kW} = 14.4\ \text{W}$$

$$Q_{sens} = m_a\,(t_2 - t_1) = 0.0034\ \text{kW} = 3.4\ \text{W}$$

Si osservi che, con ottima approssimazione (2.8 %), la potenza latente Q_{lat} è calcolabile come prodotto tra la portata di vapore emesso m_w e il calore latente 2501 kJ/kg.

Si osservi anche che la potenza complessivamente dispersa dall'uomo nell'ambiente (per respirazione, traspirazione e scambio termico) è A (M/A) = 106.3 W. La potenza termica dispersa per respirazione (17.8 W) è quindi solo una piccola parte della potenza complessivamente dispersa. La massa di vapore emesso per respirazione rappresenta un contributo alla portata emessa complessivamente (sia per respirazione sia per traspirazione). Usualmente la potenza sensibile ceduta da un individuo nell'ambiente è un valore compreso tra 80 W e 200 W in inverno (da 60 W a 200 W in estate), mentre la massa di vapore rilasciato nell'ambiente è un valore compreso tra 40 e 400 g/h.

Proprietà termodinamiche del liquido saturo e del vapore saturo secco (acqua)

volumi specifici v (m^3/kg), entalpia specifica h e calore latente r (kJ/kg), entropia specifica s (kJ/kgK).

T (°C)	p (bar)	$v_{liquido}$	v_{vapore}	$h_{liquido}$	h_{vapore}	r	$s_{liquido}$	s_{vapore}
0.01	0.006108	0.0010002	206.3	0.00	2501	2501	0.0000	9.1544
1	0.006566	0.0010001	192.6	4.22	2502	2498	0.0154	9.1281
2	0.007054	0.0010001	179.9	8.42	2504	2496	0.0306	9.1018
3	0.007575	0.0010001	168.2	12.63	2506	2493	0.0458	9.0757
4	0.008129	0.0010001	157.3	16.84	2508	2491	0.0610	9.0498
5	0.008719	0.0010001	147.2	21.05	2510	2489	0.0762	9.0241
6	0.009347	0.0010001	137.8	25.25	2512	2487	0.0913	8.9978
7	0.010013	0.0010001	129.1	29.45	2514	2485	0.1063	8.9736
8	0.010721	0.0010002	121.0	33.55	2516	2482	0.1212	8.9485
9	0.011473	0.0010003	113.4	37.85	2517	2479	0.1361	8.9238
10	0.012277	0.0010004	106.42	42.04	2519	2477	0.1510	8.8994
11	0.013118	0.0010005	99.91	46.22	2521	2475	0.1658	8.8752
12	0.014016	0.0010006	93.84	50.41	2523	2473	0.1805	8.8513
13	0.014967	0.0010007	88.18	54.60	2525	2470	0.1952	8.8276
14	0.015974	0.0010008	82.90	58.78	2527	2468	0.2098	8.8040
15	0.017041	0.0010010	77.97	62.97	2528	2465	0.2244	8.7806
16	0.018170	0.0010011	73.39	67.16	2530	2463	0.2389	8.7574
17	0.019364	0.0010013	69.10	71.34	2532	2461	0.2534	8.7344
18	0.02062	0.0010015	65.09	75.53	2534	2458	0.2678	8.7116
19	0.02196	0.0010016	61.34	79.72	2536	2456	0.2821	8.6890
20	0.02337	0.0010018	57.84	83.90	2537	2454	0.2964	8.6665
21	0.02486	0.0010021	54.56	88.09	2539	2451	0.3107	8.6442
22	0.02643	0.0010023	51.50	92.27	2541	2449	0.3249	8.6220
23	0.02808	0.0010025	48.62	96.46	2543	2447	0.3391	8.6001
24	0.02982	0.0010028	45.93	100.63	2545	2444	0.3532	8.5785
25	0.03166	0.0010030	43.40	104.81	2547	2442	0.3672	8.5570
26	0.03360	0.0010033	41.04	108.99	2548	2440	0.3812	8.5358
27	0.03564	0.0010036	38.82	113.17	2550	2437	0.3951	8.5147
28	0.03779	0.0010038	36.73	117.35	2552	2435	0.4090	8.4938
29	0.04004	0.0010041	34.77	121.53	2554	2432	0.4228	8.4730
30	0.04241	0.0010044	32.93	125.71	2556	2430	0.4366	8.4523
31	0.04491	0.0010047	31.20	129.89	2558	2428	0.4503	8.4319
32	0.04753	0.0010051	29.57	134.07	2559	2425	0.4640	8.4117
33	0.05029	0.0010054	28.04	138.25	2561	2423	0.4777	8.3916
34	0.05318	0.0010057	26.60	142.42	2563	2421	0.4913	8.3716
35	0.05622	0.0010061	25.24	146.60	2565	2418	0.5049	8.3519
36	0.05940	0.0010064	23.97	150.78	2567	2416	0.5185	8.3323
37	0.06274	0.0010068	22.77	154.96	2569	2414	0.5320	8.3129
38	0.06624	0.0010071	21.63	159.14	2570	2411	0.5455	8.2938
39	0.06991	0.0010075	20.56	163.32	2572	2409	0.5589	8.2748
40	0.07375	0.0010079	19.55	167.50	2574	2406	0.5723	8.2559
41	0.07777	0.0010083	18.59	171.67	2575	2403	0.5856	8.2372
42	0.08198	0.0010087	17.69	175.86	2577	2401	0.5988	8.2187
43	0.08639	0.0010091	16.84	180.04	2579	2399	0.6120	8.2003
44	0.09101	0.0010095	16.04	184.22	2581	2397	0.6252	8.1820
45	0.09584	0.0010099	15.28	188.40	2582	2394	0.6384	8.1638
46	0.10088	0.0010103	14.56	192.58	2584	2391	0.6516	8.1458
47	0.10614	0.0010108	13.88	196.76	2586	2389	0.6647	8.1279
48	0.11163	0.0010112	13.23	200.93	2588	2387	0.6778	8.1102
49	0.11736	0.0010116	12.62	205.11	2590	2385	0.6908	8.0927
50	0.12335	0.0010121	12.04	209.3	2592	2383	0.7038	8.0753
51	0.12960	0.0010126	11.50	213.5	2593	2380	0.7167	8.0579
52	0.13612	0.0010130	10.98	217.7	2595	2377	0.7295	8.0407
53	0.14292	0.0010135	10.49	221.9	2597	2375	0.7423	8.0236
54	0.15001	0.0010140	10.02	226.0	2599	2373	0.7551	8.0068
55	0.15740	0.0010145	9.578	230.2	2600	2370	0.7679	7.9901

T (°C)	p (bar)	$v_{liquido}$	v_{vapore}	$h_{liquido}$	h_{vapore}	R	$s_{liquido}$	s_{vapore}
56	0.16510	0.0010150	9.158	234.4	2602	2368	0.7806	7.9736
57	0.17312	0.0010155	8.757	238.6	2604	2365	0.7933	7.9571
58	0.18146	0.0010160	8.380	242.8	2606	2363	0.8059	7.9407
59	0.19014	0.0010166	8.020	246.9	2608	2361	0.8185	7.9245
60	0.19917	0.0010171	7.678	251.1	2609	2358	0.8311	7.9084
61	0.2086	0.0010177	7.353	255.3	2611	2355	0.8436	7.8925
62	0.2184	0.0010182	7.043	259.5	2613	2353	0.8561	7.8767
63	0.2285	0.0010188	6.749	263.7	2614	2350	0.8686	7.8609
64	0.2391	0.0010193	6.468	267.9	2616	2348	0.8810	7.8452
65	0.2501	0.0010199	6.201	272.1	2617	2345	0.8934	7.8297
66	0.2615	0.0010205	5.947	276.2	2619	2343	0.9057	7.8144
67	0.2733	0.0010210	5.705	280.4	2621	2341	0.9180	7.7992
68	0.2856	0.0010216	5.475	284.6	2623	2338	0.9303	7.7841
69	0.2984	0.0010222	5.255	288.8	2625	2336	0.9426	7.7692
70	0.3117	0.0010228	5.045	293.0	2626	2333	0.9549	7.7544
71	0.3254	0.0010234	4.846	297.2	2628	2331	0.9672	7.7396
72	0.3396	0.0010240	4.655	301.4	2630	2329	0.9794	7.7249
73	0.3543	0.0010246	4.473	305.6	2631	2326	0.9916	7.7103
74	0.3696	0.0010252	4.299	309.8	2633	2323	1.0037	7.6958
75	0.3855	0.0010258	4.133	314.0	2635	2321	1.0157	7.6815
76	0.4019	0.0010264	3.975	318.2	2636	2318	1.0277	7.6673
77	0.4189	0.0010270	3.824	322.4	2638	2316	1.0396	7.6533
78	0.4365	0.0010277	3.679	326.4	2639	2313	1.0515	7.6393
79	0.4547	0.0010283	3.540	330.6	2641	2310	1.0634	7.6254
80	0.4736	0.0010290	3.408	334.9	2643	2308	1.0753	7.6116
81	0.4931	0.0010297	3.282	339.1	2645	2306	1.0872	7.5979
82	0.5133	0.0010304	3.161	343.3	2646	2303	1.0990	7.5843
83	0.5342	0.0010310	3.045	347.5	2648	2300	1.1107	7.5707
84	0.5558	0.0010317	2.934	351.7	2650	2298	1.1225	7.5572
85	0.5781	0.0010324	2.828	355.9	2651	2295	1.1342	7.5438
86	0.6011	0.0010331	2.727	360.1	2653	2293	1.1459	7.5305
87	0.6249	0.0010338	2.629	364.3	2655	2291	1.1576	7.5174
88	0.6495	0.0010345	2.536	368.5	2656	2288	1.1693	7.5044
89	0.6749	0.0010352	2.447	372.7	2658	2285	1.1809	7.4915
90	0.7011	0.0010359	2.361	377.0	2659	2282	1.1925	7.4787
91	0.7281	0.0010366	2.279	381.2	2661	2280	1.2041	7.4660
92	0.7560	0.0010373	2.200	385.4	2662	2277	1.2157	7.4533
93	0.7848	0.0010381	2.124	389.6	2664	2274	1.2272	7.4407
94	0.8145	0.0010388	2.052	393.8	2666	2272	1.2387	7.4281
95	0.8451	0.0010396	1.982	398.0	2668	2270	1.2502	7.4155
96	0.8767	0.0010404	1.915	402.2	2669	2267	1.2617	7.4030
97	0.9093	0.0010412	1.851	406.4	2671	2265	1.2731	7.3907
98	0.9429	0.0010420	1.789	410.7	2673	2262	1.2845	7.3786
99	0.9775	0.0010427	1.730	414.9	2674	2259	1.2958	7.3666
100	1.0131	0.0010435	1.673	419.1	2676	2257	1.3071	7.3547
101	1.0498	0.0010443	1.618	423.3	2677	2254	1.3184	7.3429
102	1.0876	0.0010450	1.566	427.5	2679	2251	1.3297	7.3311
103	1.1265	0.0010458	1.515	431.7	2680	2248	1.3409	7.3193
104	1.1666	0.0010466	1.466	436.0	2681	2245	1.3521	7.3076
105	1.2079	0.0010474	1.419	440.2	2683	2243	1.3632	7.2959
106	1.2504	0.0010482	1.374	444.4	2685	2241	1.3743	7.2843
107	1.2941	0.0010490	1.331	448.6	2687	2238	1.3854	7.2728
108	1.3390	0.0010498	1.289	452.9	2688	2235	1.3964	7.2614
109	1.3852	0.0010507	1.249	457.1	2689	2232	1.4074	7.2500
110	1.4326	0.0010515	1.210	461.3	2691	2230	1.4184	7.2387
111	1.4814	0.0010523	1.173	465.6	2693	2272	1.4294	7.2274
112	1.5316	0.0010532	1.137	469.8	2694	2224	1.4404	7.2162
113	1.5831	0.0010540	1.102	474.0	2696	2222	1.4514	7.2051
114	1.6361	0.0010549	1.069	478.2	2697	2219	1.4624	7.1941
115	1.6905	0.0010559	1.036	482.5	2698	2216	1.4733	7.1832

T (°C)	p (bar)	$v_{liquido}$	v_{vapore}	$h_{liquido}$	h_{vapore}	r	$s_{liquido}$	s_{vapore}
116	1.764	0.0010567	1.005	486.7	2700	2213	1.4842	7.1724
117	1.8038	0.0010576	0.9754	491.0	2702	2211	1.4951	7.1616
118	1.8628	0.0010585	0.9465	495.2	2703	2208	1.5060	7.1509
119	1.9233	0.0010594	0.9186	499.5	2705	2205	1.5169	7.1403
120	1.9854	0.0010603	0.8917	503.7	2706	2202	1.5277	7.1298
121	2.0491	0.0010612	0.8657	507.9	2708	2200	1.5385	7.1193
122	2.1144	0.0010621	0.8407	512.2	2709	2197	1.5492	7.1098
123	2.1814	0.0010630	0.8164	516.5	2710	2194	1.5599	7.0985
124	2.2502	0.0010640	0.7930	520.8	2712	2191	1.5706	7.0881
125	2.3208	0.0010649	0.7704	525.0	2713	2188	1.5814	7.0777
126	2.3932	0.0010658	0.7486	529.2	2715	2186	1.5922	7.0674
127	2.4674	0.0010668	0.7276	533.4	2716	2183	1.6029	7.0573
128	2.5434	0.0010677	0.7074	537.7	2718	2180	1.6135	7.0472
129	2.6213	0.0010687	0.6880	542.0	2719	2177	1.6240	7.0372
130	2.7011	0.0010697	0.6683	546.3	2721	2174	1.6354	7.0272
131	2.7829	0.0010707	0.6499	550.5	2722	2171	1.6450	7.0173
132	2.8668	0.0010717	0.6321	554.8	2723	2168	1.6555	7.0074
133	2.9528	0.0010727	0.6148	559.0	2724	2165	1.6659	6.9976
134	3.041	0.0010737	0.5981	563.2	2725	2162	1.6764	6.9878
135	3.130	0.0010747	0.5820	567.5	2727	2159	1.6869	6.9781
136	3.222	0.0010757	0.5664	571.8	2728	2156	1.6973	6.9685
137	3.317	0.0010767	0.5512	576.1	2730	2154	1.7078	6.9589
138	3.414	0.0010777	0.5366	580.4	2731	2151	1.7183	6.9493
139	3.513	0.0010788	0.5224	584.7	2733	2148	1.7278	6.9398
140	3.614	0.0010798	0.5087	589.0	2734	2145	1.7392	6.9304
141	3.717	0.0010808	0.4953	593.3	2735	2142	1.7496	6.9211
142	3.823	0.0010819	0.4824	597.6	2737	2139	1.7599	6.9117
143	3.931	0.0010829	0.4699	601.9	2738	2136	1.7702	6.9024
144	4.042	0.0010840	0.4579	606.2	2739	2133	1.7804	6.8932
145	4.155	0.0010851	0.4461	610.5	2740	2130	1.7907	6.8839
146	4.271	0.0010862	0.4347	614.8	2742	2127	1.8009	6.8747
147	4.389	0.0010873	0.4237	619.1	2743	2124	1.8112	6.8655
148	4.510	0.0010884	0.4130	623.4	2744	2121	1.8214	6.8564
149	4.634	0.0010895	0.4026	627.8	2745	2117	1.8316	6.8473
150	4.760	0.0010906	0.3926	632.2	2746	2114	1.8418	6.8383
151	4.889	0.0010917	0.3828	636.6	2748	2111	1.8520	6.8293
152	5.020	0.0010928	0.3733	641.0	2749	2108	1.8622	6.8204
153	5.155	0.0010939	0.3641	645.3	2750	2105	1.8723	6.8115
154	5.293	0.0010950	0.3552	649.6	2752	2102	1.8824	6.8027
155	5.433	0.0010962	0.3466	653.9	2753	2099	1.8924	6.7940
156	5.576	0.0010974	0.3381	658.2	2754	2096	1.9025	6.7854
157	5.723	0.0010986	0.3299	662.5	2755	2092	1.9125	6.7768
158	5.872	0.0010998	0.3220	666.9	2756	2089	1.9226	6.7681
159	6.024	0.0011009	0.3143	671.2	2757	2086	1.9326	6.7595
160	6.180	0.0011021	0.3068	675.6	2758	2082	1.9427	6.7508
161	6.339	0.0011033	0.2996	679.9	2759	2079	1.9527	6.7421
162	6.502	0.0011044	0.2925	684.2	2760	2076	1.9627	6.7335
163	6.667	0.0011056	0.2856	688.6	2761	2072	1.9726	6.7250
164	6.836	0.0011069	0.2790	692.9	2762	2069	1.9825	6.7165
165	7.008	0.0011081	0.2725	697.3	2763	2066	1.9924	6.7081
166	7.183	0.0011094	0.2662	701.7	2764	2062	2.0023	6.6998
167	7.362	0.0011106	0.2600	706.1	2765	2059	2.0122	6.6915
168	7.545	0.0011119	0.2541	710.5	2767	2056	2.0221	6.6832
169	7.731	0.0011131	0.2483	714.8	2768	2053	2.0319	6.6749
170	7.920	0.0011144	0.2426	719.2	2769	2050	2.0417	6.6666
171	8.114	0.0011156	0.2371	723.5	2770	2046	2.0515	6.6583
172	8.311	0.0011169	0.2318	727.9	2771	2043	2.0614	6.6500
173	8.511	0.0011182	0.2266	732.3	2772	2040	2.0712	6.6418
174	8.176	0.0011195	0.2215	736.7	2773	2036	2.0811	6.6336
175	8.925	0.0011208	0.2166	741.1	2773	2032	2.0909	6.6256

T (°C)	p (bar)	$v_{liquido}$	v_{vapore}	$h_{liquido}$	h_{vapore}	r	$s_{liquido}$	s_{vapore}
176	9.137	0.0011221	0.2118	745.5	2774	2029	2.1006	6.6177
177	9.354	0.0011234	0.2071	749.9	2775	2025	2.1103	6.6097
178	9.574	0.0011248	0.2026	754.3	2776	2022	2.1201	6.6017
179	9.799	0.0011261	0.1982	758.7	2777	2018	2.1298	6.5938
180	10.027	0.0011275	0.1939	763.1	2778	2015	2.1395	6.5858
181	10.260	0.0011289	0.1897	767.5	2779	2011	2.1491	6.5779
182	10.497	0.0011303	0.1856	771.9	2780	2008	2.1587	6.5700
183	10.738	0.0011316	0.1816	776.3	2780	2004	2.1683	6.5622
184	10.984	0.0011330	0.1777	780.7	2781	2000	2.1780	6.5344
185	11.234	0.0011344	0.1739	785.2	2782	1997	2.1876	6.5465
186	11.488	0.0011358	0.1702	789.6	2783	1993	2.1972	6.5386
187	11.747	0.0011372	0.1666	794.0	2784	1990	2.2069	6.5307
188	12.0111	0.0011386	0.1631	798.5	2784	1986	2.2165	6.5229
189	12.280	0.0011401	0.1597	803.0	2785	1982	2.2261	6.5151
190	12.553	0.0011415	0.1564	807.5	2786	1979	2.2357	6.5074
191	12.830	0.0011430	0.1531	811.9	2787	1975	2.2453	6.4998
192	13.112	0.0011445	0.1499	816.4	2787	1971	2.2584	6.4921
193	13.400	0.0011459	0.1468	820.9	2788	1967	2.2643	6.4845
194	13.692	0.0011474	0.1438	825.4	2789	1964	2.2739	6.4770
195	13.989	0.0011489	0.1409	829.9	2790	1960	2.2834	6.4694
196	14.291	0.0011504	0.1380	834.4	2790	1956	2.2929	6.4619
197	14.598	0.0011519	0.1352	838.9	2791	1952	2.3024	6.4544
198	14.910	0.0011534	0.1325	843.4	2792	1949	2.3119	6.4468
199	15.228	0.0011550	0.1298	847.9	2793	1945	2.3214	6.4393
200	15.551	0.0011565	0.1272	852.4	2793	1941	2.3308	6.4318
202	16.212	0.0011596	0.1221	861.5	2794	1932	2.3496	6.4168
204	16.895	0.0011628	0.1174	870.5	2795	1924	2.3684	6.4020
206	17.601	0.0011660	0.1128	879.6	2797	1917	2.3870	6.3871
208	18.329	0.0011693	0.1084	888.7	2797	1908	2.4058	6.3723
210	19.080	0.0011726	0.1043	897.7	2798	1900	2.4246	6.3577
212	19.855	0.0011760	0.1003	906.9	2799	1892	2.4434	6.3431
214	20.654	0.0011795	0.09649	916.1	2800	1884	2.4622	6.3285
216	21.477	0.0011829	0.09285	925.3	2800	1875	2.4808	6.3140
218	22.327	0.0011864	0.08938	934.5	2801	1867	2.4994	6.2994
220	23.201	0.0011900	0.08606	943.7	2802	1858	2.5179	6.2849
222	24.103	0.0011937	0.08288	952.9	2802	1849	2.5364	6.2704
224	25.030	0.0011973	0.07984	962.2	2802	1840	2.5548	6.2560
226	25.984	0.0012011	0.07693	971.6	2803	1831	2.5732	6.2417
228	26.967	0.0012048	0.07414	981.0	2803	1822	2.5916	6.2275
230	27.979	0.0012087	0.07147	990.4	2803	1813	2.6101	6.2133
232	29.019	0.0012126	0.06891	999.8	2804	1804	2.6285	6.1993
234	30.089	0.0012167	0.06646	1009.2	2804	1795	2.6469	6.1851
236	31.188	0.0012208	0.06410	1018.6	2804	1785	2.6653	6.1709
238	32.318	0.0012249	0.06184	1028.1	2804	1776	2.6837	6.1567
240	33.480	0.0012291	0.05967	1037.5	2803	1766	2.7021	6.1425
242	34.673	0.0012334	0.05759	1047.1	2803	1756	2.7205	6.1283
244	35.899	0.0012377	0.05559	1056.7	2803	1746	2.7387	6.1143
246	37.157	0.0012421	0.05367	1066.4	2802	1736	2.7569	6.1003
248	38.450	0.0012466	0.05183	1076.1	2802	1726	2.7751	6.0863
250	39.776	0.0012512	0.05006	1085.7	2801	1715	2.7934	6.0721
252	41.14	0.0012559	0.04835	1095.5	2801	1705	2.8118	6.0579
254	42.54	0.0012607	0.04671	1105.3	2799	1694	2.8302	6.0437
256	43.97	0.0012655	0.04513	1115.2	2798	1683	2.8486	6.0295
258	45.43	0.0012705	0.04361	1125.1	2797	1672	2.8668	6.0154
260	46.94	0.0012755	0.04215	1135.1	2796	1661	2.8851	6.0013
262	48.483	0.0012807	0.04074	1145.1	2795	1650	2.9034	5.9871
264	50.06	0.0012859	0.03938	1155.1	2794	1640	2.9216	5.9729
266	51.69	0.0012913	0.03807	1165.2	2793	1628	2.9398	5.9585
268	53.35	0.0012967	0.03681	1175.2	2791	1616	2.9580	5.9441
270	55.05	0.0013023	0.03560	1185.3	2790	1605	2.9764	5.9297

T (°C)	p (bar)	$v_{liquido}$	v_{vapore}	$h_{liquido}$	h_{vapore}	r	$s_{liquido}$	s_{vapore}
272	56.79	0.0013080	0.03443	1195.4	2788	1592.7	2.9948	5.9153
274	58.58	0.0013138	0.03330	1205.6	2786	1580.4	3.0132	5.9010
276	60.41	0.0013198	0.03220	1215.9	2784	1568.0	3.0314	5.8865
278	62.28	0.0013259	0.03115	1226.3	2782	1555.5	3.0497	5.8719
280	64.19	0.0013321	0.03013	1236.9	2780	1542.9	3.0681	5.8573
282	66.16	0.0013385	0.02915	1247.3	2777	1530.0	3.0867	5.8427
284	68.16	0.0013450	0.02820	1257.8	2775	1516.9	3.1053	5.8279
286	70.21	0.0013516	0.02728	1268.4	2772	1503.5	3.1239	5.8130
288	72.30	0.0013585	0.02640	1279.1	2769	1490.0	3.1424	5.7979
290	74.45	0.0013655	0.02554	1290.0	2766	1476.3	3.1611	5.7827
292	76.64	0.0013727	0.02471	1300.9	2763	1462.4	3.1798	5.7674
294	78.88	0.0013801	0.02390	1311.7	2760	1448.2	3.1986	5.7520
296	81.18	0.0013877	0.02312	1322.7	2757	1433.8	3.2172	5.7365
298	83.52	0.0013956	0.02237	1333.8	2753	1419.3	3.2359	5.7208
300	85.92	0.0014036	0.02164	1344.9	2749	1404.3	3.2548	5.7049
302	88.37	0.001412	0.02094	1356.2	2745	1389.0	3.2739	5.6889
304	90.87	0.001420	0.02025	1367.5	2741	1373.5	3.2930	5.6728
306	93.42	0.001429	0.01959	1378.8	2737	1357.6	3.3122	5.6565
308	96.03	0.001438	0.01894	1390.3	2732	1341.6	3.3314	5.6400
310	98.70	0.001447	0.01832	1402.1	2727	1325.2	3.3508	5.6233
312	101.42	0.001457	0.01771	1413.9	2722	1308.2	3.3702	5.6063
314	104.20	0.001467	0.01712	1425.7	2717	1291.0	3.3898	5.5890
316	107.04	0.001477	0.01655	1437.7	2711	1273.4	3.4095	5.5714
318	109.94	0.001488	0.01599	1449.9	2706	1255.8	3.4294	5.5535
320	112.90	0.001499	0.01545	1462.1	2700	1237.8	3.4495	5.5353
322	115.92	0.001511	0.01493	1474.6	2694	1219.4	3.4697	5.5169
324	119.00	0.001523	0.01442	1487.2	2687	1200.2	3.4900	5.4984
326	122.15	0.001535	0.01392	1500.0	2680	1180.3	3.5104	5.4797
328	125.37	0.001548	0.01344	1512.9	2673	1160.1	3.5311	5.4607
330	128.65	0.001562	0.01297	1526.1	2666	1139.6	3.5522	5.4412
332	131.99	0.001577	0.01251	1539.5	2658	1118.6	3.5735	5.4213
334	135.41	0.001591	0.01206	1553.0	2650	1096.9	3.5949	5.4009
336	138.89	0.001607	0.01162	1566.6	2641	1074.3	3.6163	5.3799
338	142.45	0.001623	0.01120	1580.4	2631	1050.9	3.6381	5.3583
340	146.08	0.001639	0.01078	1594.7	2622	1027.0	3.6605	5.3361
342	149.78	0.001658	0.01037	1609	2612	1002.4	3.6835	5.3131
344	153.56	0.001676	0.009969	1624	2601	976.7	3.7067	5.2892
346	157.42	0.001696	0.009574	1640	2590	950.2	3.7302	5.2644
348	161.35	0.001718	0.009186	1655	2578	922.7	3.7540	5.2387
350	165.37	0.001741	0.008803	1671	2565	893.5	3.7786	5.2117
352	169.47	0.001764	0.008425	1688	2551	863.0	3.8040	5.1837
354	173.65	0.001792	0.008053	1705	2535	830.3	3.8303	5.1539
356	177.92	0.001823	0.007684	1723	2518	795.1	3.8577	5.1225
358	182.28	0.001857	0.007314	1742	2500	758.0	3.8862	5.0886
360	186.74	0.001894	0.006943	1762	2481	719.3	3.9162	5.0530
362	191.29	0.001943	0.00656	1783	2460	677.1	3.9482	5.0145
364	195.94	0.00199	0.00618	1805	2435	629.5	3.9825	4.9706
366	200.69	0.00205	0.00580	1830	2406	575.9	4.0202	4.9212
368	205.56	0.00212	0.00538	1859	2372	513.4	4.0629	4.8646
370	210.53	0.00222	0.00493	1893	2331	438.4	4.1137	4.7951
371	213.06	0.00229	0.00468	1913	2305	392.3	4.1441	4.7529
372	215.63	0.00238	0.00440	1937	2273	336.2	4.1809	4-7018
373	218.23	0.00251	0.00405	1969	2230	261.3	4.2295	4.6335
374	220.87	0.00280	0.00347	2032	2147	114.7	4.3258	4.5029
374.15	221.297	0.00326	0.00326	2100	2100	0.000	4.4296	4.4296